水曲柳组织培养技术

杨 玲 沈海龙 著

科 学 出 版 社

北 京

内 容 简 介

本书介绍了水曲柳繁育生物学研究现状，重点介绍了水曲柳组织培养技术和原理研究现状，包括水曲柳种子无菌发芽与胚轴离体再生、水曲柳不定芽发生和腋芽增殖途径的植株再生、水曲柳离体根培养体系的建立、水曲柳合子胚子叶愈伤组织诱导和增殖的影响因素、水曲柳体胚发生和植株再生，还对水曲柳合子胚和体胚发生发育的形态学、组织细胞学、生物化学、生理学和分子生物学的研究进展进行了阐述。

本书可为林业和园艺中从事良种快繁、种苗培育，尤其是阔叶用材树种的离体快繁等种苗培育工作的人员提供指导，是生物技术、植物发育学、植物细胞和组织培养、植物生理学和森林培育学领域研究人员，以及综合性大学、师范院校和农林院校相关专业师生的有益参考书。

图书在版编目（CIP）数据

水曲柳组织培养技术/杨玲，沈海龙著. —北京：科学出版社，2023.6
ISBN 978-7-03-074188-2

Ⅰ. ①水… Ⅱ. ①杨… ②沈… Ⅲ. ①水曲柳–组织培养 Ⅳ. ① S792.41

中国版本图书馆 CIP 数据核字（2022）第 235883 号

责任编辑：张会格 田明霞/责任校对：郑金红
责任印制：吴兆东/封面设计：刘新新

科学出版社 出版
北京东黄城根北街 16 号
邮政编码：100717
http://www.sciencep.com
北京建宏印刷有限公司 印刷
科学出版社发行 各地新华书店经销
*
2023 年 6 月第 一 版 开本：720×1000 1/16
2023 年 6 月第一次印刷 印张：13 1/4
字数：265 000

定价：158.00 元
（如有印装质量问题，我社负责调换）

前　言

水曲柳是我国东北林区顶极群落红松阔叶林的主要建群种之一，其木材利用价值极高，是知名的军事和高级家具用材。由于水曲柳开发历史较早，近年来其天然林资源越来越少，人工造林及其相关研究已经受到高度重视，造林更新的材料问题也成为备受关注的研究内容之一。水曲柳遗传改良起步较晚，目前仅有少量初级种子园，且产种量不多。仅使用种子繁殖方式育苗，满足不了大规模造林生产对遗传改良种苗的需要，必须开发其他有效方法，大量扩繁有限的遗传改良过的繁殖材料，以满足实际生产需要。水曲柳生命周期长，仅使用传统育种方法难以在短时间内培育出各种遗传改良材料，必须结合现代生物工程育种手段。水曲柳组织培养系统不仅可以作为水曲柳繁育生物学研究、生物工程育种的模式体系，大大缩短遗传改良所需要的时间，而且可以实现在短时间内大量扩繁有限的遗传改良过的繁殖材料，以满足大规模造林生产对遗传改良种苗的需要。因此，水曲柳组织培养技术研究具有重要的现实意义和良好的应用前景。本书对木本植物的组织培养研究具有借鉴作用，对我国无性系林业发展、林木工厂化生产和优良木本资源的可持续发展具有启示意义。

本书以著者团队的研究成果为主线，集中反映了著者团队多年来在水曲柳组织培养方面的研究成果。第 1 章介绍水曲柳繁育生物学研究现状及水曲柳组织培养技术和原理研究现状（杨玲教授撰写），第 2 章主要介绍水曲柳种子无菌发芽与胚轴离体再生（沈海龙教授和杨玲教授撰写），第 3 章主要介绍水曲柳不定芽发生和腋芽增殖途径的植株再生（沈海龙教授和杨玲教授撰写），第 4 章主要介绍水曲柳离体根培养体系的建立（沈海龙教授和杨玲教授撰写），第 5 章主要介绍水曲柳合子胚子叶愈伤组织诱导和增殖的影响因素（杨玲教授撰写），第 6 章主要介绍水曲柳体胚发生和植株再生（沈海龙教授和杨玲教授撰写），第 7 章主要介绍水曲柳合子胚与体胚发生的细胞学观察（杨玲教授撰写），第 8 章主要介绍外植体母树来源对水曲柳体胚发生的影响（沈海龙教授和杨玲教授撰写），第 9 章主要介绍外植体取材时期对水曲柳体胚发生的影响（沈海龙教授和杨玲教授撰写），第 10 章主要介绍水曲柳体胚发生的同步化调控（沈海龙教授和杨玲教授撰写），第 11 章主要介绍抗褐化剂对水曲柳子叶外植体褐化及体胚发生的影响（杨玲教授撰写），第 12 章主要介绍抗褐化剂对水曲柳体胚发生过程中外植体生理生化的影响（杨玲教授撰写），第 13 章主要介绍水曲柳体胚发生伴随外植体褐化的生理机制及差异蛋白（杨玲教授撰写），第 14 章主要介绍不同取材时期水曲柳合子胚 DNA 甲基化及体胚发生状态（沈海龙教授和杨玲教授撰写），第 15 章主要介绍水曲柳体胚成熟及萌发促进研究（杨玲教授撰写），第 16 章为结论与研究展望（杨玲教授撰写）。

本书由杨玲教授统稿，博士生汤铄然参与了第 2 章的文字校对工作，博士生程雪参与了第 3 章的文字校对工作，博士生刘洋参与了第 5 章、第 8 章和第 17 章的文字校对工作，博士生高芳参与了第 6 章和第 7 章的文字校对工作，博士生彭春雪参与了第 11 章和第 12 章的文字校对工作，博士生郭寒阳参与了第 13 章的文字校对工作，硕士生刘莹莹参与了第 14 章的文字校对工作，硕士生王浩参与了第 10 章的文字校对工作，硕士生谢添伊参与了第 4 章的文字校对工作，硕士生周鑫鑫对全书的参考文献进行了校对。

本书的相关研究得到了中央高校基本科研业务费专项资金（2572018BW02 和 2572020DR05）、国家自然科学基金项目（31400535 和 31570596）和国家重点研发计划项目（2017YFD0600600）的资助，本书的出版得到了黑龙江省“头雁”团队（森林资源高效培育技术研发团队）的资助。

由于著者水平有限，不足之处在所难免，恳请各位读者不吝赐教！

著 者

2022 年 1 月 28 日

目 录

1 绪论……1
1.1 水曲柳生物学特性……1
1.2 水曲柳的经济和生态价值……1
1.3 水曲柳繁殖和组织培养研究进展……2
1.3.1 水曲柳播种、扦插和嫁接繁殖现状……2
1.3.2 水曲柳组织培养研究现状……2
1.4 水曲柳组织培养研究存在的问题和发展前景……3
1.4.1 不同繁殖材料的繁殖潜力有差异……3
1.4.2 同种繁殖材料体胚发生潜力差异的分子机制尚不清楚……4
1.4.3 组培苗再生率和存活率低……4
1.4.4 水曲柳组织培养研究的发展前景……4
2 水曲柳种子无菌发芽与胚轴离体再生……6
2.1 水曲柳种子采集与处理……6
2.2 器械的洗涤和灭菌……7
2.3 培养基配制……7
2.4 培养步骤与培养条件……7
2.5 水曲柳种子无菌发芽与下胚轴离体再生……8
2.5.1 水曲柳种子无菌发芽……8
2.5.2 水曲柳下胚轴的离体再生……9
2.6 结论……18
3 水曲柳不定芽发生和腋芽增殖途径的植株再生……20
3.1 材料采集……20
3.2 外植体消毒与切割……20
3.3 培养基配制……21
3.4 培养步骤与培养条件……22

3.5 水曲柳不定芽发生培养结果……22
3.5.1 外植体类型对不定芽发生的影响……22
3.5.2 细胞分裂素对下胚轴不定芽发生的影响……23
3.5.3 生长素对下胚轴不定芽发生的影响……23
3.6 水曲柳腋芽增殖培养结果……24
3.6.1 外植体类型对腋芽增殖的影响……24
3.6.2 培养基类型对腋芽增殖的影响……24
3.6.3 6-BA 浓度对腋芽增殖的影响……24
3.6.4 NAA 浓度对腋芽增殖的影响……25
3.7 水曲柳微枝生根培养结果……25
3.8 炼苗和移栽……26
3.9 结论……27

4 水曲柳离体根培养体系的建立……28
4.1 水曲柳离体根培养的材料与方法……28
4.1.1 水曲柳实生苗根尖……28
4.1.2 水曲柳无菌苗根尖……28
4.2 水曲柳离体根培养的结果与分析……29
4.2.1 水曲柳实生苗离体根培养的影响因素……29
4.2.2 水曲柳无菌苗胚根离体培养的影响因素……30
4.2.3 水曲柳无菌苗根尖离体培养的影响因素……32
4.2.4 水曲柳无菌苗根尖愈伤组织诱导的影响因素……37
4.3 结论……40

5 水曲柳合子胚子叶愈伤组织诱导和增殖的影响因素……42
5.1 水曲柳愈伤组织诱导和增殖的材料与方法……43
5.1.1 材料预处理……43
5.1.2 预培养方法……43
5.1.3 愈伤组织诱导培养方法……43
5.1.4 愈伤组织增殖培养方法……43
5.2 水曲柳愈伤组织诱导和增殖的结果与分析……44
5.2.1 水曲柳愈伤组织诱导材料预培养……44

5.2.2 植物生长调节剂对愈伤组织诱导的影响……45
5.2.3 基因型对愈伤组织增殖的影响……46
5.2.4 植物生长调节剂对愈伤组织增殖的影响……47
5.3 结论……48
6 水曲柳体胚发生和植株再生……50
6.1 水曲柳体胚发生的材料与方法……50
6.1.1 实验材料……50
6.1.2 实验方法……51
6.1.3 组织细胞学观察方法……52
6.1.4 体胚萌发培养方法……52
6.1.5 体胚苗移栽和驯化方法……52
6.2 水曲柳体胚发生与植株再生的结果与分析……52
6.2.1 种子采集时间对水曲柳体胚发生的影响……52
6.2.2 基本培养基对水曲柳体胚发生的影响……53
6.2.3 植物生长调节剂对水曲柳体胚发生的影响……54
6.2.4 蔗糖对水曲柳体胚发生的影响……55
6.2.5 水曲柳体胚发生的细胞组织学观察……56
6.2.6 水曲柳体胚萌发与转苗……57
6.2.7 水曲柳体胚苗移栽和驯化……58
6.3 结论……58
7 水曲柳合子胚与体胚发生的细胞学观察……59
7.1 材料与方法……59
7.1.1 实验材料……59
7.1.2 水曲柳合子胚发生的细胞学观察方法……59
7.1.3 水曲柳体胚的诱导方法……60
7.1.4 水曲柳体胚发生的细胞学观察方法……60
7.2 结果与分析……60
7.2.1 合子胚发生的细胞学观察……60
7.2.2 体胚发生的细胞学观察……62
7.3 结论……63

8 外植体母树来源对水曲柳体胚发生的影响……64
8.1 材料与方法……64
8.1.1 材料采集与处理……64
8.1.2 水曲柳体胚发生培养方法……65
8.1.3 继代培养与增殖培养方法……65
8.2 结果与分析……65
8.2.1 不同采种母树未成熟合子胚子叶外植体的体胚发生潜力比较……65
8.2.2 激素组合对未成熟合子胚子叶外植体体胚发生的影响……66
8.2.3 母树来源对未成熟合子胚子叶愈伤组织诱导的影响……68
8.2.4 激素组合对未成熟合子胚子叶愈伤组织诱导的影响……70
8.2.5 激素组合与母树来源对未成熟合子胚子叶外植体体胚发生的交互作用……72
8.2.6 不同地区母树来源成熟合子胚体胚发生……73
8.2.7 同一地区不同母树来源成熟合子胚体胚发生……74
8.2.8 不同母树成熟合子胚体胚发生……76
8.2.9 水曲柳成熟合子胚与未成熟合子胚子叶外植体的体胚发生效果比较……78
8.3 结论……79
9 外植体取材时期对水曲柳体胚发生的影响……80
9.1 材料与方法……80
9.1.1 材料……80
9.1.2 主要试剂……81
9.1.3 方法……81
9.1.4 外植体培养步骤……82
9.2 结果与分析……83
9.2.1 未成熟合子胚的体胚诱导培养……83
9.2.2 成熟合子胚的体胚发生培养……88
9.2.3 体胚的成熟培养……89
9.2.4 体胚的萌发培养……89
9.2.5 体胚苗的生根……90

9.2.6 炼苗和移栽……91
9.3 结论……91
10 水曲柳体胚发生的同步化调控……92
10.1 材料与方法……93
10.1.1 材料采集与处理……93
10.1.2 培养基配制与培养条件……93
10.1.3 同步化调控方法……93
10.1.4 数据统计分析方法……94
10.2 结果与分析……94
10.2.1 渗透压对水曲柳体胚发生同步化的影响……95
10.2.2 低温对水曲柳体胚同步化发生的影响……99
10.2.3 脱落酸对水曲柳体胚同步化的影响……102
10.2.4 不同处理对水曲柳子叶胚同步化发生和畸形胚发生的调控效果比较……104
10.2.5 水曲柳体胚的萌发与生根……106
10.3 结论……110
11 抗褐化剂对水曲柳子叶外植体褐化及体胚发生的影响……111
11.1 材料与方法……111
11.1.1 研究材料与体胚诱导……111
11.1.2 抗褐化剂处理……112
11.2 结果与分析……112
11.2.1 PVP、L-Glu和$AgNO_3$对水曲柳成熟合子胚子叶外植体褐化及体胚发生的影响……112
11.2.2 抗坏血酸对水曲柳成熟合子胚子叶外植体体胚发生的影响……115
11.2.3 抗坏血酸对水曲柳成熟合子胚子叶外植体褐化的影响……116
11.3 结论……117
12 抗褐化剂对水曲柳体胚发生过程中外植体生理生化的影响……118
12.1 材料与方法……118
12.1.1 研究材料和体胚诱导……118
12.1.2 抗褐化剂处理……119

12.2 PVP、L-Glu 和 $AgNO_3$ 对水曲柳外植体生理生化的影响 ……119
12.2.1 PVP、L-Glu 和 $AgNO_3$ 对外植体多酚含量和 PPO 活性的影响 ……119
12.2.2 PVP、L-Glu 和 $AgNO_3$ 对外植体抗氧化酶 SOD 和 POD 活性的影响 ……120
12.2.3 PVP、L-Glu 和 $AgNO_3$ 对外植体 MDA 含量的影响 ……121
12.3 外源 ASA 对水曲柳外植体生理生化的影响 ……121
12.3.1 外源 ASA 对外植体多酚含量和 PPO 活性的影响 ……121
12.3.2 外源 ASA 对外植体 PAL 活性的影响 ……122
12.3.3 外源 ASA 对外植体 ASA 合成代谢的影响 ……122
12.3.4 外源 ASA 对外植体 APX 活性的影响 ……125
12.3.5 外源 ASA 对外植体细胞内活性氧代谢的影响 ……125
12.3.6 外源 ASA 对外植体细胞内 MDA 含量的影响 ……127
12.3.7 外源 ASA 对外植体细胞内 NO 合成的影响 ……127
12.4 结论 ……128
13 水曲柳体胚发生伴随外植体褐化的生理机制及差异蛋白 ……129
13.1 材料与方法 ……129
13.1.1 材料采集与体胚诱导 ……129
13.1.2 蛋白样品制备 ……130
13.1.3 蛋白质的分离 ……130
13.2 结果与分析 ……132
13.2.1 蛋白质的分离 ……132
13.2.2 实际等电点与分子质量分析 ……133
13.2.3 不同样品蛋白点表达比较分析 ……135
13.2.4 蛋白点质谱鉴定结果 ……137
13.3 结论 ……143
14 不同取材时期水曲柳合子胚 DNA 甲基化及体胚发生状态 ……144
14.1 材料与方法 ……145
14.1.1 不同取材时期水曲柳合子胚子叶诱导体胚发生 ……145
14.1.2 不同取材时期水曲柳合子胚子叶基因组 DNA 甲基化 ……146

14.2 结果与分析 …… 152
14.2.1 不同取材时期水曲柳合子胚体胚发生状态 …… 152
14.2.2 不同取材时期水曲柳合子胚 DNA 甲基化 …… 157
14.3 结论 …… 163
15 水曲柳体胚成熟及萌发促进研究 …… 164
15.1 材料与方法 …… 164
15.1.1 水曲柳直接体胚发生中的体胚成熟培养 …… 164
15.1.2 水曲柳间接体胚发生中的愈伤组织分化培养 …… 165
15.1.3 水曲柳间接体胚发生中的体胚成熟培养 …… 165
15.1.4 水曲柳体胚萌发生根培养 …… 165
15.1.5 水曲柳植株移栽成苗 …… 165
15.2 结果与分析 …… 166
15.2.1 水曲柳直接体胚发生中的体胚成熟培养 …… 166
15.2.2 水曲柳间接体胚发生中的愈伤组织分化培养 …… 173
15.2.3 水曲柳间接体胚发生中的体胚成熟培养 …… 175
15.2.4 适宜水曲柳萌发培养的材料 …… 177
15.2.5 继代次数与水曲柳体胚萌发培养的关系 …… 178
15.2.6 继代次数与水曲柳体胚生根培养的关系 …… 178
15.2.7 外源添加物质对水曲柳体胚生根的影响 …… 179
15.2.8 水曲柳植株移栽成苗 …… 180
15.3 结论 …… 180
16 结论与研究展望 …… 182
16.1 主要结论 …… 182
16.2 研究展望 …… 185
参考文献 …… 187

1 绪　论

1.1 水曲柳生物学特性

水曲柳（*Fraxinus mandshurica*）是木犀科梣属的落叶乔木，高达 30m 以上，胸径达 2m；树皮厚，灰褐色，纵裂。冬芽大，圆锥形，黑褐色，芽鳞外侧平滑，无毛，在边缘和内侧被褐色柔毛。小枝粗壮，黄褐色至灰褐色，四棱形，节膨大，光滑无毛。羽状复叶长 25～35cm；叶柄长 6～8cm；小叶 7～11 枚，纸质，长圆形至卵状长圆形，长 5～20cm，宽 2～5cm，先端渐尖或尾尖，基部楔形至钝圆，稍歪斜，叶缘具细锯齿，上面暗绿色，无毛或疏被白色硬毛，下面黄绿色，沿脉被黄色曲柔毛，侧脉 10～15 对。圆锥花序生于枝上，先叶开放，长 15～20cm；花序梗与分枝具窄翅状锐棱；雄花与两性花异株，均无花冠和花萼；雄花序紧密，花梗细而短，长 3～5mm，雄蕊 2 枚，花药椭圆形，花丝甚短，开花时迅速伸长；两性花序稍松散，花梗细而长，两侧常着生 2 枚小雄蕊，子房扁而宽，花柱短，柱头 2 裂。翅果大而扁，长圆形至倒卵状披针形，长 3～3.5cm，宽 6～9mm，中部最宽，先端钝圆、截形或微凹，翅下延至坚果基部，明显扭曲，脉棱凸起。花期 4 月，果期 8～9 月。

水曲柳主要分布于小兴安岭、长白山、辽宁东部山地等地区，分布区海拔 200～1000m，是红松阔叶林主要建群种之一。水曲柳具有耐严寒、抗干旱、生长迅速、根系发达的特点，适合生长在土壤温度较低、含水率偏高的下坡位。

1.2 水曲柳的经济和生态价值

水曲柳是我国温带湿润地区最重要的伴生阔叶树种，被称为东北珍贵的三大硬阔叶树种之一。水曲柳在全国排名前 20 的珍贵树种中排名第 11，在黑龙江省则排在阔叶树种的第 1 位。其具有材质优良、纹理秀美等特性，是建筑、家具、室内装修、造船等多种行业及制造军工器械和胶合板等的优良用材。由于树形圆阔、高大挺拔，其还是优良的绿化和观赏树种。水曲柳可与许多针阔叶树种组成混交林，形成复合结构的森林生态系统，对提高整个林分的涵养水源、保持水土、防止环境恶化等能力有很大意义和作用。

水曲柳的化学成分包括香豆素、环烯醚萜苷、苯丙素、类黄酮、木酚素等。水曲柳的树皮可入药，是治疗结核、外伤的传统药物，还可用作驱虫剂。水曲柳乙醇提取物有明显的镇痛、消炎作用。水曲柳中的香豆素成分具有防治病虫害的作用，同时还具有免疫、抗菌、抗氧化、保肝、利尿、抗过敏、使皮肤再生等功能。

1.3 水曲柳繁殖和组织培养研究进展

1.3.1 水曲柳播种、扦插和嫁接繁殖现状

播种繁殖是水曲柳传统繁殖方法。由于水曲柳种子休眠期较长，采用一般处理法不易出苗，需要经过较长时间（240～270 天）的层积处理，才能打破水曲柳种子的休眠。水曲柳属于难生根树种，用优树扦插后生长的嫩枝作插条，其生根率可提高 30% 左右；激素具有促进插条生根的作用；不同的无性系插条生根率差异很大，秋季栽植的无性系插条生根率最大可达 70%。劈接、髓心形成层贴接和芽接三种嫁接方式中，劈接效果最好，成活率达 89.8%。但水曲柳扦插和嫁接技术距离在生产和科研中应用尚有一段距离。

1.3.2 水曲柳组织培养研究现状

水曲柳组织培养研究工作于 20 世纪初开始。①通过切开处理打破了水曲柳成熟种子的休眠，并通过不定芽直接增生途径确立了一套较为完整的水曲柳组织培养再生系统，为水曲柳的无性繁殖提供了一个新的可能途径，也为水曲柳发芽机理和转基因的研究奠定了基础。②建立了以种子、休眠芽、幼叶的叶柄和茎段等为外植体，通过不定芽和腋芽增殖的水曲柳离体快繁技术。包括水曲柳茎丛大量增生和扩繁技术，试管内外高生根率培养技术，组培苗高存活率锻炼、增壮、移栽和培育技术等在内的适宜产业化生产应用的高效、可靠的微繁技术，为实现水曲柳苗木的产业化生产奠定了坚实的基础。③通过离体根培养体系形成了再生植株，建立了水曲柳离体根培养体系，为今后在离体条件下研究根系发育生物学提供了条件。

水曲柳体胚发生研究从 2003 年开始。首先对适合离体培养的外植体进行了大范围的搜索，所试验的外植体有顶芽、幼叶、幼嫩的复叶轴、花序轴、子房、胚珠、不同发育阶段的合子胚和种子、室内水培休眠枝萌发的茎和叶等。选用了基本培养基种类、激素浓度、光照条件、蔗糖浓度、水解酪蛋白浓度、酸碱度等不同水平的 10 个因素，试验确定了未成熟合子胚的单片子叶是诱导体胚发生的最适外植

体，同时筛选出诱导体胚发生的最佳培养基和激素组合，体胚发生率可达33.68%，为后续研究奠定了基础。同时，对不同来源和不同时期的水曲柳合子胚单片子叶的体胚发生情况进行了研究，发现授粉后9周的子叶为最适外植体，且不同来源的外植体的体胚发生率不同。对外植体进行低温（4℃）预处理20天有利于提高体胚发生率。在培养基中添加70g/L蔗糖、2g/L活性炭和30g/L聚乙二醇改变了培养基的渗透压，明显促进了体胚成熟。目前，以水曲柳未成熟和成熟合子胚子叶为外植体建立了成熟、有效的体胚发生途径的植株再生技术。此外，还对水曲柳体胚发生发育的调控机理进行了深入、系统的研究，发现水曲柳体胚发生的过程中伴随着外植体的褐化现象，利用生理生化分析和蛋白质组学等方法，发现产生体胚的外植体在50～70kDa内蛋白点数量较多。水曲柳合子胚子叶外植体在体胚发生过程中有许多蛋白质在翻译过程中被过多地修饰。已知与外植体褐化有关的蛋白质为渗调类似蛋白、过氧化物酶，与体胚发生有关的蛋白质有7S球蛋白、渗调类似蛋白等，其他蛋白质则只是参与了细胞的正常代谢或者只是细胞中正常的组成成分。通过测定外植体抗氧化酶活性发现，褐化外植体产生体胚的能力比未褐化的高，是由于其体内具有较高水平的内源过氧化氢，多酚及其氧化酶在体胚发生中亦具有一定作用。此外，利用显微技术和石蜡切片技术，对水曲柳体胚发生过程进行了细胞生物学研究，并且研究了细胞的起源及体胚发生的特点，在细胞水平上探讨了体胚发生机理。

1.4 水曲柳组织培养研究存在的问题和发展前景

1.4.1 不同繁殖材料的繁殖潜力有差异

林木细胞全能性表达主要通过体胚发生和器官发生来实现，其中以体胚发生为关键。林木体胚发生可以极大地提高繁殖系数、对选育出来的少量良种材料进行快速规模化扩繁，可与生产上应用方便和应用体系比较成熟的扦插繁殖技术很好地有机结合，且可直接与育种工程有机结合而加速新种质创新等。与草本植物相比，木本植物体胚再生体系和遗传转化体系的建立非常难，而已经建立的体胚发生技术体系又因繁殖材料繁殖潜力的差异而培养效果不稳定，这成了限制体胚发生技术在林木良种快速规模化扩繁、林木种质创新和多品种林业培育中应用的瓶颈问题。

水曲柳合子胚不同部位（子叶、下胚轴）外植体的体胚发生潜力存在明显差异。在水曲柳不定芽发生和扦插繁殖研究中也发现了与体胚发生同样的差异。这种繁殖潜力差异同样存在于其他树种中。而面对这种繁殖潜力差异，国内外基本上都是采取寻找繁殖潜力高的种群、个体（无性系、家系）和/或外植体材料（包括来自易于繁殖时期的材料）的方法。由此，势必会导致良种遗传基础变窄、遗传多样性水平降低，且造成多年育种成果的浪费。如果能从源头即良种繁殖潜力提升上解决问题，则会避免这些问题的出现，从而使选育的良种都能得到充分应用，促进多品种林业的发展。

1.4.2 同种繁殖材料体胚发生潜力差异的分子机制尚不清楚

同种繁殖材料在不同培养时期，其体胚发生潜力同样存在显著差异，主要表现为随着继代次数增加、培养时间延长，体胚发生潜力下降。在同一细胞来源的群体中，可以观察到胚性细胞和非胚性细胞同时存在。已知胚性细胞具有细胞壁厚、染色质凝聚、染色浓厚、核质比较大的特点，这些特点作为胚性细胞的形态学标记在很多物种的体胚发生研究中得到了有效应用。而细胞染色质凝聚、染色浓厚是表观遗传修饰的直接体现，在动物干细胞的诱导形成中具有重要作用。这些结果说明，林木体胚发生过程与染色质状态密切相关，表明表观遗传修饰在同种繁殖材料的体胚发生过程中起到关键作用。关于水曲柳体胚发生潜力差异的具体分子调控机制尚需进一步探究和证实。

1.4.3 组培苗再生率和存活率低

虽然有关水曲柳体胚发生过程的报道已经很多，体胚发生率也有了较大的提高，但依然存在很多问题。例如，体胚质量不高，在培养后期有败育现象；体胚的同步化效果不明显，对后期的增殖萌发造成了一定影响；对畸形胚的控制不理想，影响后期的植株再生率；萌发过程中生根率低的问题依然存在，移栽的组培苗在培养过程中生长缓慢，只是根系大量生长。针对体胚苗生长发育和后期栽培技术的研究尚需投入一定的精力和时间。

1.4.4 水曲柳组织培养研究的发展前景

以种子园为基础的育种体系可以显著提高每个世代的遗传增益，但费时费力；全基因组选择育种在树木育种方面应用广泛，可准确地早期发现育种群体中的优良基因型；而体胚发生可以与种子园体系和全基因组选择育种体系很好地结合，既可以有效缩短育种周期又可以把体胚发生与种子繁殖和扦插繁殖结合起来加速优良品种的扩繁利用，从而高效地培育具有广泛遗传背景的高产高效品系并将其应用于造林，形成多品种林业（multi-varietal forestry，MVF），这解决了少量高产高效品系应用中生物多样性水平低、存在巨大潜在生态灾难危险的问题。从林木遗传育种角度讲，多数育种工作者认为，育种群体至少应由200个遗传型组成。而要做到以上这些，育种群体中每一个个体（遗传型）都能够被有效繁殖利用就成为基本要求。所以从这些角度看，解析繁殖潜力差异的生物学机制和调控机制，开发能够将所有目的优良品系规模化繁殖利用的繁殖技术，对人工林高效培育是非常重要的。

水曲柳是黑龙江省重要的珍贵乡土树种，在我国人工林培育中也占有重要地位。但它的遗传育种历史短、因在寒地环境内生长慢而所需周期较长、良种水平和层次低，因此更需要探索适宜的边育种边应用的方法。在良种选育与扩繁利用过程中对繁殖潜力及其调控机制有充分的了解与掌握，将为体外更高效地诱导细胞胚性分化、调控植株再生并利用生物技术无性育种提供重要的理论依据与功能基因资源，对揭示细胞全能性与植株再生机理、有效加速水曲柳等珍贵树种现代细胞工程与无性生物育种发展具有重要的科学意义和应用价值。

因此，无论从繁殖生物学机理解析角度，还是从人工群体遗传多样性维护和良种规模化高效快繁利用角度看，水曲柳组织培养研究都具有十分重要的科学意义和广阔的应用前景。

2 水曲柳种子无菌发芽与胚轴离体再生

水曲柳是东北地区重要的珍贵阔叶树种，分布范围较广。但此树种资源历来非常贫乏，加之长期不合理地过度采伐利用，其资源已接近枯竭。水曲柳被列为渐危种，保护级别为三级。因此大量培育水曲柳苗木用于造林生产，尤其是培育水曲柳优良的无性系人工林是水曲柳林业生产和林业研究的重要课题。水曲柳主要用种子繁殖，也可用扦插繁殖和萌蘖更新。水曲柳是显著发芽缓慢的树种之一，如果播种成熟的干燥种子，需要两年左右的时间才能发芽。因此高温和低温处理相结合的催芽是必不可少的。但是即使用这种催芽处理方法，要获得高的发芽率也需要 4 个月的时间；同时种子繁殖受结实大小年的影响。萌蘖更新受伐根有无、伐根数量、采伐季节等因素的制约；扦插繁殖因采穗母树的年龄不同而表现出极大的差异。因此利用组织培养技术快速繁殖水曲柳优良无性系苗木，将是实现水曲柳快速大量繁殖的有效途径之一，同时也可为生物技术在水曲柳育种中的应用奠定基础。

2.1 水曲柳种子采集与处理

成熟种子于秋季采自 50 年生、生长健壮的成年母树。经充分干燥后，放入密闭容器中，在 5℃冰箱中储藏备用。使用时，将带翅的成熟种子用水冲洗干净后，用 70% 乙醇消毒 3～4min，消毒后的种子再用无菌水冲洗 3～5 次后，浸泡在无菌水中，25℃下静置 48h。种子充分吸水后，用镊子将种皮剥去。在去皮后的种子的子叶端用解剖刀切去 1～2mm 作为标记。种子消毒处理：将准备好的去皮种子，先用 70% 乙醇消毒 30s，然后在 10%（*v/v*）H_2O_2 中消毒 20min，其间用磁力搅拌器均匀搅拌。消毒完毕的种子迅速转移到已事先用紫外灯灭菌 20min 的无菌操作台中，用无菌水漂洗 3～5 次，每次漂洗后均更换一次容器。

2.2 器械的洗涤和灭菌

先将试管、三角瓶、培养皿、烧杯、量筒、移液管、镊子、解剖刀等在清水中浸泡30min，然后用流水冲去器皿上的污物，沥干水，泡入添加了少量洗涤剂的水中，再用试管刷沿容器壁上下刷动和呈螺旋状两个方向刷洗。容器外部和镊子等用海绵充分擦洗。刷后用流水冲洗3次以上，彻底冲去洗涤剂残留物。最后用无菌水冲洗3～5次，使容器内外壁水膜均一，不挂水珠，沥干。玻璃器皿和金属器械采用高温灭菌法。用锡纸将玻璃器皿的开口处包严，培养皿等需要用锡纸完全包好；金属器械放入大试管中后，用锡纸将试管口封好。包好的器皿，放入烘箱中，180℃，灭菌3h。

2.3 培养基配制

培养基为MS（Murashige and Skoog）、1/2MS（MS培养基的大量元素减半）、WPM（wood plant medium）和DKW（Driver & Kuniyuki & McGranahan, et al.）。将培养基的营养元素分为大量元素、微量元素、铁盐、有机成分四部分，分别配制成20倍、100倍、100倍和100倍的母液。将激素用少量1mol/L NaOH或2mol/L HCl溶解后，加入蒸馏水，用量筒定容成浓度为1mg/mL的溶液，储藏在5℃的冰箱中备用。

2.4 培养步骤与培养条件

培养步骤如下。

（1）无菌发芽

在无菌操作台上，将已经消毒并洗净的种子放入灭过菌的培养皿中，晾干表面的水分后，用解剖刀切去子叶端的1/3，然后水平放置在培养基上。在初代培养基上培养25～40天，将无菌苗分成子叶、带顶芽茎段、下胚轴、胚根四部分，继代入与初代培养相同的培养基中。继代培养50天后，将培养物转入添加了0.02mg/L萘乙酸（naphthalene acetic acid，NAA）或不含激素的1/2MS培养基中进行生根。

（2）下胚轴离体培养

在无菌操作台上，用解剖刀和镊子剖开胚乳，取出胚。将顶芽以上的部分（包含顶芽）和胚根切去，选取长2～3mm的下胚轴，水平放置在培养基上。在初代培养基上培养19～30天后，将带有不定芽的愈伤组织切去，切成0.3～0.4cm^{2}的小块进行继代培养。当不定芽伸长成为微枝（3mm 以上）后，将微枝从培养物上切下，将微枝基部的愈伤组织切除，继代入生根培养基中。微枝生出 1 条以上的根后进行驯化。

将培养物在人工气候箱或培养室中进行培养。培养条件：光照强度为 3000lx，每天 16h 光照，温度为（25±2）℃，空气相对湿度 60%～70%。

2.5 水曲柳种子无菌发芽与下胚轴离体再生

2.5.1 水曲柳种子无菌发芽

2.5.1.1 胚胎萌发过程

水曲柳切开种子发芽过程如图 2-1 所示，将下胚轴伸出作为发芽的标志。切开种子（图 2-1a）的发芽过程与普通种子的发芽过程不同。培养开始 1 周后，子叶先端从种子的切口处伸出（图 2-1b）。之后伴随着子叶的伸长，颜色也开始变绿（图 2-1c）。培养 2 周后，大多数种子的下胚轴伸长将整个子叶从种子中推出（图 2-1d、e）。培养 3 周后，部分种子的幼根伸出（图 2-1f）。水曲柳种子在没有添加激素的培养基上，即使培养 38 天，其最高发芽率也仅为 50%。

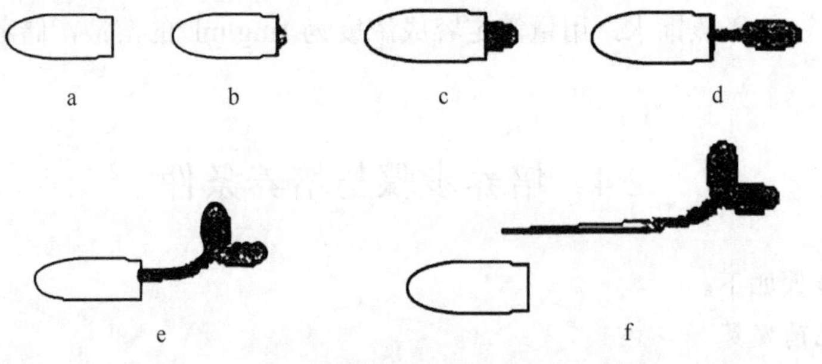

图 2-1 水曲柳切开种子发芽过程示意图

2.5.1.2 无菌苗生根

将带顶芽的茎段接种入培养基中。培养 1 周后，带顶芽茎段开始生根。生根率最高的是未添加 6-苄氨基腺嘌呤（6-benzylaminopurine，6-BA）的处理，且随着 6-BA 浓度的提高，其生根率下降。当 6-BA 浓度为 10.0mg/L 时，没有生根现象。在 MS 和 1/2MS 培养基上，带顶芽茎段平均生根率分别为 20.9% 和 35.8%。培养基中添加蔗糖 0g/L、15g/L 和 30g/L 处理的生根率分别为 17.9%、60.9% 和 24.3%。在添加蔗糖的培养基中，带顶芽茎段的生根率高于未添加的，1/2MS 培养基上带顶芽茎段的生根率高于 MS 培养基。

2.5.1.3 幼苗的驯化

将培养获得的幼苗在珍珠岩和蛭石（*V*∶*V*=1∶1）基质中驯化 3 周，其间用塑料薄膜覆盖并定期打开薄膜放风。

研究结果表明，切开培养可提高水曲柳种子发芽率，平均发芽率为 65.3%。6-BA 对种子发芽有显著促进作用。1.0mg/L 和 5.0mg/L 6-BA 处理的幼苗生长更加正常，叶色更绿。但过量 6-BA（10mg/L）造成幼苗畸形和玻璃化。过量蔗糖会增加培养基渗透压使种胚发芽率和生根率降低。15g/L 蔗糖处理的种胚发芽率、子叶长度和生根率均为最高。在添加蔗糖、不含激素的 1/2MS 培养基中，无菌苗生根率达到 100%，在人工控制条件下可驯化成活。

2.5.2 水曲柳下胚轴的离体再生

下胚轴外植体从培养第 5 天开始变色。下胚轴外植体因处理不同而颜色不同。添加噻苯隆（Thidiazuron，TDZ）后下胚轴外植体由白色变为绿色，而添加了 6-BA 的处理变成了淡红色。培养 1 周后，在下胚轴外植体上端切口的木质部与韧皮部的结合处出现绿色的小突起。2 周以内在这些绿色突起上伸出小叶。3 周时，少数幼叶基部伸出短小的茎。伴随着培养时间的延长，在下胚轴外植体的表皮与培养基的交界处也有不定芽的出现，最后整个下胚轴外植体通体均能产生数量不等的不定芽。

2.5.2.1 初代培养

1. 培养基的影响

培养 19 天时，在 MS、1/2MS、WPM 和 DKW 培养基上不定芽诱导率分别为 83.0%、80.7%、78.5% 和 58.7%，外植体死亡率分别为 58.7%、54.2%、3.1% 和 37.0%，产生不定芽外植体存活率分别为 37.7%、37.7%、77.48% 和 18.0%。

无论何种培养基，随着培养时间的延长，不定芽的诱导率均增加（图 2-2）。在 MS、1/2MS 和 WPM 培养基上，培养 7～15 天为不定芽产生的高峰期。培养 15 天以后，基本没有不定芽新出现，即使外植体上产生了不定芽，芽的数量也极少、质量较差，继代培养后不会继续生长，最终死亡。在 DKW 培养基上培养 1 个月有不定芽产生，不定芽产生速度远低于前三种培养基。在 DKW 培养基上培养 1 个月后不再有不定芽产生，大部分下胚轴外植体没有来得及产生不定芽就死亡了。因此，长时间培养不能获得高的不定芽诱导率。

不同培养基上，随着培养时间的延长，外植体的死亡率均增加（图 2-3）。当培养时间超过 20 天后，除 WPM 培养基外，所有培养基上的外植体死亡率均超过

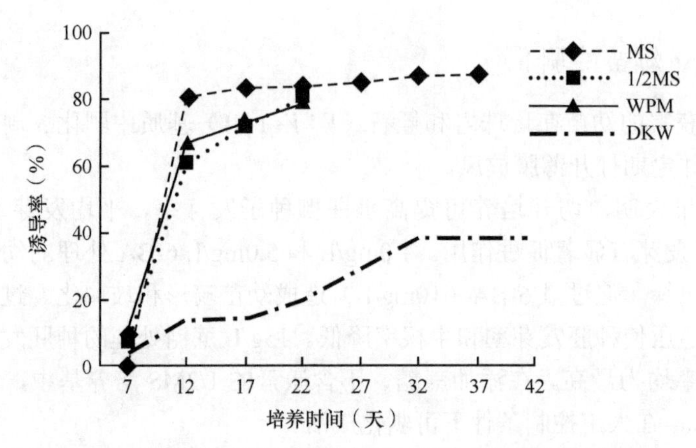

图 2-2　不同培养基上不同培养时间的水曲柳不定芽诱导率

了 50%; 1 个月后 MS 和 DKW 培养基的死亡率超过了 80%；继续保持培养条件不变，40 天时 DKW 培养基上的外植体全部死亡。MS、1/2MS 和 DKW 培养基的死亡率均近乎直线上升。在整个培养过程中，WPM 培养基的外植体死亡率维持在较低的水平（5%）。

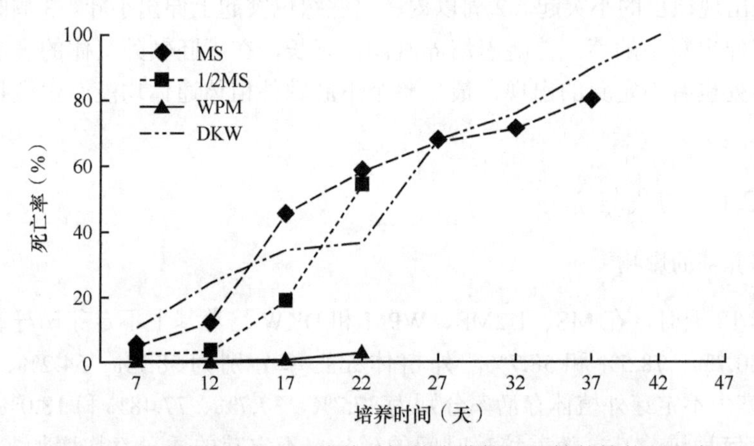

图 2-3　不同培养基上不同培养时间的水曲柳下胚轴外植体死亡率

不同培养基上产生不定芽的外植体的存活率有极显著差异。培养 3 周时 WPM 培养基上的存活率极显著高于 MS、1/2MS 和 DKW 培养基上的存活率，此时虽然 MS 和 1/2MS 培养基上的平均存活率高于 DKW 培养基，但差异不显著。当培养时间在 2 周以内时，不同培养基上产生不定芽的外植体的存活率随培养时间的延长而增加。此后，除了 WPM，其他培养基上外植体的存活率不同程度地下降（图 2-4）。WPM 培养基上产生不定芽的外植体的存活率较高。

综上所述，水曲柳下胚轴外植体在不同培养基上的生长表现不同。在养分含

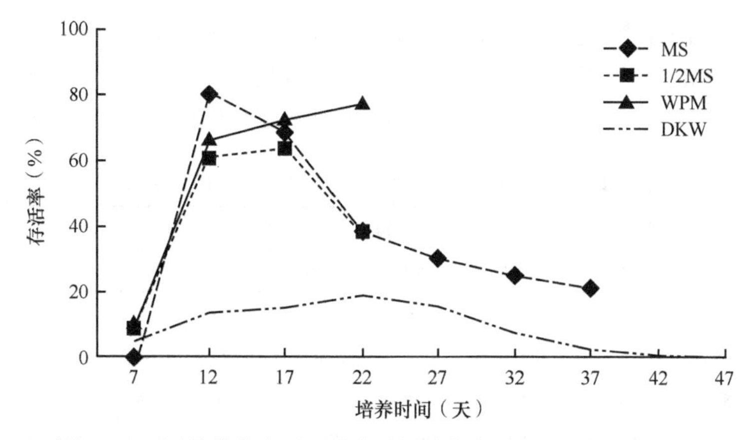

图 2-4 不同培养基上不同培养时间的产生不定芽外植体存活率

量丰富的 MS 培养基中，下胚轴外植体上产生的不定芽数量多、发生率高、质量好，但长时间培养后外植体的死亡率增加，即 MS 培养基对最初不定芽的发生有良好的诱导作用。因此在不定芽诱导阶段，可在 MS 培养基中短时间培养下胚轴外植体。含有高浓度 Ca^{2+} 的 DKW 培养基对不定芽质量的影响与 MS 培养基相似（叶色绿、叶柄粗），但是其死亡率高、不定芽发生率低，不适合在不定芽诱导阶段使用。1/2MS 培养基在不定芽诱导率、外植体死亡率和产生不定芽外植体的存活率上均与 MS 培养基接近，虽然其死亡率略低于 MS 培养基，但在不定芽的质量和数量上均没有优势。WPM 是所有培养基中不定芽诱导率、外植体死亡率和产生不定芽外植体的存活率均表现良好的培养基。在 MS、1/2MS 和 WPM 培养基上，其不定芽产生速率大于 DKW 培养基。比较不定芽产生后的长势和色泽，各培养基的表现是 MS＞DKW＞1/2MS＞WPM。不定芽产生后其生长发育必需的营养元素均来源于外植体对培养基中营养元素的吸收，因此在营养元素含量高的培养基中，不定芽质量高于寡营养的培养基。

2. 植物生长调节剂的作用

（1）细胞分裂素对水曲柳不定芽诱导的影响

在添加了细胞分裂素的培养基中，外植体从培养 1 周开始出现不定芽。当没有细胞分裂素时，即使培养 1 个月以上也没有任何再生迹象出现。

A. TDZ 处理对不定芽诱导的影响

培养基中添加 TDZ 后，即使很低浓度（0.01mg/L）的处理，也获得了约 80% 的诱导率，而没有添加 TDZ 的处理则没有不定芽产生（表 2-1）。在所有添加 TDZ 的处理中，0.05～0.5mg/L 的不定芽诱导率较高。其中，在 WPM 培养基中，0.1mg/L 和 0.2mg/L TDZ 处理的诱导率均达到了 100%；在 1/2MS 培养基中，0.1mg/L TDZ

处理的不定芽诱导率达到了94.4%。从不同浓度TDZ处理的平均不定芽诱导率来看，0.01～1.0mg/L的不定芽诱导率均在80%及以上，而更高浓度的TDZ却使不定芽诱导率下降了，当TDZ为5.0mg/L时，平均不定芽诱导率降至52.5%（图2-5）。

表2-1　TDZ对水曲柳不定芽诱导的影响（培养19天）

TDZ（mg/L）	不定芽诱导率（%）			外植体死亡率（%）			产生不定芽外植体存活率（%）		
	WPM	1/2MS	平均	WPM	1/2MS	平均	WPM	1/2MS	平均
0	0	0	0	10.5	40.0	25.3	0	0	0
0.01	85.0	75.0	80.0	10.0	25.0	17.5	85.0	65.0	75.0
0.02	84.2	84.2	84.2	5.2	57.9	31.6	84.2	31.6	57.9
0.05	90.0	84.2	87.1	5.0	47.4	26.2	90.0	52.6	76.3
0.1	100.0	94.4	97.2	0	33.3	16.7	100.0	66.7	83.4
0.2	100.0	73.7	86.9	0	36.8	18.4	100.0	52.6	76.3
0.5	95.0	84.2	89.6	0	57.9	29.0	95.0	36.8	65.9
1.0	84.2	85.0	84.6	0	60.0	30.0	84.2	35.0	59.6
3.0	68.4	80.0	74.2	10.5	55.0	32.8	63.2	35.0	49.1
5.0	45.0	60.0	52.5	5.0	65.0	35.0	45.0	15.0	30.0

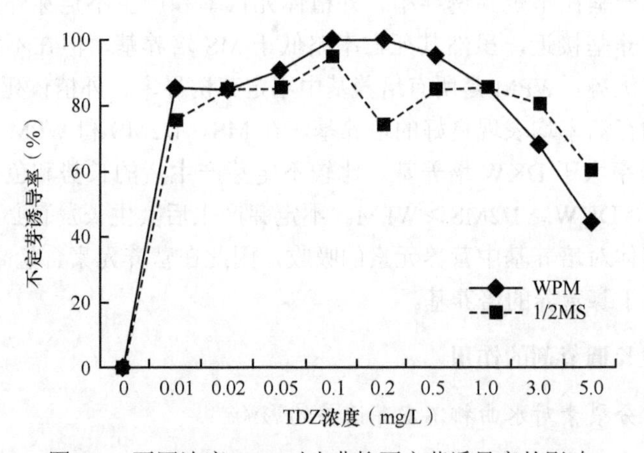

图2-5　不同浓度TDZ对水曲柳不定芽诱导率的影响

添加TDZ处理的不定芽诱导率高于没有TDZ的处理。添加5.0mg/L TDZ处理的不定芽诱导率显著低于添加0.01～3.0mg/L TDZ处理，而0.01～3.0mg/L处理间的不定芽诱导率差异不显著。TDZ处理的不定芽比没有添加TDZ处理的生长健壮。各TDZ处理的外植体死亡率维持在25%左右，但差异未达到显著水平。在极低浓度TDZ处理下，外植体死亡率较小；在高浓度处理下，外植体死亡率较高。这种趋势在培养时间延长后更为明显（图2-6）。

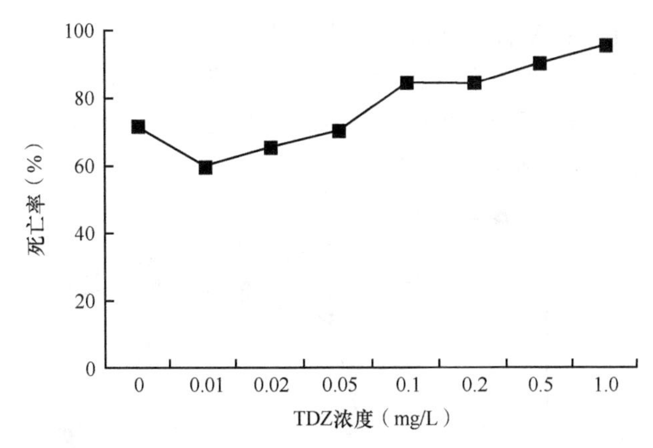

图 2-6　培养 30 天时不同浓度 TDZ 处理对水曲柳下胚轴外植体死亡率的影响

各 TDZ 处理之间，0.1mg/L TDZ 处理的产生不定芽外植体的存活率最高（83.4%），5.0mg/L TDZ 处理的存活率最低，二者差异达到了极显著水平。0.1mg/L 为存活率变化的拐点，高于或低于此浓度后存活率均逐渐降低。0.05～0.2mg/L TDZ 处理对产生不定芽外植体的存活最有利，其存活率在 70% 以上。

B. 6-BA 处理对不定芽诱导的影响

当培养基中添加了 0.5mg/L 及以上浓度的 6-BA 时才有不定芽产生（表 2-2）。当 6-BA 浓度小于或等于 0.2mg/L 时，没有不定芽产生。在 0.5～5.0mg/L 6-BA 浓度范围内，不定芽诱导率均在 70% 以上，各处理间的差异不显著。不同浓度 6-BA 处理间的产生不定芽外植体存活率有显著差异。添加 6-BA 处理的存活率与 TDZ 处理相似，即在研究的浓度范围（5mg/L 以上）内，当 6-BA 浓度增加时，产生不定芽外植体存活率先升高后降低。

表 2-2　不同浓度 6-BA 处理对水曲柳不定芽产生的影响（培养 19 天）

6-BA（mg/L）	不定芽诱导率（%）	外植体死亡率（%）	产生不定芽外植体存活率（%）
0	0	10.5	0
0.1	0	0	0
0.2	0	0	0
0.5	75.0	5.0	75.0
1.0	78.9	5.3	78.9
3.0	85.0	5.0	80.0
5.0	80.0	10.0	70.0

C. TDZ 与 6-BA 的复合处理对不定芽诱导的影响

6-BA 与 0.05mg/L TDZ 复合处理后，提高了不定芽诱导率。当 6-BA 浓度为 1.0mg/L 时，其与 TDZ 复合处理的不定芽诱导率达到了最高值（95.0%），此后不再随 6-BA 浓度的上升而提高（图 2-7）。

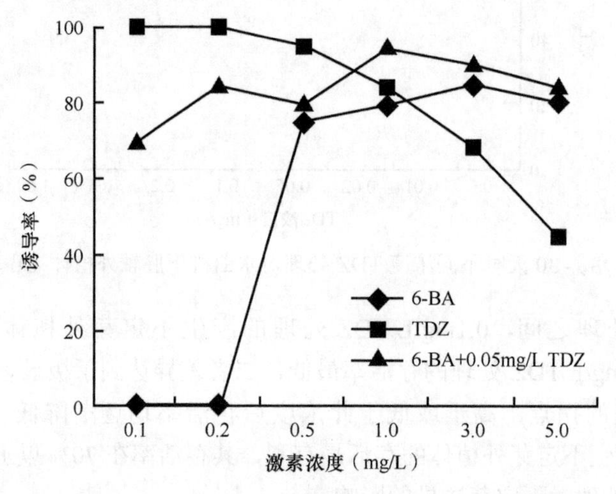

图 2-7　6-BA 和 TDZ 对水曲柳不定芽诱导率的影响

6-BA 和 TDZ 复合处理（在 6-BA 为 5.0mg/L 时）下外植体死亡率升至 21.1%（图 2-8）。当 6-BA 浓度低于 1.0mg/L 时，6-BA 和 TDZ 复合处理的产生不定芽外植体存活率介于 6-BA 和 TDZ 单独处理的产生不定芽外植体存活率之间；当 6-BA 浓度超过 1.0mg/L 后，6-BA 和 TDZ 复合处理的产生不定芽外植体存活率则高于 6-BA 和 TDZ 单独处理的存活率（图 2-9）。

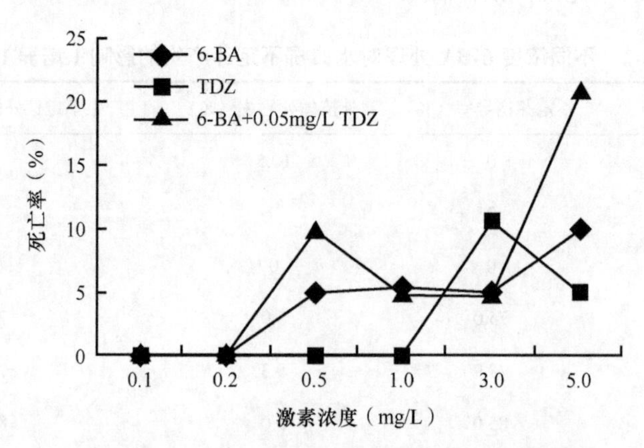

图 2-8　6-BA 和 TDZ 对水曲柳外植体死亡率的影响

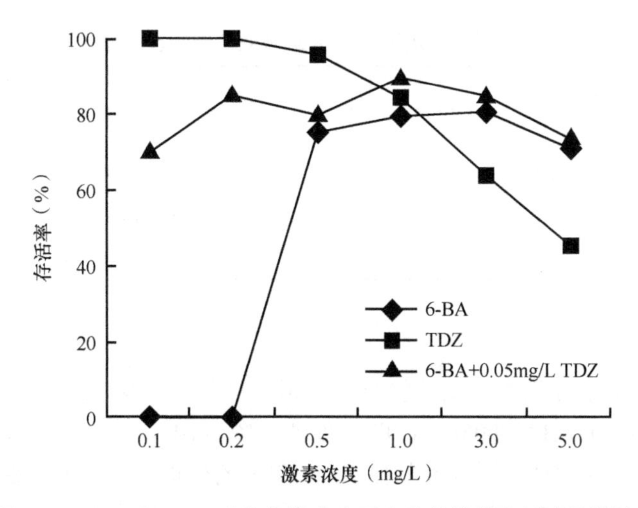

图 2-9 6-BA 和 TDZ 对水曲柳产生不定芽外植体存活率的影响

（2）生长素对水曲柳不定芽诱导的影响

A. IBA 对不定芽诱导的影响

在添加吲哚丁酸（indole butyric acid，IBA）的培养基上培养 12 天以内的不定芽诱导率、外植体死亡率和产生不定芽外植体存活率均略高于没有添加 IBA 的处理；培养时间超过 12 天以后，培养基中添加 IBA 的处理培养物的死亡率增加，不定芽的诱导率减小。添加 0.1mg/L IBA 的处理与没有添加 IBA 的处理，在不定芽诱导率、外植体死亡率和产生不定芽外植体存活率上均无显著差异。

B. 2,4-D 对不定芽诱导的影响

添加 2,4-二氯苯氧乙酸（2,4-dichlorophenoxyacetic acid，2,4-D）后所有的下胚轴外植体均不能产生不定芽，即使很低的浓度也能显著抑制不定芽的产生。培养 19 天后 70% 以上外植体失去了生命力。一个月以后所有外植体全部死亡。

3. 愈伤组织的产生

（1）培养基对愈伤组织产生的影响

各培养基上均有水曲柳愈伤组织的产生（表 2-3）。在 WPM 培养基上，下胚轴外植体具有最高的愈伤组织诱导率（100.0%），但其产生的愈伤组织量最少，只在下胚轴外植体两端切口处产生了少量黄色愈伤组织。在 MS 和 DKW 培养基上的愈伤组织诱导率虽然低，但色泽碧绿、量大，在整个外植体上均有愈伤组织出现。1/2MS 培养基上愈伤组织的表现介于 MS 和 WPM 培养基之间，诱导率较高，但量和色泽不及 MS 培养基。无论何种培养基上，在培养的开始均是从下胚轴切口处最先产生愈伤组织，然后逐渐扩展到整个下胚轴外植体上。

表 2-3　不同类型培养基上水曲柳愈伤组织发生情况比较

培养基	愈伤组织诱导率（%）	愈伤组织量	愈伤组织形态
MS	44.5	极多	碧绿色，通体产生
1/2MS	72.9	较多	黄绿色，两端切口处多、中部少
WPM	100.0	较少	黄色，只在两端切口处产生
DKW	39.0	多	绿色，两端切口处多、中部较少

（2）激素对愈伤组织产生的影响

没有添加细胞分裂素的处理没有愈伤组织产生。TDZ 处理的愈伤组织诱导率显著高于 6-BA 和 6-BA+0.05mg/L TDZ 处理（图 2-10）。6-BA+0.05mg/L TDZ 处理的愈伤组织诱导率，高于同浓度单独使用 6-BA 的处理，但低于单独使用 0.05mg/L TDZ 的处理。当 TDZ 浓度高于 0.02mg/L 时，愈伤组织诱导率高于 40%；当 TDZ 浓度在 0.1mg/L 以上时，全部外植体产生了愈伤组织。6-BA 在低浓度（≤0.5mg/L）时，没有愈伤组织的产生，当 6-BA 浓度高于 0.5mg/L 时愈伤组织开始产生，6-BA 浓度增加到 5.0mg/L 时，愈伤组织诱导率达到了最高值（59.0%）。

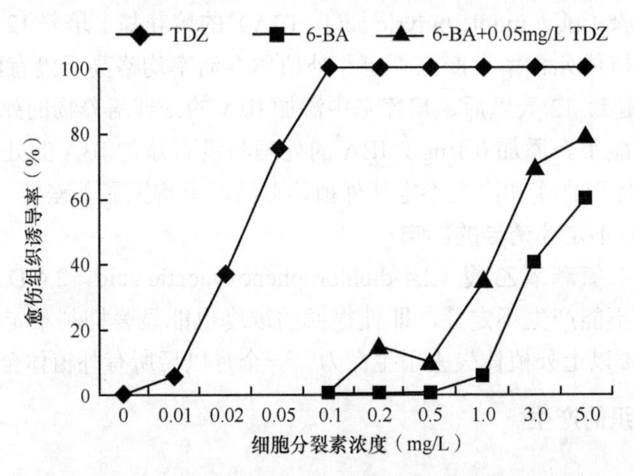

图 2-10　不同细胞分裂素对水曲柳愈伤组织产生的影响

在培养基中添加 2,4-D 后所有外植体均产生了愈伤组织。IBA 的存在没有明显增加水曲柳下胚轴外植体的愈伤组织诱导率，但其使产生的愈伤组织体积大幅度增加。

（3）愈伤组织对不定芽产生的影响

愈伤组织与不定芽的最初产生部位是下胚轴外植体的切口处，并且在此处产生的量最大。大量的愈伤组织导致下胚轴外植体的切口甚至整个外植体完全被包被，而没有裸露的切口或表皮部分。这样不定芽就丧失了产生的可能性。已经产生的不定芽如果生长速度不及愈伤组织，则不能继续生长直至死亡。

2.5.2.2 继代培养

初代培养获得的丛生芽，转入添加了低浓度细胞分裂素的继代培养基后，培养15～30天有部分不定芽伸长并展叶，成为0.5cm以上的幼茎。虽然在初代培养中，大部分下胚轴外植体都可以产生大量的不定芽，但在继代培养中仅有少量可以伸长成为幼茎。一般表现为芽数量很多，但很短（小于0.5cm）或伸长很慢，并且伴随着大量愈伤组织的形成。

1. 培养基的影响

继代培养往往伴随着部分不定芽的伸长。继代培养25天，1/2MS培养基的不定芽伸长率高于MS和WPM培养基；WPM培养基的不定芽死亡率最高，1/2MS培养基次之。但无论何种培养基其伸长率均很低，最高的1/2MS培养基的伸长率仅为36.4%。各培养基的不定芽死亡率均高于50%。各培养基上的不定芽增殖倍数与伸长率的表现相同，排序为1/2MS＞MS＞WPM。

2. 细胞分裂素的作用

在没有添加细胞分裂素和添加低浓度6-BA的培养基中，没有不定芽的伸长（表2-4）。TDZ处理的不定芽伸长率和增殖倍数均高于6-BA处理。TDZ处理的不定芽伸长率最高，为36.4%。

表2-4 细胞分裂素在水曲柳不定芽继代培养中的作用（培养25天）

激素（mg/L）	不定芽伸长率（%）	不定芽增殖倍数	不定芽死亡率（%）	不定芽总数（个）
0	0	0	64.3	56
6-BA 0.1	0	0	64.9	57
6-BA 0.5	1.8	1.0	61.4	57
6-BA 1.0	7.1	1.0	51.8	56
TDZ 0.1	36.4	2.3	65.9	44

注：TDZ处理为1/2MS培养基；6-BA处理为WPM培养基

总之，水曲柳的不定芽伸长率和增殖倍数受培养基和激素种类与浓度的影响，1/2MS培养基在诱导不定芽伸长上效果最好；不定芽伸长率和增殖倍数随6-BA浓度的增加而升高；TDZ诱导水曲柳不定芽伸长的效果优于6-BA。不定芽死亡率因培养基的不同而不同，与细胞分裂素的种类和浓度无关。各培养基上不定芽死亡率排序为MS＞1/2MS＞WPM。

2.5.2.3 生根培养和炼苗

微枝生根是组织培养的关键环节。培养基成分对微枝生根率的影响很大（表 2-5）。在没有激素的条件下，水曲柳微枝可以生根。转入生根培养基 26 天时，微枝在 1/2MS 培养基中的生根率为 0，添加 IBA 和 NAA 并没有促进不定根的产生（表 2-5）；微枝在 WPM 培养基中的生根率为 19.1%，生根数为 1～2 条。

表 2-5 培养基和激素对水曲柳微枝生根的影响

培养基种类	激素浓度（mg/L）		生根率（%）	生根总数（条）
	NAA	IBA		
1/2MS 培养基	0	0	0	5
	0.02	0	0	6
	0.2	0	0	5
	0.02	0.1	0	5
	0.2	0.1	0	5
	0	0.1	0	6

将已生根的组培苗从培养基中取出，用流水洗净附在组培苗上的培养基，栽入珍珠岩和蛭石等体积混合的基质中，放在室内培养。移栽后第 1 周，用塑料膜将组培苗罩住，以防止失水，造成小苗萎蔫。从第 2 周开始定期打开塑料膜，放风炼苗。此期间严格控制基质的湿度。1 个月后完全去除塑料膜。2 个月后组培苗全部成活。

2.6 结 论

切开培养可提高水曲柳种子发芽率，平均发芽率为 65.3%。6-BA 对种子发芽有显著促进作用。1.0mg/L 和 5.0mg/L 6-BA 处理的幼苗生长更加正常，叶色更绿。但过量 6-BA（10mg/L）造成幼苗畸形和玻璃化。过量蔗糖会增加培养基渗透压使种胚发芽率和生根率降低。15g/L 蔗糖处理的种胚发芽率、子叶长度和生根率均为最高。在添加蔗糖、不含激素的 1/2MS 培养基中，无菌苗生根率达到 100%，在人工控制条件下可驯化成活。

不同类型培养基上水曲柳下胚轴的不定芽诱导率、外植体死亡率和产生不定芽外植体存活率之间差异明显。从不定芽诱导率上比较，MS（83.0%）＞1/2MS（80.7%）＞WPM（78.5%）＞DKW（58.7%）；从外植体死亡率上比较，MS（58.7%）＞1/2MS（54.2%）＞DKW（37.0%）＞WPM（3.1%）；从产生不定芽外植体存活率上比较，WPM（77.48%）＞MS（37.7%）=1/2MS（37.7%）＞DKW（18.0%）。从不定芽的长势、色泽上比较，MS＞DKW＞1/2MS＞WPM。

细胞分裂素对水曲柳下胚轴外植体不定芽的产生是必需的。当在 WPM 培养基中添加 0.1mg/L 和 0.2mg/L TDZ 时，下胚轴外植体 100% 产生了不定芽。过高（＞5.0mg/L）、过低（＜0.05mg/L）的 TDZ 对不定芽诱导不利；6-BA 在 0.5～5.0mg/L 均能诱导不定芽的产生，且随 6-BA 浓度的增加不定芽诱导率呈升高趋势。低浓度时，TDZ 在不定芽诱导率和产生不定芽外植体存活率上均高于相应浓度的 6-BA；6-BA 和 TDZ 复合处理高于单独使用 6-BA 的不定芽诱导率，但低于单独使用 TDZ；2,4-D 显著抑制了不定芽的产生。

初代培养中获得的大量不定芽在继代培养中只有少数可伸长成为幼茎。添加低浓度细胞分裂素可使部分不定芽伸长成为幼茎。0.1mg/L TDZ 诱导不定芽伸长效果高于相应浓度的 6-BA，但最高诱导率仅为 36.4%。微枝最高生根率仅为 19.1%，生根苗驯化后易成活。

水曲柳不定芽发生和腋芽增殖途径的植株再生

器官发生（organogenesis）是指离体植物的组织（外植体）或细胞（悬浮培养的细胞和原生质体）在组织培养的条件下形成无根苗、根和花芽等器官的过程。器官发生再生植株包括直接器官发生和间接器官发生两条途径。直接器官发生是指由茎尖、腋芽、原球茎、球茎、块茎、鳞茎等外植体直接分化成器官，也称不定器官发生（adventitious organogenesis）；间接器官发生是指外植体先经过脱分化诱导出愈伤组织，然后通过愈伤组织再分化形成器官的过程。在这个过程中，芽和根为单极性结构，各自的内部分别有维管束与愈伤组织相连，但在不定芽和不定根之间没有共同的维管束把二者联系在一起。

通过不定芽发生和腋芽增殖途径获得水曲柳再生植株，可以在短时间内获得大量的水曲柳苗木，解决具有优良性状的品系或单株种子来源不足、难以在短时间内实现大量扩繁的问题，为改善水曲柳苗木培育状况、增加优良品系的扩繁途径奠定基础。目前，已经建立了以种子、休眠芽、幼叶的叶柄和茎段等为外植体，通过不定芽发生和腋芽增殖途径获得再生植株的水曲柳离体快繁技术。

3.1 材料采集

1）水曲柳优良母树饱满种子，于4℃条件下带翅沙藏处理5个月。

2）优树子代一年生实生苗上的休眠芽和展叶芽。

3）优树子代一年生枝上的节、叶柄和茎段。

3.2 外植体消毒与切割

（1）种子

经过沙藏和未经沙藏处理的种子，用自来水浸泡24h，将外种皮剥去，流水冲洗2h后用蒸馏水浸泡24h，经70%（*v/v*）乙醇处理30s后，用5%（*v/v*）次氯酸钠消毒20min，在超净工作台上用无菌水冲净，置于干燥的滤纸上备用。

（2）休眠芽

3 月取休眠芽，用自来水浸泡 12h，流水冲洗 4h，小心剥去外层的芽鳞，留下 6mm 左右的茎尖，基部带有 2～3mm 的芽柄，用 70%（*v/v*）乙醇处理 1min 后再用 6%（*v/v*）H_2O_2 消毒 5min，其间加入一滴吐温 20 搅拌。然后在超净工作台上用无菌水冲洗 5～6 次，再用无菌水浸泡 30min，在接种之前剥掉芽鳞。

（3）展叶芽

5 月中下旬取成年树上的展叶芽，用自来水浸泡 12h，流水冲洗 4h，剥掉外层的嫩叶，将 1～2cm 的幼芽用 70%（*v/v*）乙醇处理 1min，6%（*v/v*）H_2O_2 消毒 6min，加入一滴吐温 20，在超净工作台上用无菌水冲洗 5～6 次，再用无菌水浸泡 30～60min，接种之前切掉其余无关的小叶。

（4）幼叶的叶柄和茎段

4 月将当年生幼树的复叶小枝和人工气候箱中休眠芽长出的展叶小枝取下，流水冲洗 2h，70%（*v/v*）乙醇预处理 30s，再用 3%（*v/v*）次氯酸钠消毒 2～3min，在超净工作台上无菌水冲洗 3～4 次，分别切下幼嫩的茎段和叶柄备用。

（5）节

4 月下旬至 5 月上旬在当年生小枝上茎宽 3～6mm 的带节茎段上取 1～2cm，流水冲洗 8h，70%（*v/v*）乙醇处理 30s，5%（*v/v*）H_2O_2 消毒 4min，加入吐温 20，在超净工作台上用无菌水冲洗 7～8 次，再用无菌水浸泡 30min，放入空烧杯中备用。

（6）花序轴

4 月下旬至 5 月上旬取幼嫩的雌花花序轴，流水冲洗 30min，用 70%（*v/v*）乙醇处理 30s，再用 0.1%（*m/v*）氯化汞灭菌 1min，用无菌水冲洗 4～5 次，切成 1.5cm 的小段备用。

3.3 培养基配制

腋芽和不定芽增生的诱导培养基：MS、MS1/2（将 MS 培养基中所有成分减半）、DKW 和 B_5 培养基。各阶段使用的激素包括细胞分裂素类 TDZ、6-BA、KT（激动素）和生长素类 2,4-D、NAA、IBA 等。将植物培养所需的营养成分分成有机物（organics）、磷酸盐（phosphate）、硝酸盐（nitrate）、钙盐（calcium salt）、硫酸盐（sulphate）和铁盐（molysite）六部分，分别配制成 100 倍、100 倍、50 倍、

50 倍、50 倍和 50 倍的母液保存。在培养基配制的过程中，对于由于特殊原因有必要在高压灭菌之后加入的激素，在培养基经过高压灭菌之后通过过滤灭菌加入。

3.4 培养步骤与培养条件

培养步骤：接种之前先用超净工作台上的紫外灯环境灭菌 20min。按不定芽发生、腋芽增殖的方法进行水曲柳离体繁殖。

不定芽发生途径：①切取未经培养的种子的下胚轴、幼嫩的花序轴和茎段，以及来自无菌苗的下胚轴、子叶、叶柄、茎段和胚根等部位的组织，放入诱导培养基中培养；②把得到的不定芽放入伸长培养基中培养。

腋芽增殖途径：①切取无菌苗的子叶节、树上枝条的节、顶芽和侧芽上的休眠芽与展叶芽，分别放入诱导培养基，诱导腋芽分化；②一个月后，转入伸长培养基中壮苗。

培养条件：光照培养（光周期为每天 16h 光照、8h 黑暗），温度控制在 23～25℃，光照强度为 1000～1600lx，相对湿度 60%～70%。

3.5 水曲柳不定芽发生培养结果

3.5.1 外植体类型对不定芽发生的影响

不同外植体接种到诱导培养基上，在相同的培养条件下培养一个月后，种子下胚轴的各项指标均较高，为水曲柳诱导不定芽发生的最佳外植体（表 3-1）。

表 3-1 水曲柳不同种类外植体的不定芽发生效果比较（培养 30 天）

外植体	不定芽发生率（%）	不定芽存活率（%）	不定芽数量（个）	不定芽长度（cm）	不定芽褐化率（%）
无菌苗下胚轴	62.3	32.5	20～50	＜2	0.2
无菌苗子叶	0.1	0	＜5	＜1	1.2
无菌苗胚根	0	0	0	0	0
无菌苗叶柄	8.9	0	＜20	＜2	0.3
无菌苗茎段	0.2	0.1	＜10	＜1	2.7
种子下胚轴	89.6	48.7	＞200	＞2	33.8
幼嫩花序轴	0.1	0	＜10	＜1	87.5
幼嫩茎段	0	0	0	0	81.1

3.5.2 细胞分裂素对下胚轴不定芽发生的影响

诱导水曲柳下胚轴产生不定芽的最适细胞分裂素为TDZ，浓度应控制在0.1mg/L。不同细胞分裂素在一定的浓度范围内对不定芽发生起作用，细胞分裂素浓度过高或过低均不利于不定芽的发生，总体上随着细胞分裂素浓度增加不定芽发生率先升高后降低（图3-1）。

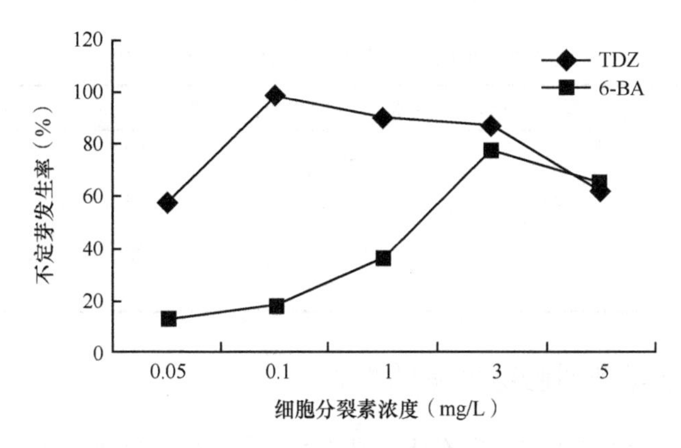

图3-1　细胞分裂素种类和浓度对水曲柳下胚轴不定芽发生的影响

3.5.3 生长素对下胚轴不定芽发生的影响

由图3-2可知，在0.01～2.0mg/L IBA内，不定芽发生率先增加后降低，在0.1mg/L IBA时不定芽发生率达到最大值（90%），在这个浓度下，褐化率也较低。

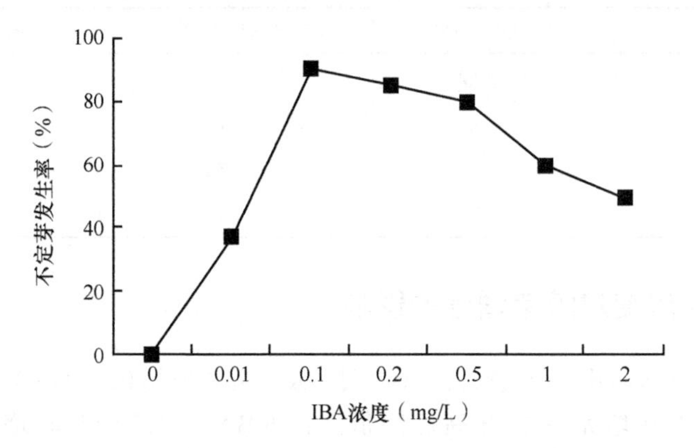

图3-2　不同浓度IBA对水曲柳不定芽发生的影响

3.6 水曲柳腋芽增殖培养结果

3.6.1 外植体类型对腋芽增殖的影响

不同外植体接种到诱导培养基上，其培养效果不同。无菌苗的子叶节是进行水曲柳腋芽增殖最为适宜的外植体（表 3-2）。

表 3-2 水曲柳不同外植体的腋芽增殖结果

外植体	腋芽发生率（%）	腋芽个数（个）	腋芽长度（cm）	腋芽褐化率（%）
无菌苗的子叶节	61.5	3.5	1.2	0
树上枝条的节	20.3	1.7	0.4	74.8
休眠芽	0	0	0	69.3
展叶芽	0.2	0.2	0.3	70.5

3.6.2 培养基类型对腋芽增殖的影响

在 MS1/2（MS 培养基中所有成分减半）培养基中，腋芽生长最好，腋芽增殖率达到 61.5%，平均个数达到 3.5 个，培养 15 天时腋芽长度达到 1.2cm。由表 3-3 可知，4 种培养基对腋芽增殖的诱导能力大小为 MS1/2＞MS＞DKW＞B_5。不同培养基之间的差异均达到极显著水平。

表 3-3 不同培养基上水曲柳腋芽增殖结果（培养 15 天）

培养基	增殖率（%）	平均个数（个）	腋芽长度（cm）
DKW	50.2	2.5	0.7
B_5	28.0	1.3	0.4
MS	58.6	3.2	1.0
MS1/2	61.5	3.5	1.2

3.6.3 6-BA 浓度对腋芽增殖的影响

由表 3-4 可知，培养基中没有 6-BA 时，腋芽增殖率为 0。当 6-BA 浓度在 1.0～5.0mg/L 时，腋芽增殖率先升高后降低，在 6-BA 为 1.5mg/L 时增殖效果最好，增殖率达到 89.7%。不同 6-BA 浓度下腋芽增殖率差异达到极显著水平。高浓度的 6-BA 对腋芽增殖没有促进作用，且随着浓度增加其抑制作用增强。较低（1.0～1.5mg/L）浓度 6-BA 处理的芽苗形态比较粗壮、长势均匀。

表 3-4 6-BA 浓度对水曲柳腋芽增殖的影响

6-BA（mg/L）	增殖率（%）	平均个数（个）
0	0	0
1.0	58.6	3.0
1.5	89.7	3.2
3.0	44.8	3.0
5.0	19.2	2.3

3.6.4 NAA 浓度对腋芽增殖的影响

培养基中添加 0.1mg/L NAA 时，腋芽增殖效果最好，腋芽增殖率达到 79.1%，每个外植体的腋芽平均个数为 3.4 个。由表 3-5 可知，培养基中没有添加 NAA 时没有腋芽的增生。NAA 浓度在 0.01～0.1mg/L 时，随着 NAA 浓度提高，腋芽增殖率和平均个数均先增加后减小。

表 3-5 NAA 浓度对水曲柳腋芽增殖的影响

NAA（mg/L）	增殖率（%）	平均个数（个）
0	0	0
0.01	43.5	2.9
0.05	57.7	3.3
0.1	79.1	3.4
0.5	41.1	3.2
1.0	12.4	1.4

3.7 水曲柳微枝生根培养结果

在 MS 培养基中，采用不同的激素组合，水曲柳微枝的根相对容易被诱导出来。切取长 1.5～2.0cm 的水曲柳健壮微枝，放入生根培养基中，发现细胞分裂素 6-BA 对根的形成有抑制作用。在组织培养的过程中，水曲柳生根有两种方式：一种是从茎段下端的皮层直接生根；另一种是先在茎段的末端形成愈伤组织，然后通过愈伤组织形成根。在只有 NAA 或 IBA 的培养基中，根直接从皮层生出。从表 3-6 中可知，生长素对于水曲柳根的诱导具有决定性的作用。当培养基中 NAA 浓度在 0.05～0.5mg/L 时，生根率和平均根长均增加；当 NAA 浓度为 0.5mg/L 时，须根明显增多，根系生长均匀，生根率和根的平均条数均达到最大值，分别为 63.7% 和 5.9 条，同时茎段的基部没有愈伤组织产生（表 3-6）。

表 3-6　不同生长素对水曲柳生根的影响（培养 20 天）

NAA（mg/L）	IBA（mg/L）	生根率（%）	平均根长（cm）	根的平均条数（条）
0	0	0	0	0
0.05	0	10.3	0.5	1.1
0.1	0	33.1	1.0	2.1
0.5	0	63.7	4.0	5.9
1.0	0	43.7	6.4	2.4
2.0	0	42.3	4.7	3.6
5.0	0	40.8	4.5	1.2
0	0.05	0	0	0
0	0.1	25.9	2.2	4.6
0	0.5	33.5	1.0	0.4
0	1.0	52.2	3.5	3.8
0	2.0	26.5	2.3	3.0
0	5.0	22.1	5.4	2.1

3.8　炼苗和移栽

组织培养快速繁殖产生的大量不定芽，往往采用转入生根培养基中生根或直接移栽入基质中经试管外生根而生长成苗。水曲柳的生根采用的是试管内生根的方式。试管苗从试管内移到试管外，由异养转为自养，由原来的恒温、弱光变为自然变温、强光，环境条件由无菌变为有菌，变化十分剧烈。从植物形态解剖和生理功能角度分析，无菌苗和正常苗相比有以下不足：无菌苗的根与茎的输导系统不相通，根毛很少或不发达，导致水分的运输效率低；叶表面保护组织不发达或结构不全，易失水萎蔫；光合能力弱，叶绿体发育不良。因此在水曲柳移栽的各个环节都应该采取一定的措施，以使试管苗尽快适应外界的环境，提高幼苗成活率。

水曲柳试管苗移栽要经过移栽前准备、移栽和移栽后养护管理三个环节。当试管苗根系长到 3～5cm 时可进行炼苗。先将培养瓶的封口打开，在培养室中驯化 4 天，再从培养室拿到常温的环境中 3 天。然后将试管苗小心取出，注意保护根系，用水洗净琼脂，移入装有草炭土和泥沙体积比为 1∶1 的营养杯中，移栽时尽量让根系舒展，移栽后将基质浇透水。容器口用透明薄膜覆盖，避免阳光直射，保持湿度和光照，每天透气 30min。若琼脂没有洗净，则苗的根部会长出白色绒毛状的菌丝。解决的办法是用多菌灵 1000 倍液喷洒在基质上。试管苗通过炼苗后，幼茎组织充实，叶片变大，叶表面的颜色由斑驳的绿色变成深绿色，有光泽，根系更加发达。一个月后，待移栽苗长出新的叶片和根系、能正常进行光合作用时，移入土中，此后小苗的生长状况良好。此外，亦可采用在试管内诱导微枝产生根原基后再移栽到试管外生根的方法，这样可避免移栽时的机械损伤。

3.9 结　论

以水曲柳下胚轴为外植体通过不定芽发生途径可以建立组培再生系统。水曲柳不定芽发生受多种因素的影响，外植体的类型、培养基及激素浓度处理为不定芽发生的主要影响因素。①外植体的类型与不定芽的发生密切相关，种子下胚轴为水曲柳不定芽再生的最佳外植体；② MS 培养基为不定芽发生的最佳培养基；③诱导水曲柳下胚轴产生不定芽的最适细胞分裂素为 0.1mg/L TDZ；④在 MS 培养基中添加 0.1mg/L TDZ 和 0.1mg/L IBA 时不定芽的诱导效果最好。

通过腋芽增殖途径可以获得水曲柳再生植株。以无菌苗的子叶节作为外植体，添加 1.5mg/L 6-BA 和 0.1mg/L NAA 是水曲柳腋芽增殖诱导最佳处理，在 MS1/2 培养基中，腋芽生长最好，腋芽增殖率可达 61.5%。组培苗采取直接生根和间接生根两种方式进行生根。水曲柳组培苗的生根属于生长素促进生根型，生长素添加对水曲柳的生根起决定作用，细胞分裂素对水曲柳的生根有抑制作用。在 MS 培养基中，添加 0.5mg/L NAA 适于诱导水曲柳微枝的生根。生根苗经过移栽驯化易成活。

水曲柳离体根培养体系的建立

根系是植物重要的营养器官。正常情况下根系生长在地下，其生长和生理活性受多种因素的影响。根是第一个被离体培养的植物器官，早在20世纪30年代，用切下来的根尖作外植体在固体或液体培养基中的延长培养就已经被广泛研究了。利用离体根培养体系形成再生植株，具有遗传变异性相对稳定、体胚发生能力强等优点。建立水曲柳离体根培养体系，有利于促进无性系育种和无性系林业的发展，可为今后在离体条件下研究根系发育生物学提供条件。

4.1 水曲柳离体根培养的材料与方法

4.1.1 水曲柳实生苗根尖

材料取自成熟、生长良好的1年生水曲柳实生苗，将实生苗的根系用剪刀取下长度约1.5cm的根尖，用自来水冲洗2h后，用70%（*v/v*）乙醇处理30s，在无菌条件下表面消毒后用无菌水冲洗6次，然后将根尖接种到MS培养基上，添加1mg/L TDZ+0.5mg/L NAA，加入20g/L蔗糖，灭菌前将培养基pH调至6.5。接种后28天，用不同浓度的抗生素分别处理未污染的水曲柳根尖和已经污染的水曲柳根尖，接种到MS培养基上，抗生素灭菌方式采用过滤灭菌，抗生素浓度为0～100mg/L。培养室温度保持在23～25℃，光照强度为1000～1600lx，相对湿度为60%～70%。

4.1.2 水曲柳无菌苗根尖

10月，取水曲柳饱满种子，用自来水浸泡3天，每天换1次水。将经过灭菌处理好的干净河沙和种子以3∶1体积比混合，保持种沙混合物含水量在60%以上，置于4℃冰箱中沙藏保存。经沙藏处理2个月后的种子，用流水冲洗24h，经70%（*v/v*）乙醇处理30s后，用10%（*v/v*）H_2O_2消毒15min，无菌水冲洗3～4次，在无菌条件下剥出成熟胚，接种到6种不同的培养基上进行胚培养。接种后放入培养室中光照培养（光周期16h光照/8h黑暗），温度控制在23～25℃，光照强度为1000～1600lx，相对湿度为60%～70%。培养3天后，子叶开始慢慢变绿，1周后，胚根开始慢慢伸长。1个月后，无菌苗可达4～5cm高，子叶变绿、伸展，胚根伸长，根尖呈白色。在无菌操作台上用解剖刀将无菌苗的根尖取下10mm左右，接种到培养基中离体培养。

愈伤组织诱导：采用MS培养基，添加20g/L蔗糖和6g/L琼脂。初代培养诱导培养基的激素组合为IBA+6-BA/TDZ组合、NAA+6-BA/TDZ组合、2,4-D+6-BA/TDZ组合。

4.2 水曲柳离体根培养的结果与分析

4.2.1 水曲柳实生苗离体根培养的影响因素

4.2.1.1 不同消毒剂对水曲柳实生苗根尖表面消毒效果的影响

二次消毒法可显著降低污染率。先用4%（*v/v*）NaClO消毒4min，再用0.1% $HgCl_2$ 消毒10min，对水曲柳根尖表面消毒效果较好。而先用4% NaClO消毒4min，再用0.2% $HgCl_2$ 消毒10min，污染率虽然降到了最低，但是褐化率显著升高了。因此在水曲柳实生苗根尖培养进行表面消毒时，应该综合考虑，选用合适的表面消毒剂（表4-1）。

表4-1 不同消毒剂对水曲柳实生苗根尖表面消毒效果的影响

消毒剂	处理时间（min）	染菌率（%）	5%显著水平
4% NaClO	6	69.75	a
6% H_2O_2	10	69.23	a
3% NaClO	10	68.70	a
5% NaClO	6	67.75	a
7% H_2O_2	8	67.35	a
6% NaClO	6	66.07	a
8% H_2O_2	8	64.62	a
0.01% $HgCl_2$	15	64.42	a
9% H_2O_2	8	62.50	a
10% H_2O_2	8	61.87	a
7% NaClO	8	61.65	a
0.05% $HgCl_2$	15	61.12	a
0.1% $HgCl_2$	10	52.20	a
4% NaClO+0.1% $HgCl_2$	4+10	30.47	b
4% NaClO+0.2% $HgCl_2$	4+10	17.60	b

注：同列不含有相同小写字母的表示差异显著，本章下同

4.2.1.2 抗生素对水曲柳实生苗根尖污染率的影响

水曲柳实生苗根尖经表面消毒后，在培养基中适当添加庆大霉素、四环素、氯霉素任意一种抗生素，均可不同程度地降低污染率，但是三种抗生素之间差异不显著。抗生素浓度对水曲柳根尖培养的污染率有影响，且不同抗生素浓度对污染率影响的差异达到显著水平。随着抗生素浓度增加，水曲柳根尖培养的污染率呈下降趋势，当浓度增加到100mg/L时水曲柳根尖培养的污染率反而开始升高。同时，水曲柳根尖的褐化率也呈上升趋势。综合考虑，水曲柳根尖初代培养时，可采用60～80mg/L庆大霉素、四环素、氯霉素中的任意一种（表4-2）。

表4-2 不同浓度不同种类的抗生素对水曲柳实生苗根尖培养污染率（%）的影响

抗生素种类	抗生素浓度					
	0mg/L	20mg/L	40mg/L	60mg/L	80mg/L	100mg/L
庆大霉素	30.37	28.34	26.52	25.41	25.72	26.28
四环素	30.37	29.92	25.34	24.44	23.45	24.87
氯霉素	30.02	27.87	26.64	24.15	23.67	25.84

4.2.1.3 抗生素对水曲柳实生苗根尖褐化率的影响

庆大霉素、四环素、氯霉素三种抗生素对水曲柳根尖褐化现象产生了影响，但三种抗生素之间的差异并不显著。当添加的抗生素浓度在0～80mg/L时，褐化率的变化不大，当浓度增加到100mg/L时，褐化率显著增加。

4.2.1.4 抗生素对水曲柳已污染根尖的抑菌作用

抗生素能消除或抑制真菌或细菌的产生，用不同浓度的庆大霉素、四环素、氯霉素处理已污染的水曲柳根尖，培养28天后发现，无论添加哪一种抗生素，均没有降低水曲柳根尖培养的污染率，由此可见，庆大霉素、四环素、氯霉素三种抗生素浓度在0～100mg/L时，对水曲柳已污染根尖不能起到抑菌作用。

4.2.2 水曲柳无菌苗胚根离体培养的影响因素

4.2.2.1 培养基种类对水曲柳无菌苗胚根生长的影响

1/2MS培养基对于水曲柳无菌苗胚根的生长和诱导最有利。1/2MS培养基与其他培养基之间对水曲柳根尖生长量影响的差异达到极显著水平。胚根生长量按照依次递减排序是1/2MS、B_5、MS、White、WPM、DKW（表4-3）。

表 4-3 培养基种类对水曲柳无菌苗胚根生长的影响

培养基类型	胚根生长量（mm）	差异显著性	
		0.05	0.01
1/2MS	27.56	a	A
B_5	26.06	b	B
MS	25.90	bc	B
White	25.00	c	B
WPM	19.93	d	C
DKW	17.30	e	D

注：同列不含有相同大写字母的表示差异极显著，本章下同

4.2.2.2 蔗糖浓度对水曲柳无菌苗胚根生长的影响

在植物组织培养中，糖类不仅为培养物提供能量，而且是培养物渗透环境的主要调节者。在水曲柳无菌苗诱导胚根生长的过程中，在添加蔗糖的处理中胚根生长量明显优于不添加蔗糖的处理。当蔗糖浓度为0～20g/L时，无菌苗胚根生长量逐渐升高；当蔗糖浓度达到20g/L时，胚根生长量达到最大；随着蔗糖浓度进一步增加，无菌苗胚根生长量反而呈下降趋势（表4-4）。20g/L蔗糖对水曲柳无菌苗胚根生长是最有利的。因此，在水曲柳无菌苗胚根生长的实验中，蔗糖浓度均采用20g/L。

表 4-4 不同蔗糖浓度对水曲柳无菌苗胚根生长的影响

蔗糖浓度（g/L）	胚根生长量（mm）	差异显著性	
		0.05	0.01
20	25.23	a	A
25	23.00	b	B
15	22.56	b	BC
30	20.80	c	CD
35	20.06	cd	DE
40	18.70	d	E
0	11.43	e	F

4.2.2.3 激素浓度对水曲柳无菌苗胚根生长的影响

不同激素对水曲柳无菌苗胚根的生长有直接影响，且不同激素对水曲柳无菌苗胚根生长量的影响差异显著。添加生长素NAA和IBA的胚根生长量显著高于两种生根粉（绿色植物生长调节剂GGR和ABT生根粉）和细胞分裂素6-BA。

GGR、ABT、6-BA 对水曲柳胚根的生长起抑制作用。而在一定的浓度范围内，两种生长素 NAA 和 IBA 对水曲柳无菌苗胚根的生长有显著促进作用。当 NAA 浓度为 0.3mg/L 时胚根生长量达到最大值，且与其他浓度之间在 0.05 水平和 0.01 水平上差异显著（表 4-5）。对于水曲柳胚根的生长来说，0.3mg/L NAA 是最佳激素浓度。

表 4-5　不同 NAA 浓度对水曲柳无菌苗胚根生长的影响

NAA 浓度（mg/L）	胚根生长量（mm）	差异显著性	
		0.05	0.01
0.3	16.00	A	A
0.5	15.33	b	B
0.7	14.60	c	C
0.9	14.23	d	CD
1.0	14.00	d	D
0.1	12.50	e	E
0	7.50	f	F

4.2.3　水曲柳无菌苗根尖离体培养的影响因素

4.2.3.1　培养基种类对水曲柳根尖离体培养的影响

对于水曲柳无菌苗根尖的离体培养来说，1/2MS、MS、White、B_5、WPM 和 DKW 这六种培养基中，White 培养基对于根尖的生长和诱导来说是最有利的，与其他培养基之间在 0.05 水平和 0.01 水平上均达到显著差异（表 4-6）。在 White 培养基中，水曲柳根尖生长量最大且生长旺盛。其次分别是 1/2MS、MS、B_5、WPM 和 DKW。

表 4-6　培养基种类对水曲柳根尖离体培养的影响

培养基类型	根尖生长量（mm）	差异显著性	
		0.05	0.01
White	1.17	a	A
1/2MS	1.07	b	B
MS	0.94	c	C
B_5	0.92	cd	C
WPM	0.90	d	C
DKW	0.79	e	D

4.2.3.2 琼脂浓度和光照对水曲柳根尖离体培养的影响

暗培养比光照培养有利于水曲柳离体根的生长，二者对根生长的影响也达到了显著水平。在任意一种琼脂浓度下，暗培养均显著促进根尖的生长，但根尖生长量却与培养基中琼脂浓度呈负相关关系，增加琼脂浓度时，根尖生长量反而下降。

4.2.3.3 培养方式对水曲柳根尖离体培养的影响

液体培养中根尖生长量明显高于固体培养和固-液培养，不同培养方式对根尖生长的影响差异显著。在液体培养基中，根尖生长较快且比较健康，呈嫩绿色；在固体培养基中根尖虽然呈绿色，但生长比较缓慢；在固-液培养基中，根尖生长缓慢且慢慢褐化最后死亡。

4.2.3.4 糖的种类和浓度对水曲柳根尖离体培养的影响

添加不同浓度蔗糖的根尖生长量高于添加果糖和麦芽糖的。但高浓度的蔗糖不利于水曲柳根尖的生长，而低浓度的蔗糖对根尖的生长比较适宜。随着蔗糖浓度升高，根尖生长量呈下降趋势，当蔗糖浓度为20g/L时，根尖生长量达到最大。

4.2.3.5 激素浓度和配比对水曲柳根尖离体培养的影响

植物激素是培养基中的关键物质，对组织培养起关键作用，而且各激素在发挥作用时并不是孤立的，各个激素之间是相互作用的，不同的外源激素及其不同比例与外植体的生长发育和代谢关系密切。不同生长素与6-BA的组合优于与TDZ的组合，三种不同浓度的生长素与TDZ的组合中，IBA的效果是最好的。不同生长素与6-BA的组合，明显比其与TDZ组合的根尖生长量平均值大，其中NAA的效果相对来说是最好的。当NAA浓度为0.5mg/L、6-BA浓度为1.0mg/L时，根尖生长量达到了最大。

（1）不同浓度IBA和6-BA对水曲柳根尖离体培养的影响

IBA是一种刺激根尖生长的生长素，但是当其浓度增加到一定程度时，会对根尖的生长产生抑制作用。当IBA浓度为0～1.0mg/L时，根尖生长量随着IBA浓度的增加呈上升趋势，在1.0mg/L时达到最大值，当IBA浓度大于1.0mg/L时，根尖生长量呈下降趋势（表4-7）。

表 4-7　不同浓度 IBA 对水曲柳根尖离体培养的影响

IBA 浓度（mg/L）	根尖生长量（mm）	差异显著性	
		0.05	0.01
1.0	1.09	a	A
0.5	0.82	ab	AB
5.0	0.56	bc	B
0	0.46	bc	B
3.0	0.45	c	B

6-BA 是一种促进细胞分裂的激素，高浓度 6-BA 使细胞分裂过于迅速，但并未促进根原基分生组织的分化，所以，高浓度的 6-BA 反而不利于根尖的生长。在 0～1.0mg/L 浓度内，根尖生长量随着 6-BA 浓度增加呈上升趋势，在 1.0mg/L 时达到最大值（表 4-8）。当 6-BA 浓度为 1.0mg/L、IBA 浓度为 1.0mg/L 时，根尖生长量达到最大值（表 4-9）。

表 4-8　不同浓度 6-BA 对水曲柳根尖离体培养的影响

6-BA 浓度（mg/L）	根尖生长量（mm）	差异显著性	
		0.05	0.01
1.0	1.09	a	A
2.0	0.85	b	B
0.5	0.81	c	C
0.1	0.61	d	E
0	0.34	e	F

表 4-9　不同浓度 6-BA 和 IBA 组合对水曲柳根尖离体培养的影响　　（单位：mm）

6-BA 浓度（mg/L）	IBA 浓度					平均值
	0mg/L	0.5mg/L	1.0mg/L	3.0mg/L	5.0mg/L	
0	0.35	0.26	0.34	0.35	0.29	0.32
0.1	0.44	0.47	0.61	0.55	0.50	0.51
0.5	0.44	0.58	0.81	0.63	0.49	0.59
1.0	0.46	0.82	1.09	0.60	0.56	0.71
2.0	0.69	0.78	0.85	0.67	0.15	0.63
平均值	0.48	0.58	0.74	0.56	0.40	

注：表中数据为根尖生长量

（2）不同浓度 NAA 和 6-BA 对水曲柳根尖离体培养的影响

在 0～0.5mg/L，随着 NAA 浓度提高，根尖生长量逐渐升高，当浓度达到 0.5mg/L 时，根尖生长量达到了顶点（表 4-10）。

表 4-10　不同浓度 NAA 对水曲柳根尖离体培养的影响

NAA 浓度（mg/L）	根尖生长量（mm）	差异显著性	
		0.05	0.01
0.5	0.88	a	A
0	0.85	a	A
3.0	0.74	ab	A
5.0	0.60	ab	A
1.0	0.43	b	A

在 0～1.0mg/L，根尖生长量随着 6-BA 浓度的增加先升高后下降，在 0.5mg/L 时达到最大值，且部分有侧根生成。但是当浓度超过 0.5mg/L 时，6-BA 浓度的增高对根尖的生长并没有促进作用（表 4-11）。当 NAA 浓度为 0.5mg/L、6-BA 浓度为 1.0mg/L 时，根尖生长量达到最大值（表 4-12）。

表 4-11　不同浓度 6-BA 对水曲柳根尖离体培养的影响

6-BA 浓度（mg/L）	根尖生长量（mm）	差异显著性	
		0.05	0.01
2.0	1.39	a	A
0.5	1.06	ab	AB
1.0	0.88	bc	AB
0.1	0.49	cd	AB
0	0.14	d	B

表 4-12　不同浓度 NAA 和 6-BA 组合对水曲柳根尖离体培养的影响　（单位：mm）

6-BA 浓度（mg/L）	NAA 浓度					平均值
	0mg/L	0.5mg/L	1.0mg/L	3.0mg/L	5.0mg/L	
0	0	0.14	0.17	0.09	0.29	0.14
0.1	0.27	0.58	0.60	0.76	0.55	0.55
0.5	0.87	0.89	1.28	0.95	0.99	1.00
1.0	0.85	1.39	0.84	0.74	0.61	0.89
2.0	0.90	1.06	1.26	1.08	1.06	1.07
平均值	0.58	0.81	0.83	0.72	0.70	

注：表中数据为根尖生长量

（3）不同浓度 6-BA 和 2,4-D 对水曲柳根尖离体培养的影响

当单独添加 6-BA 时，根尖生长量随激素浓度的增加呈升高趋势，单独添加 2,4-D 时，根尖生长量随该激素浓度的增加而呈先升高后降低的趋势。6-BA 促进根尖生长的峰值出现在 2.0mg/L 时，2,4-D 促进根尖生长的峰值出现在 0.5mg/L。当 6-BA 浓度为 1.0mg/L、2,4-D 浓度为 0.5mg/L 时，根尖生长量达到最大值（表 4-13）。不同浓度 6-BA 和 2,4-D 的组合明显比 6-BA 和 IAA（吲哚乙酸）组合诱导的根尖生长量降低了。

表 4-13　不同浓度 2,4-D 和 6-BA 组合对水曲柳根尖离体培养的影响　（单位：mm）

6-BA 浓度（mg/L）	2,4-D 浓度					平均值
	0mg/L	0.5mg/L	1.0mg/L	3.0mg/L	5.0mg/L	
0	0.12	0.35	0.29	0.22	0.19	0.23
0.1	0.41	0.59	0.46	0.37	0.38	0.44
0.5	0.40	0.77	0.62	0.58	0.49	0.57
1.0	0.41	0.88	0.78	0.57	0.43	0.61
2.0	0.62	0.80	0.74	0.62	0.33	0.62
平均值	0.39	0.68	0.58	0.47	0.36	

（4）不同浓度 TDZ 和 IBA 对水曲柳根尖离体培养的影响

当单独添加 TDZ 或 IBA 时，根尖生长量均随该激素浓度的增加而呈先升高后降低的趋势，TDZ 促进根尖生长的峰值出现在 0.1mg/L，IBA 促进根尖生长的峰值出现在 0.5mg/L。当 TDZ 浓度为 0.1mg/L、IBA 浓度为 0.5mg/L 时，根尖生长量达到最大值（表 4-14）。但是，TDZ 和 IBA 诱导根尖生长的效果明显不如 6-BA 和 IBA、6-BA 和 NAA 组合。

表 4-14　不同浓度 TDZ 和 IBA 组合对水曲柳根尖离体培养的影响　（单位：mm）

TDZ 浓度（mg/L）	IBA 浓度					平均值
	0mg/L	0.5mg/L	1.0mg/L	3.0mg/L	5.0mg/L	
0	0.12	0.35	0.29	0.27	0.20	0.25
0.1	0.25	0.36	0.29	0.24	0.18	0.26
0.5	0.19	0.33	0.30	0.23	0.15	0.24
1.0	0.15	0.26	0.30	0.24	0.20	0.23
2.0	0.10	0.20	0.17	0.13	0.11	0.14
平均值	0.16	0.30	0.27	0.22	0.17	

（5）不同浓度TDZ和NAA对水曲柳根尖离体培养的影响

不同浓度的TDZ和NAA组合对根尖生长的诱导效果比较差（表4-15）。

表4-15 不同浓度TDZ和NAA组合对水曲柳根尖离体培养的影响 （单位：mm）

TDZ浓度（mg/L）	NAA浓度					平均值
	0mg/L	0.5mg/L	1.0mg/L	3.0mg/L	5.0mg/L	
0	0	0.04	0.17	0.16	0.11	0.10
0.1	0.11	0.21	0.20	0.15	0.18	0.17
0.5	0.13	0.15	0.10	0.13	0.04	0.11
1.0	0.09	0.05	0.04	0.08	0.06	0.06
2.0	0.05	0.10	0.01	0.01	0	0.03
平均值	0.08	0.11	0.10	0.11	0.08	

（6）不同浓度TDZ和2,4-D对水曲柳根尖离体培养的影响

不同浓度TDZ和2,4-D组合对根尖生长的诱导效果是最差的，如表4-16所示。

表4-16 不同浓度TDZ和2,4-D组合对水曲柳根尖离体培养的影响 （单位：mm）

TDZ浓度（mg/L）	2,4-D浓度					平均值
	0mg/L	0.5mg/L	1.0mg/L	3.0mg/L	5.0mg/L	
0	0	0	0.04	0.01	0	0.01
0.1	0	0.11	0.20	0.15	0	0.09
0.5	0.08	0.06	0.10	0.13	0.04	0.08
1.0	0.09	0.05	0.04	0.08	0.06	0.06
2.0	0.05	0.01	0.01	0.01	0	0.01
平均值	0.04	0.05	0.08	0.08	0.02	

4.2.4 水曲柳无菌苗根尖愈伤组织诱导的影响因素

4.2.4.1 培养基种类对水曲柳愈伤组织诱导的影响

不同培养基上愈伤组织的发生情况不同，均有不同数量、不同大小的愈伤组织产生。1/2MS培养基对根尖具有最高的愈伤组织诱导率，产生的愈伤组织数量较多，多在根尖切口处产生黄色松散的愈伤组织。WPM培养基虽然比DKW、MS、1/2MS和White培养基愈伤组织诱导率低，但愈伤组织数量和体积最大。B_5培养基上的愈伤组织诱导率是最低的，愈伤组织比较紧实，呈深褐色，褐化现象比较严重，该培养基不适合水曲柳愈伤组织的诱导。

4.2.4.2 激素组合对水曲柳愈伤组织诱导的影响

6-BA与生长素组合的愈伤组织诱导率比TDZ与生长素的组合高。生长素的添加是必要的，在不添加生长素时，愈伤组织诱导率很低。三种生长素中，2,4-D的效果最差；NAA相对IBA和2,4-D来说，诱导愈伤组织的效果是最好的。当NAA浓度为0.5mg/L、6-BA浓度为1mg/L时，愈伤组织诱导率最高。

（1）IBA和6-BA或TDZ对愈伤组织诱导的影响

在未添加IBA的情况下，愈伤组织诱导率很低，甚至为0。随着IBA浓度的增加，愈伤组织诱导率呈升高趋势。不论是IBA和6-BA组合还是IBA和TDZ组合，对愈伤组织的诱导来说，各浓度之间的差异均达到了极显著水平。在未添加6-BA和TDZ时，愈伤组织诱导率几乎为0，说明生长素IBA要和细胞分裂素6-BA或TDZ协同作用才会有效果；但当细胞分裂素6-BA和TDZ浓度过大时，愈伤组织诱导率开始下降（表4-17，表4-18），说明浓度过高的细胞分裂素会抑制愈伤组织的生成。TDZ和IBA组合的最高诱导率明显比6-BA和IBA组合低，而且6-BA和IBA组合诱导出的愈伤组织黄绿色、疏松，而TDZ和IBA组合诱导的愈伤组织黄白色、结构致密，甚至表面发干，培养后期易褐化后死亡。

表4-17 IBA和6-BA组合对水曲柳愈伤组织诱导率（%）的影响

IBA浓度（mg/L）	6-BA浓度					平均值
	0mg/L	0.5mg/L	1mg/L	3mg/L	5mg/L	
0	0	2.1	8.4	1.3	0	2.4
0.1	0	9.5	10.2	8.2	2.1	6.0
0.5	0	11.3	13.6	6.8	1.5	6.6
1.0	0	35.4	29.5	24.5	8.5	19.6
2.0	0	27.2	21.3	10.3	2.0	12.2
平均值	0	17.1	16.6	10.2	2.8	

表4-18 IBA和TDZ组合对水曲柳愈伤组织诱导率（%）的影响

IBA浓度（mg/L）	TDZ浓度							平均值
	0mg/L	0.01mg/L	0.02mg/L	0.05mg/L	0.1mg/L	0.5mg/L	1mg/L	
0	0	0	0	5.6	5	0	0	1.5
0.1	0	9.1	11.3	15.6	10.2	9.5	3.5	8.5
0.5	0	10.2	10.9	16.9	15.2	10.2	5.8	9.9
1.0	13.3	15.6	16.0	17.5	12.3	9.2	6.2	12.9

续表

IBA 浓度（mg/L）	TDZ 浓度							平均值
	0mg/L	0.01mg/L	0.02mg/L	0.05mg/L	0.1mg/L	0.5mg/L	1mg/L	
2.0	5.1	14.8	15.3	16.0	13.2	8.5	4.5	12.1
平均值	3.7	9.9	10.7	14.3	11.2	7.5	4.0	

（2）NAA 和 6-BA 或 TDZ 对愈伤组织诱导的影响

低浓度 NAA 和低浓度 6-BA 或 TDZ 组合，对愈伤组织的诱导率影响不大。当不添加 6-BA 和 TDZ 时，愈伤组织诱导率很低，但很有利于愈伤组织的生长；随着 6-BA 和 TDZ 浓度的增加，愈伤组织诱导率先增加后降低。当 6-BA 浓度为 1mg/L 时，愈伤组织诱导率达到最大值，且愈伤组织呈黄绿色，富有光泽，生命力强。当 NAA 浓度为 0～0.5mg/L 时，愈伤组织诱导率随着 NAA 浓度的增加而上升，在 0.5mg/L 达到最大值。当 NAA 浓度大于 0.5mg/L 时，明显对愈伤组织诱导有抑制作用（表 4-19）。当 NAA 浓度为 0.5mg/L、TDZ 浓度为 0.05mg/L 时，愈伤组织诱导率虽然高（表 4-20），但愈伤组织长势较差，颜色发白，结构致密。

表 4-19　NAA 和 6-BA 组合对水曲柳愈伤组织诱导率（%）的影响

NAA 浓度（mg/L）	6-BA 浓度					平均值
	0mg/L	0.5mg/L	1mg/L	3mg/L	5mg/L	
0	0	1.8	6.2	2	0	2
0.1	0	13.5	20.3	10.3	5.6	9.9
0.5	3.2	38.4	40.3	24.6	10.2	23.3
1.0	2.1	28.9	29.5	24.5	15.4	20.1
2.0	0	20.4	21.3	16.8	9.8	13.7
平均值	1.1	20.6	23.5	15.6	8.2	

表 4-20　NAA 和 TDZ 组合对水曲柳愈伤组织诱导率（%）的影响

NAA 浓度（mg/L）	TDZ 浓度							平均值
	0mg/L	0.01mg/L	0.02mg/L	0.05mg/L	0.1mg/L	0.5mg/L	1mg/L	
0	0	0	0	12.5	16.8	5.8	0	5.0
0.1	0	14.6	16.5	20.8	19.4	12.3	8.2	13.1
0.5	13.2	18.9	22.5	29.5	22.1	13.2	5.8	17.9
1.0	11.2	15.2	18.2	22.1	14.6	10.7	6.2	14.0
2.0	9.1	13.4	16.4	18.0	14.0	8.7	4.5	12.0
平均值	6.7	12.4	14.7	20.6	17.4	10.1	4.9	

（3）2,4-D 和 6-BA 或 TDZ 对愈伤组织诱导的影响

2,4-D和6-BA或TDZ的组合对根尖愈伤组织诱导效果较差（表4-21，表4-22），愈伤组织诱导率明显比其他两种生长素和6-BA或TDZ组合的低，出现愈伤组织的时间也比较晚，且形成的愈伤组织表面呈白色，有严重褐化现象，褐化后愈伤组织慢慢变枯死亡。

表 4-21　2,4-D 和 6-BA 组合对水曲柳愈伤组织诱导率（%）的影响

2,4-D 浓度（mg/L）	6-BA 浓度					平均值
	0mg/L	0.5mg/L	1mg/L	3mg/L	5mg/L	
0	0	1.8	7.5	1	0	2.1
0.1	0	2.4	5.6	9.7	1.5	3.8
0.5	0	9.7	14.2	10.8	6.4	8.2
1.0	0	15.4	20.1	18.2	15.8	13.9
2.0	0	14.2	18.9	18.5	9.4	12.2
平均值	0	8.7	13.3	11.6	6.6	

表 4-22　2,4-D 和 TDZ 组合对水曲柳愈伤组织诱导率（%）的影响

2,4-D 浓度（mg/L）	TDZ 浓度							平均值
	0mg/L	0.01mg/L	0.02mg/L	0.05mg/L	0.1mg/L	0.5mg/L	1mg/L	
0	0	0	1.3	5.6	5	0	0	1.7
0.1	0	8.6	9	12.7	9.2	5.7	3.5	7.0
0.5	0	9.4	10.9	13.5	11.5	7.8	4	8.2
1.0	8.2	13.3	13.5	15.2	12.3	9.2	5.6	11.0
2.0	7.2	13.1	12.5	16	13.2	8.5	4.5	10.7
平均值	3.1	8.9	9.4	12.6	10.2	6.2	3.5	

4.3　结　论

水曲柳实生苗根系表面消毒采用二次消毒法可显著降低污染率，即先用4%次氯酸钠消毒4min再用0.1% $HgCl_2$ 消毒10min，对水曲柳根尖表面消毒效果较好。培养基中加入60～80mg/L庆大霉素、四环素、氯霉素三种不同抗生素，对根尖表面细菌具有一定的抑制作用，但是根尖的褐化率明显增加。1/2MS培养基添加20g/L蔗糖和0.3mg/L NAA对水曲柳无菌苗胚根诱导培养最有利，此时水曲柳无菌苗的胚根长势最好。

White 培养基添加 20g/L 蔗糖、0.5mg/L NAA 和 1.0mg/L 6-BA 对水曲柳无菌苗根尖离体生长和诱导最有利；暗培养有利于根尖的生长；在液体培养基中，根尖生长较快且比较健康。在以水曲柳根尖为外植体的愈伤组织诱导及增殖过程中，最佳培养基为 White 培养基。黄色、松散状态愈伤组织在根尖处产生。经初代培养 5 周后转到 MS 培养基，愈伤组织易发生增殖，且长势较好。

5 水曲柳合子胚子叶愈伤组织诱导和增殖的影响因素

愈伤组织原是指植物在受伤之后于伤口表面形成的一团薄壁细胞。在组织培养中，愈伤组织则指在人工培养基上由外植体长出来的一团无序生长的薄壁细胞。愈伤组织培养是一种最常见的培养形式，除茎尖分生组织培养和一部分器官培养以外，其他几种植物组织培养形式最终都要经历愈伤组织才能产生再生植株，此外，愈伤组织还是悬浮培养的细胞和原生质体的来源（沈海龙，2005）。

在植物愈伤组织培养中，适当的培养基和激素配比，不仅可使植物细胞脱分化形成愈伤组织，而且可使细胞的全能性得到体现。在这一过程中，又会发生细胞生理行为或形态行为的某些遗传变异。诱导愈伤组织形成一般需经诱导期、分裂期和形成期三个阶段，每个阶段细胞都发生不同的变化。要保持愈伤组织的旺盛增殖，必须及时将其转移到新鲜培养基上继代培养。根据质地不同，愈伤组织一般分两类：一类松脆，一类坚实。前者是进行悬浮培养的最佳材料，后者则容易分化成苗。由愈伤组织再分化成完整植株，有两种方式：不定芽方式和体胚发生方式。前者是植物器官发生最常见的方式。经体胚发生发育成完整植株，可分为三个阶段：①外植体脱分化形成愈伤组织；②愈伤组织形成体胚；③体胚发育成完整植株。愈伤组织再分化受植物本身的遗传性、培养基和培养环境等因素的调控。其中，生长素与细胞分裂素的配比对器官分化起主要作用。

通常把能够分化形成体胚的愈伤组织称为胚性愈伤组织。在胚性愈伤组织被诱导出来以后，需要通过增殖培养来保持愈伤组织的活力和胚性，此后愈伤组织再分化形成体胚（孔冬梅，2003）。相对于诱导培养，愈伤组织增殖培养基中对激素浓度需求相对较低，如杂交鹅掌楸的胚性愈伤组织继代是将 2,4-D 浓度减半，以防止高浓度 2,4-D 引起胚性愈伤组织的胚性丧失（陈金慧，2003）。不添加外源激素依然可保持胚性细胞的生长与分化能力，但适量的外源激素有利于培养物生长和胚分化能力的保持。胚性愈伤组织从高激素含量的诱导培养基继代到低浓度或完全去除激素的基本培养基上，体胚就会逐步形成。增殖继代时对外界环境条件的要求与诱导时基本一致。

5.1 水曲柳愈伤组织诱导和增殖的材料与方法

5.1.1 材料预处理

未成熟种子消毒处理：在室内将种子去翅，置于蒸馏水中浸泡12h后，再在流水下冲洗2h，在超净工作台中用75%（*v*/*v*）乙醇处理10s，2%（*v*/*v*）次氯酸钠溶液消毒10min，最后用无菌水冲洗3～5次。

成熟种子消毒处理：将去翅的成熟种子置于蒸馏水中浸泡2～3天，再在流水下冲洗2天，在超净工作台上，用75%（*v*/*v*）乙醇消毒30s，随后用5%（*v*/*v*）次氯酸钠溶液消毒15min，最后用无菌水冲洗3～5次。

材料切割处理：在超净工作台上用无菌解剖刀在种子的胚根端切去1/3～1/2，用镊子挤出幼胚，切取单片子叶接种，使子叶内侧附于培养基上。

5.1.2 预培养方法

培养基为MS1/2（MS培养基中所有成分减半）培养基，添加5mg/L NAA、2mg/L 6-BA、400mg/L水解酪蛋白、75g/L蔗糖及6.5g/L琼脂，高温高压蒸汽灭菌前把培养基的酸碱度调至5.8。接种后于（25±2）℃暗培养。每隔30天用上述培养基继代一次。

5.1.3 愈伤组织诱导培养方法

在超净工作台中将诱导培养60天、黄褐色松软的愈伤组织团和不同发育时期的体胚从外植体表面剥落，并切成小块作为培养材料接种到愈伤组织诱导培养基上。

愈伤组织诱导培养基为MS1/2培养基，添加0.15mg/L NAA、400mg/L水解酪蛋白、25g/L蔗糖及6.5g/L琼脂，高温高压蒸汽灭菌前把培养基的酸碱度调至5.8。接种后于（25±2）℃暗培养。每隔30天用上述培养基继代一次。

5.1.4 愈伤组织增殖培养方法

取经过诱导培养获得的不同细胞系来源的黄褐色、半透明、结构松散的愈伤组织，在超净工作台内去除其表面老化及褐化的组织后，接种到固体培养基上进行增殖培养。

愈伤组织增殖培养基为WPM培养基，添加0.1mg/L 6-BA、0.15mg/L 2,4-D、400mg/L水解酪蛋白、20g/L蔗糖及6.5g/L琼脂，高温高压蒸汽灭菌前把培养基的酸碱度调至5.8。接种后于（25±2）℃暗培养。每隔15天用上述培养基继代一次。

5.2 水曲柳愈伤组织诱导和增殖的结果与分析

5.2.1 水曲柳愈伤组织诱导材料预培养

5.2.1.1 植物生长调节剂和培养基类型的影响

适当浓度的2,4-D有利于水曲柳愈伤组织诱导培养。2,4-D浓度过高时，对水曲柳愈伤组织的诱导有抑制作用。将未成熟合子胚子叶接种到以WPM为基础培养基的预培养基上，添加0.2mg/L 6-BA和不同浓度2,4-D进行培养，结果见表5-1。当培养基中添加0.2mg/L 6-BA和3.0mg/L 2,4-D时，愈伤组织诱导率最高，为15.7%，与其他处理差异不显著（$P>0.05$）。而2,4-D浓度增加到4.0mg/L时，外植体愈伤组织诱导率下降至8.6%。

表5-1 不同培养基和外植体对水曲柳胚性愈伤组织材料预培养的结果

培养基类型	外植体类型	体胚发生率（%）	愈伤组织诱导率（%）	愈伤组织状态
MS1/2+5.0mg/L NAA+2.0mg/L 6-BA	成熟合子胚子叶	14.85	9.7±4.4	松散、淡黄色
MS1/2+5.0mg/L NAA+2.0mg/L 6-BA	未成熟合子胚子叶	21.21	11.7±2.9	松散、淡黄色
WPM+0.2mg/L 6-BA+1.0mg/L 2,4-D	未成熟合子胚子叶	0	11.4±2.6	致密、白色
WPM+0.2mg/L 6-BA+2.0mg/L 2,4-D	未成熟合子胚子叶	0	14.3±3.7	致密、白色
WPM+0.2mg/L 6-BA+3.0mg/L 2,4-D	未成熟合子胚子叶	0	15.7±3.0	致密、白色
WPM+0.2mg/L 6-BA+4.0mg/L 2,4-D	未成熟合子胚子叶	0	8.6±2.6	致密、白色

注：表中愈伤组织诱导率的数据为平均值±标准差

在水曲柳愈伤组织的诱导中，使用MS1/2培养基不仅可以诱导出松散、淡黄色的胚性愈伤组织，还可以诱导出体胚。而WPM培养基不适宜作水曲柳愈伤组织诱导的基础培养基。WPM培养基诱导出来的愈伤组织为状态致密、白色的非胚性愈伤组织，且无体胚出现。推测是MS1/2培养基中氮含量尤其是硝态氮含量高，可以提供植物生长发育的养分，促进了愈伤组织的诱导（修景润，2012）。

5.2.1.2 合子胚发育状态的影响

水曲柳未成熟合子胚和成熟合子胚均可作为外植体进行愈伤组织诱导。将水曲柳未成熟合子胚子叶和成熟合子胚子叶分别接种到以MS1/2为基础培养基、添加5.0mg/L NAA和2.0mg/L 6-BA的预培养基上进行培养（表5-1）。水曲柳体胚发生率分别为21.21%和14.85%，胚性愈伤组织诱导率分别为11.7%和9.7%。未成熟合子胚的体胚发生率略高于成熟合子胚，但二者差异不显著。由未成熟合子胚诱导出的愈伤组织状态松散、颗粒状、水分适当、颜色呈淡黄色，进一步培养可诱导出体胚。但用于愈伤组织诱导时，对未成熟种子的采集时间有严格要求，并且未成熟种子采集后必须马上进行试验，不宜储存。水曲柳成熟种子在包装完好的前提下运输方便，在阴凉干燥处可长时间储存，但成熟种子在作组织培养的外植体时染菌率较高（Kitsaki et al.，2004）。

5.2.2　植物生长调节剂对愈伤组织诱导的影响

不同的植物生长调节剂对水曲柳愈伤组织的诱导作用不同（图 5-1）。当培养基中的 NAA 浓度一定时，随着 6-BA 浓度增加，水曲柳愈伤组织诱导率下降。添加 0.05mg/L NAA 且不添加 6-BA 时，愈伤诱导率最高（9.88%。图 5-1a）。在培养基中添加 0.05mg/L NAA 和 2mg/L 6-BA 时，愈伤组织诱导率最低（1.48%）。说明 6-BA 的添加对水曲柳愈伤组织诱导有抑制作用。

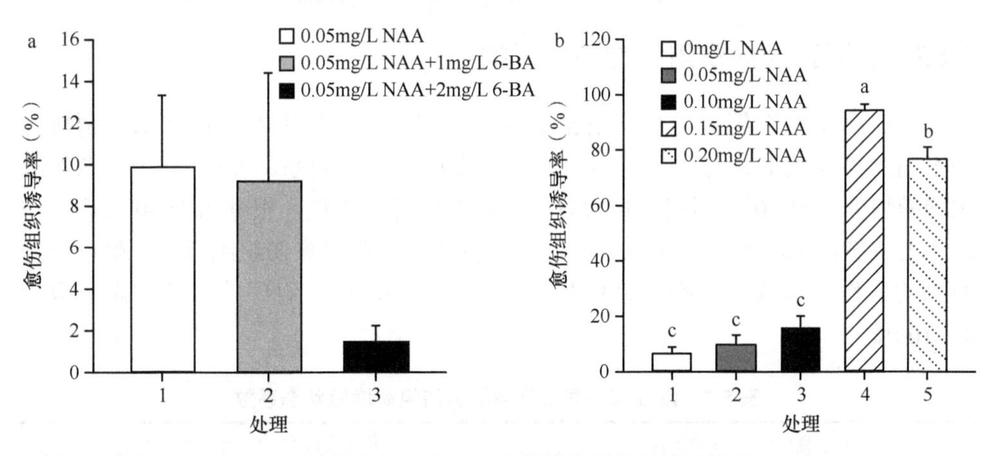

图 5-1　植物生长调节剂对水曲柳愈伤组织诱导的影响

a. 当 NAA 为 0.05 mg/L 时，随着 6-BA 浓度变化的愈伤组织诱导率；
b. 只添加 NAA 时，随着 NAA 浓度变化的愈伤组织诱导率

在培养基中只添加 NAA 时，观察不同浓度 NAA 对水曲柳愈伤组织诱导的影响（图 5-1b），发现随着 NAA 浓度增加，愈伤组织诱导率先增大后减小。当 NAA 浓度为 0.15mg/L 时，愈伤组织诱导率最大，为 94.20%，且与其他浓度差异显著（$P<0.05$），当 NAA 浓度继续增大到 0.20mg/L 时，愈伤组织诱导率下降为 76.67%。说明适当添加 NAA 有益于水曲柳愈伤组织诱导，当 NAA 浓度过高时会抑制愈伤组织诱导。

水曲柳合子胚子叶在添加 5.0mg/L NAA 和 2.0mg/L 6-BA 的 MS1/2 培养基上培养 2 个月之后转入添加 0.15mg/L NAA 的 MS1/2 培养基上培养 30 天可诱导出浅黄色、松散、颗粒状的胚性愈伤组织（图 5-2a），愈伤组织经过继代培养可以形成

愈伤组织团（图 5-2b）。

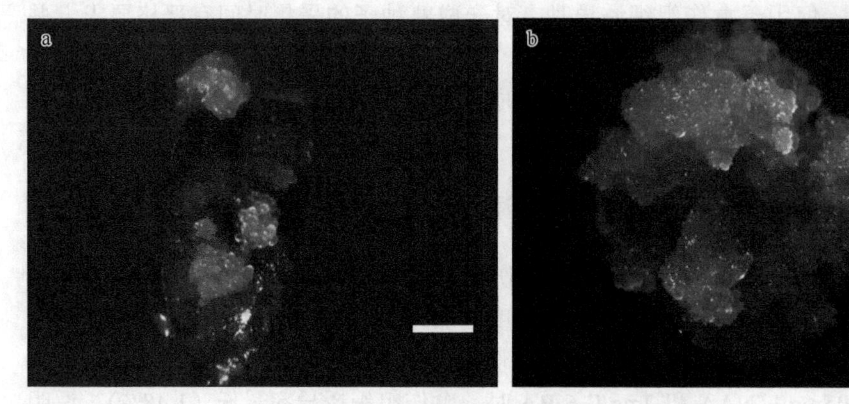

图 5-2　水曲柳愈伤组织诱导和增殖

a. 愈伤组织诱导；b. 愈伤组织增殖。比例尺为 1mm

5.2.3　基因型对愈伤组织增殖的影响

水曲柳愈伤组织诱导后，根据基因型不同，将诱导出的愈伤组织分别接种到不同的培养基上进行增殖培养，选择适宜增殖的细胞系。经过 30 天的愈伤组织增殖培养，对 40 个不同遗传背景的细胞系进行了筛选，根据培养 30 天后愈伤组织的状态，记录得到米黄色、松散、颗粒状、透明的愈伤组织数量，除以接种的总的愈伤组织数量，筛选最佳基因型（表 5-2），愈伤组织的增殖状态系数为 0～100%。

表 5-2　水曲柳不同细胞系的愈伤组织增殖状态系数

细胞系	状态良好愈伤组织数量（个）	总愈伤组织数量（个）	愈伤组织增殖状态系数（%）	细胞系	状态良好愈伤组织数量（个）	总愈伤组织数量（个）	愈伤组织增殖状态系数（%）
1	25.0	25.0	100.0	11	10.0	16.0	62.5
2	7.0	16.0	43.8	12	1.0	9.0	11.1
3	6.0	8.0	75.0	13	0	7.0	0
4	3.0	15.0	20.0	14	0	5.0	0
5	0	3.0	0	15	0	6.0	0
6	18.0	20.0	90.0	16	5.0	20.0	25.0
7	6.0	11.0	54.5	17	0	10.0	0
8	0	7.0	0	18	0	7.0	0
9	3.0	10.0	30.0	19	13.0	18.0	72.2
10	1.0	17.0	5.9	20	11.0	15.0	73.3

续表

细胞系	状态良好愈伤组织数量（个）	总愈伤组织数量（个）	愈伤组织增殖状态系数（%）	细胞系	状态良好愈伤组织数量（个）	总愈伤组织数量（个）	愈伤组织增殖状态系数（%）
21	0	10.0	0	31	5	15.0	33.3
22	1.0	11.0	9.1	32	8.0	14.0	57.1
23	0	8.0	0	33	9.0	16.0	56.3
24	0	8.0	0	34	13.0	16.0	81.3
25	0	8.0	0	35	10.0	16.0	62.5
26	0	7.0	0	36	6.0	11.0	54.5
27	0	9.0	0	37	0	8.0	0
28	0	4.0	0	38	11.0	15.0	73.3
29	1.0	8.0	12.5	39	6.0	13.0	46.2
30	0	9.0	0	40	8.0	14.0	57.1

5.2.4 植物生长调节剂对愈伤组织增殖的影响

不同植物生长调节剂对水曲柳愈伤组织增殖的影响不同（表 5-3）。①当 2,4-D 浓度相同时，不添加 6-BA 处理的水曲柳愈伤组织的鲜重增殖系数较高（培养 30 天时为 228.7%），但是愈伤组织状态松软，水分过多，不是颗粒状，不利于后期分化培养。当添加 0.1mg/L 6-BA 和 0.15mg/L 2,4-D 时，愈伤组织鲜重增殖系数最高（培养 30 天时为 240.5%），愈伤组织颜色为黄褐色，状态疏松，且为颗粒状胚性愈伤组织（图 5-2b）。当 6-BA 浓度为 0.2mg/L 时，愈伤组织鲜重增殖系数下降，培养 15 天时显著低于其他两种浓度（$P<0.05$）。说明适量浓度的 6-BA 有利于水曲柳愈伤组织的增殖培养。②当 6-BA 浓度为 0.1mg/L 时，不添加 2,4-D 的培养基中增殖的愈伤组织状态最差，褐化现象严重，质感发硬且为块状。培养 30 天时愈伤组织鲜重增殖系数为 111.3%，几乎没有生长，不利于愈伤组织增殖。随着 2,4-D 浓度增加，愈伤组织鲜重增殖系数先增加后降低。说明在水曲柳愈伤组织增殖中 2,4-D 是必需的。适宜的 2,4-D 浓度有利于愈伤组织增殖。

表 5-3 水曲柳胚性愈伤组织鲜重增殖系数（%）

6-BA（mg/L）	2,4-D（mg/L）	培养时间 3 天	9 天	15 天	30 天	愈伤组织状态
0	0.15	173.1±44.3ab	491.8±131.6a	191.8±21.5a	228.7±20.1a	松软
0.1	0.15	261.6±49.9a	287.0±45.4ab	181.1±20.2a	240.5±32.5a	较硬，疏松，颗粒状
0.2	0.15	161.4±29.5ab	227.8±56.7b	126.4±4.0b	178.2±12.7ab	较硬，颗粒状

续表

6-BA（mg/L）	2,4-D（mg/L）	培养时间				愈伤组织状态
		3天	9天	15天	30天	
0.1	0	106.2±25.5b	147.1±29.6b	101.9±7.2b	111.3±14.5b	褐化严重，硬，块状
0.1	0.3	128.2±8.3b	148.4±8.2b	137.3±21.7ab	175.3±40.4ab	较硬，颗粒状

注：表中的数据为平均值±标准差，同列数字后不含有相同小写字母的表示在0.05水平上差异显著

愈伤组织增殖继代培养过程中，保持其遗传稳定性和胚胎发生能力至关重要。在瘿椒树（*Tapiscia sinensis*）胚性愈伤组织长期保存过程中发现，多次继代后的胚性愈伤组织染色体发生变异，变异率达到51.72%，其再生能力下降，可能与激素的作用和长期继代有关（陈发菊等，2007）。在棉花（*Gossypium* spp.）胚性愈伤组织长期保存过程中发现，随着继代次数的增加，胚性愈伤组织的变异率逐渐升高，分化能力下降（薛美凤等，2002）。2,4-D作为一种生长素类植物生长调节剂，是诱导直接体胚发生和间接体胚发生中愈伤组织增殖所必需的（Vondráková et al.，2011；Raghavan，2004；Pasternak et al.，2002）。但是在后续的发育与成熟阶段不能使用2,4-D（Pasternak et al.，2002）。水曲柳愈伤组织的继代增殖过程中，在添加较高浓度的2,4-D和6-BA的培养基上，愈伤组织增殖系数较低。在添加0.1mg/L 6-BA并且不添加2,4-D时，水曲柳愈伤组织的鲜重增殖系数最低，并且伴随严重的褐化现象出现，说明在水曲柳愈伤组织的增殖过程中，2,4-D是必需的植物生长调节剂。随着继代增殖培养时间的延长，褐化现象越来越严重，这与水曲柳遗传材料在培养过程中分泌的酚类化合物有关。可通过缩短继代周期，或添加外源抗坏血酸（AsA）、柠檬酸和聚乙烯吡咯烷酮（PVP）等抗褐化剂减少褐化的危害，如在杂交鹅掌楸胚性愈伤组织培养过程中添加1～5mg/L的抗坏血酸可有效防止继代增殖培养过程中愈伤组织的褐化（Nørgaard et al.，1993）。

5.3 结　论

以水曲柳未成熟和成熟合子胚的子叶作为外植体均可诱导出水曲柳胚性愈伤组织。未成熟合子胚子叶的体胚发生率和愈伤组织诱导率均略高于成熟合子胚子叶，但是差异不显著。水曲柳愈伤组织诱导使用添加5.0mg/L NAA和2.0mg/L 6-BA的MS1/2培养基对合子胚的子叶进行预培养，在黑暗恒温环境中培养60天后，转入添加0.15mg/L NAA的MS1/2愈伤组织诱导培养基培养，愈伤组织诱导率为94.20%。6-BA对水曲柳愈伤组织的诱导有抑制作用，而适当浓度的生长素对水曲柳愈伤组织诱导有促进作用。基因型对愈伤组织的诱导和增殖至关重要，应该选

择合适的基因型进行愈伤组织增殖。2,4-D 是水曲柳愈伤组织增殖必需的植物生长调节剂。WPM 基础培养基中添加 0.1mg/L 6-BA 和 0.15mg/L 2,4-D 培养 30 天时愈伤组织鲜重增殖系数为 240.5%。水曲柳胚性愈伤组织存在褐化现象。

水曲柳体胚发生和植株再生

植物体细胞胚胎发生（somatic embryogenesis，简称体胚发生）是指离体培养的植物器官、组织或悬浮培养的细胞在特定条件下未经性细胞融合而直接形成类似于合子胚的培养物的过程（沈海龙，2005）。植物体胚发生体系被认为是研究胚胎发育过程中形态发生、生理生化及分子生物学变化的良好替代体系（黄学林等，2012；崔凯荣等，1998a，1998b）。体胚发生重演了合子胚发生的特征，但与合子胚相比，其具有繁殖数量多、速度快、结构完整等特点。自从在野胡萝卜（*Daucus carota*）中通过体胚发生途径形成再生植株以来，多种植物实现了体胚发生途径的植株再生。因体胚发生具有数量多、速度快、结构完整等特点，逐渐将该技术应用到多个领域，并实现了许多珍稀树种体细胞工程育苗的产业化（陈金慧和施季森，2003）。

体胚发生作为离体培养条件下形态发生和植株再生的一条途径，因其高效转化为完整植株的能力而在良种繁育方面具有更高的应用潜力。因此，深入、细致地研究水曲柳体胚发生，形成一套完整的再生系统，使其优良、稳定的基因型大规模应用于生产具有实际意义。通过体胚发生的方法快速繁殖木本植物可为植树造林提供大量苗木，是繁殖优良品种和优良植株的捷径。本研究以不同发育时期水曲柳合子胚子叶为外植体，探讨了不同发育时期的外植体材料对水曲柳体胚发生的影响，筛选出了适合水曲柳体胚发生的外植体取材时期和适合的诱导培养基，成功建立了水曲柳未成熟合子胚子叶外植体的体胚发生技术体系。

6.1 水曲柳体胚发生的材料与方法

6.1.1 实验材料

分别在 5 个时期采集水曲柳未成熟种子：7 月 12 日采集的种子内胚乳已经凝固，合子胚约占胚腔的 1/2（图 6-1a）；7 月 31 日和 8 月 15 日采集的种子内合子胚约占胚腔的 2/3（图 6-1b、c）；8 月 31 日采集的种子内合子胚几乎填满胚腔，果皮由绿色变为褐色（图 6-1d）；10 月 1 日采集的种子成熟，果皮变为棕色（图 6-1e）。

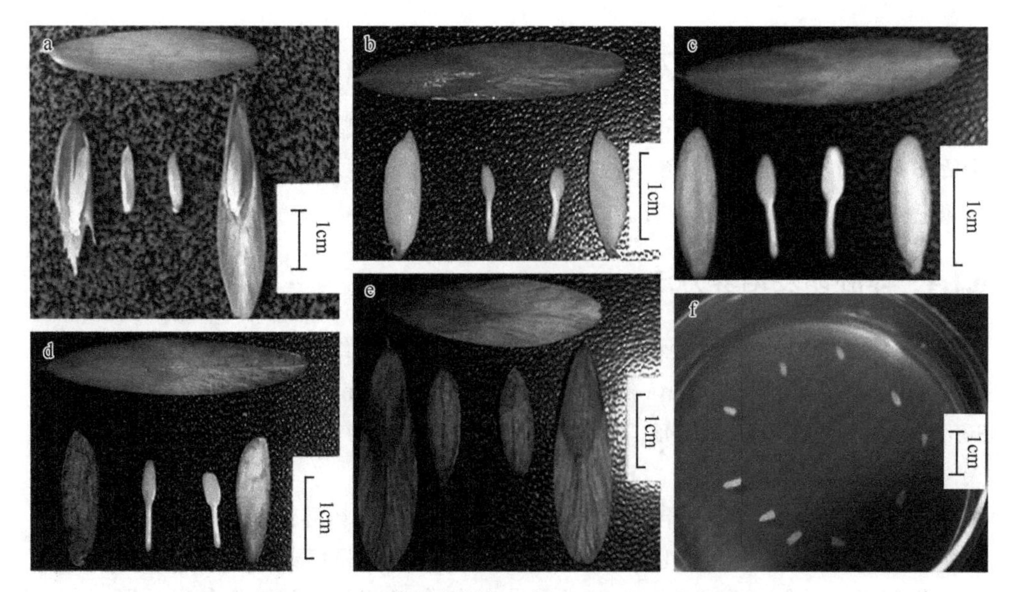

图 6-1 不同外植体采集日期水曲柳种子发育状态

a. 7 月 12 日采集，浅绿色果皮包围种子，合子胚只占胚腔的 1/2；b. 7 月 31 日，翅果具深绿色果皮，合子胚约占胚腔的 2/3；c. 8 月 15 日，种子和合子胚延长；d. 8 月 31 日，果皮和种皮变成褐色；e. 10 月 1 日，种子成熟，果皮呈棕色；f. 8 月 31 日采集的外植体接种状态

收获种子（翅果）后，去除果皮，将种子在 70%（*v*/*v*）乙醇中灭菌 1min，然后在 10%（*v*/*v*）过氧化氢（含 1mL 吐温 20）中灭菌 15min，用无菌蒸馏水冲洗 4 次。在超净工作台上从灭菌种子中切取出胚胎，然后以单片子叶作为外植体接种到培养基表面（图 6-1f）。

6.1.2 实验方法

6.1.2.1 初代培养方法

采用 1/2MS、MS、B_5、WPM 培养基，添加不同浓度 TDZ、IBA 或 IBA、6-BA。高温高压灭菌前将培养基 pH 调节至 5.8，并在 120℃条件下高压灭菌 20min。培养物在（24±1）℃条件下暗培养。

6.1.2.2 继代培养方法

培养物在 6.1.2.1 节培养基上培养 8 周后，转移到 1/2MS 无激素的培养基中（培养基中添加了 50g/L 蔗糖）。随后每 4 周转移到新鲜的继代培养基中培养。

6.1.3 组织细胞学观察方法

将不同发育阶段的体胚在FAA（5福尔马林∶5冰醋酸∶90无水乙醇，体积比）中固定至少48h，用分级乙醇-二甲苯脱水，石蜡包埋。切片厚度为10μm，用苏木精染色，在光学显微镜下检查。

6.1.4 体胚萌发培养方法

1）从外植体上分离成熟体胚，将其放置在无菌滤纸上，分别在超净工作台中放置0min、10min和30min，然后转移到直径为90mm的培养皿中。每培养皿内30mL培养基，配方为1/2MS培养基+0.05μmol/L NAA+20g/L蔗糖+7g/L琼脂。每天16h光培养、8h暗培养。

2）将成熟体胚移植到含有上述萌发培养基配方的培养皿中。然后将培养物置于4℃条件下暗培养0天、15天和30天。低温处理后将培养物移入培养室萌发。

将萌发的体胚转移到50mL三角瓶中，每个三角瓶中放5个萌发体胚，每个三角瓶中装有25mL用于萌发的相同培养基。

6.1.5 体胚苗移栽和驯化方法

移栽前2～3天，取下瓶盖进行移栽前的驯化，2～3天后取出体胚苗仔细清洗掉根部附着的培养基。将它们种植在直径35mm的盆里（盆内基质体积比为蛭石∶泥炭土=2∶1）。培养基质在移栽前于105℃下高温高压灭菌2～3h，移栽后培养物放置于培养室内，用保鲜膜覆盖以保持较高的相对湿度。2周后逐渐移除保鲜膜，然后将驯化的植株移入直径为8cm的花盆中，将其置于温室中。

6.2 水曲柳体胚发生与植株再生的结果与分析

6.2.1 种子采集时间对水曲柳体胚发生的影响

植物体胚发生有两种方式：直接体胚发生和间接体胚发生。直接体胚发生为体细胞胚直接从外植体形成。间接体胚发生需要经历胚性愈伤组织诱导阶段，然后以胚性愈伤组织为试材，诱导体胚发生。直接体胚发生是获得遗传稳定的再生植株的首选方法，因为愈伤组织的形成会导致体细胞无性系的变异（Larkin and Scowcroft，1981）。

外植体的发育状态对体胚诱导至关重要（Prakash and Gurumurthi，2010；Carneros et al.，2009；Ogita et al.，1999；Maheswaran and Williams，1986）。种子

采集时间对水曲柳体胚发生有显著影响。7 月 12 日采集的种子不具有体胚发生能力（图 6-2）。7 月 31 日和 8 月 15 日，从未成熟种子中分离出的子叶作外植体，其体胚发生率达 30% 以上。当种子成熟时（10 月 1 日），体胚发生率很低（3.4%）。

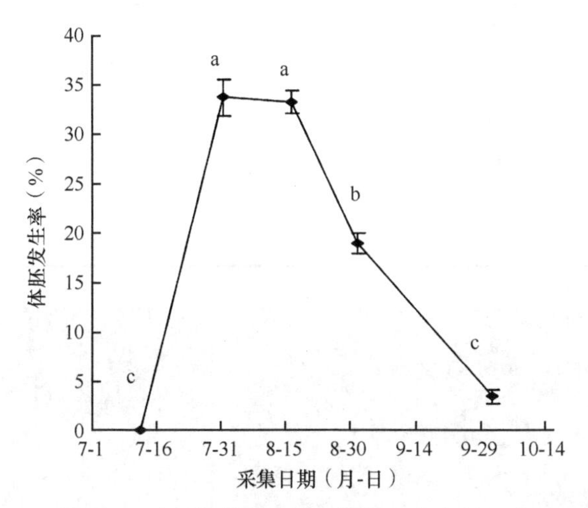

图 6-2　种子收获期对水曲柳体胚发生的影响

培养基含有 5.4μmol/L NAA、0.2μmol/L TDZ、49.2μmol/L IBA、44.4μmol/L 6-BA 和 50g/L 蔗糖。每个数据点数值为平均值±标准差，不同字母表示在 0.05 水平下差异显著

6.2.2　基本培养基对水曲柳体胚发生的影响

4 种培养基对水曲柳体胚发生的影响差异显著（表 6-1）。在 MS 和 1/2MS 培养基上培养的外植体变成绿色并带有褐色。在光照条件下培养 4 周后，外植体完全变成褐色。在暗培养条件下，外植体逐渐变成棕色。MS 培养基上的外植体比 1/2MS 培养基上的完全褐化和死亡更早发生。培养 4 周后，在 1/2MS 培养基上生长的 20% 的棕色外植体形成新鲜的黄色愈伤组织。在 1/2MS 培养基上在黑暗条件下培养 7 周后，在一些褐化的外植体上观察到了体胚。通常，将子叶作为外植体时，直接在子叶边缘处（图 6-3a）或与下胚轴相连的子叶边缘直接产生体胚（图 6-3b）。体胚也会产生于子叶的中部区域（图 6-3c）或子叶上产生的愈伤组织部分（图 6-3d）。在 WPM 和 B_5 培养基上培养时，外植体在光培养下变为绿色，而在暗培养中则为浅黄色。培养 2 周后，下胚轴膨大。

表 6-1　基本培养基类型对水曲柳体胚发生的影响

培养基类型	光条件	不同外植体的体胚发生率（%）		
		下胚轴	下胚轴+子叶	子叶
MS	光	0	0	0
MS	暗	0	0	0

续表

培养基类型	光条件	不同外植体的体胚发生率（%）		
		下胚轴	下胚轴+子叶	子叶
1/2MS	光	0	0	0
1/2MS	暗	0	23.8	33.4
B_5	光	0	2	2
B_5	暗	0	0	0
WPM	光	0	0	0
WPM	暗	0	0	0

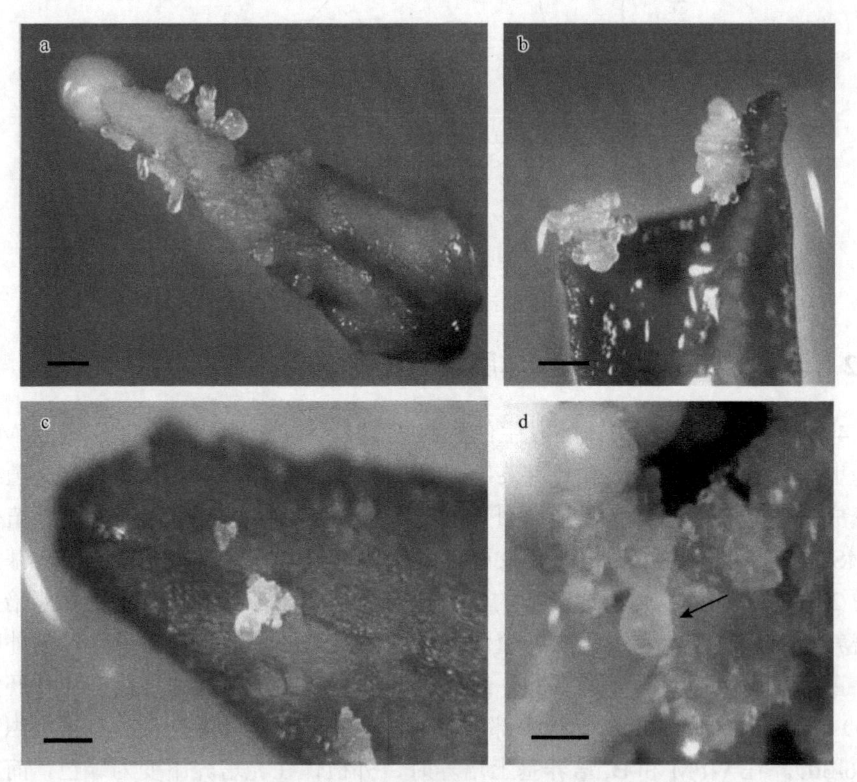

图 6-3　水曲柳未成熟合子胚子叶外植体产生的体胚

a. 直接起源于外植体的体胚；b. 子叶边缘产生的体胚；c. 子叶中间部位产生的体胚；d. 愈伤组织表面产生的体胚。比例尺= 1mm

6.2.3　植物生长调节剂对水曲柳体胚发生的影响

植物生长调节剂（PGR）是影响体胚发生的重要因素（Ma et al.，2011；Bakhshaie et al.，2010；Pinto et al.，2008）。对于大多数高等植物来说，2,4-D 在

体胚发生过程中起着关键作用（Zhang et al.，2010；Othmani et al.，2009；Pinto-Sintra，2007）。含有不同PGR组合的培养基培养的水曲柳子叶外植体的体胚发生率差异显著（$P<0.05$；表6-2）。与未添加IBA相比，培养基中添加IBA能提高体胚发生率。培养基中添加44.4μmol/L 6-BA可使体胚发生率提高20%以上。

表6-2　诱导培养基中添加IBA和6-BA对水曲柳体胚发生的影响

IBA（μmol/L）	6-BA（μmol/L）	体胚发生率（%）
0	0	13.5bc
	8	0d
	22.2	0d
	44.4	6.2cd
9.8	0	0.0d
	8	13.6bc
	22.2	0d
	44.4	22.2ab
24.6	0	0d
	8	0d
	22.2	12.2bc
	44.4	24.6a
49.2	0	14.4ab
	8	14.2ab
	22.2	14.1abc
	44.4	18.8ab

注：子叶外植体来自8月31日采集的种子。培养基含有5.4μmol/L NAA、0.2μmol/L TDZ和50g/L蔗糖。同列不含有相同小写字母的表示在0.05水平差异显著

6.2.4　蔗糖对水曲柳体胚发生的影响

碳水化合物在植物生命周期中起着至关重要的作用，而蔗糖是植物组织培养中最常用的碳水化合物。培养基中的蔗糖浓度影响体胚的形成，但所需的浓度因物种而异。当蔗糖浓度低至10g/L时，8月31日收获的水曲柳合子胚上没有形成体胚（图6-4）。随着蔗糖浓度增加，水曲柳体胚发生率提高，当培养基中添加70g/L蔗糖时，水曲柳体胚发生率最高，可达23.6%，而在含50g/L或70g/L蔗糖的培养基中，体胚发生率无显著差异（$P<0.05$）。

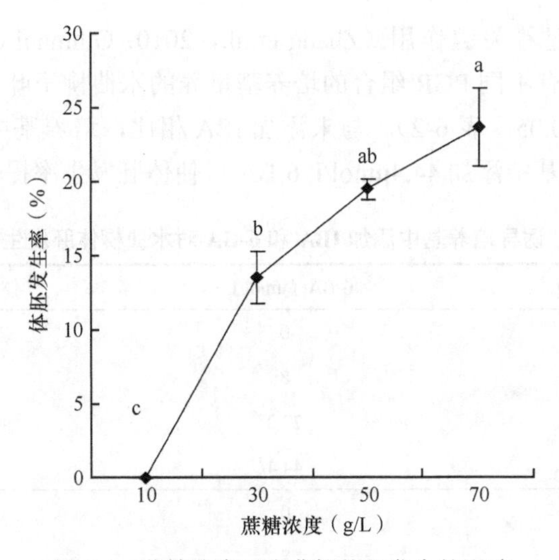

图 6-4 蔗糖浓度对水曲柳体胚发生的影响

子叶外植体来自 8 月 31 日采集的种子。培养基含有 5.4μmol/L NAA、0.2μmol/L TDZ、49.2μmol/L IBA、44.4μmol/L 6-BA 和 50g/L 蔗糖。每个数据点数值为平均值±标准差，不含有相同小写字母的表示在 0.05 水平差异显著

6.2.5 水曲柳体胚发生的细胞组织学观察

继代培养过程中，外植体通常被不同步发育的体胚群包裹（图 6-5a），有些体胚伸长，有些体胚发育成为成熟胚后子叶展开（图 6-5b）。有些体胚具有融合的子叶（图 6-5c），有些体胚有多个子叶（图 6-5d）。体胚起源于外植体的表皮细胞

图 6-5 水曲柳子叶外植体的体胚发生

a. 发育不同步的体胚形成，比例尺=1mm；b. 成熟体胚，形状规则，比例尺=1mm；c. 有融合子叶的体胚（箭头），比例尺=0.5mm；d. 有多个子叶的体胚（箭头），比例尺=1mm；e. 转化成的植株，比例尺=1mm；f、g. 驯化过程中的植株，比例尺=1cm

（图 6-6a），其发育经历了球形、心形、鱼雷形和子叶形（图 6-6b～e），其方式类似于合子胚发育。水曲柳体胚表现出明显的双极组织，与原外植体没有任何连接（图 6-6d、e）。

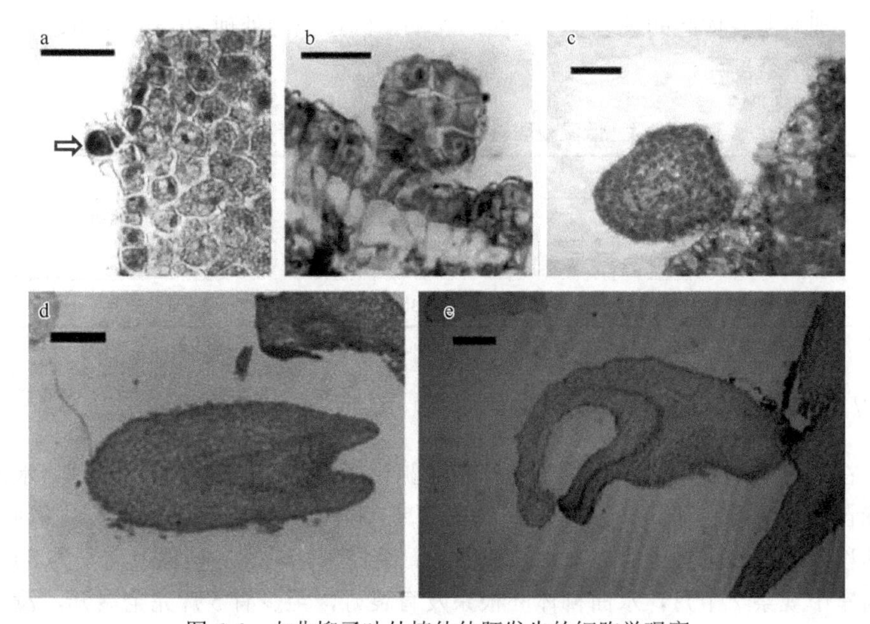

图 6-6 水曲柳子叶外植体体胚发生的细胞学观察

a. 发生于表皮细胞（箭头）的体胚，比例尺=0.2mm；b. 球形胚，比例尺=0.2mm；c. 心形胚，比例尺=0.2mm；d. 鱼雷形胚，比例尺=2mm；e. 子叶胚，比例尺=2mm

6.2.6 水曲柳体胚萌发与转苗

体胚转化是评价体胚发生成功与否最重要的步骤。当干燥处理时间为 10min 时，水曲柳体胚萌发率最高，为 69.0%，体胚苗转化率为 65.6%（表 6-3）。相比之下，没有干燥处理的体胚萌发率只有 27.6%。但是干燥处理 30min 则时间过长，导致体胚萌发率仅为 11.6%。因此，干燥处理一段时间（10min）促进了水曲柳体胚的萌发和转苗。

表 6-3 干燥处理对水曲柳体胚萌发和转苗的影响

干燥处理时间（min）	体胚萌发率（%）	体胚苗转化率（%）
0	27.6±9.8b	9.7±5.7b
10	69.0±5.3a	65.6±3.1a
30	11.6±5.3c	77.5±13.2a

注：表中数值为平均值±标准差，不含有相同小写字母的表示在 0.05 水平差异显著

4℃低温处理对水曲柳体胚萌发和转苗影响效果显著（$P<0.05$；表 6-4）。低温储藏 15 天的体胚萌发率最高（69.5%），显著高于未经低温处理的体胚萌发率（27.6%）。然而，与低温处理 15 天相比，低温处理时间过长对体胚萌发有抑制作用。低温处理对萌发体胚的进一步生长是有害的，经过低温处理 30 天，体胚在萌发和转苗过程中全部死亡。

表 6-4 低温处理对水曲柳体胚萌发和转苗的影响

4℃冷藏时间（天）	体胚萌发率（%）	体胚苗转化率（%）
0	27.6±9.8b	9.7±5.7b
15	69.5±2.7a	7.5±2.5a
30	18.6±2.3b	0b

注：表中数值为平均值±标准差，不含有相同小写字母的表示在 0.05 水平差异显著

6.2.7 水曲柳体胚苗移栽和驯化

在体胚发生过程中，体胚苗的移栽和驯化通常是比较困难的一步。将水曲柳试管苗逐渐移除盖子可以获得较高的成活率。当植株长到约 2cm 并产生绿叶后，将其移入蛭石和泥炭土的混合培养基质中。经过驯化处理，植株成活率为 80.8%。在温室中观察 2 个月，水曲柳体胚根系发育良好，至少有 5 片完全展开，没有表现出形态异常（图 6-5f、g）。

6.3 结　论

水曲柳体胚可从未成熟合子胚的子叶上获得。体胚诱导培养基采用 1/2MS 基本培养基，添加 5.4μmol/L NAA 和 0.2μmol/L TDZ 以及不同浓度 IBA 和不同浓度 6-BA。添加 44.4μmol/L 6-BA 可使体胚发生率提高到 20%。7 月 31 日或 8 月 15 日收获种子体胚发生率为 30% 以上。较高浓度的蔗糖可促进水曲柳体胚发生。水曲柳体胚起源于外植体的表皮细胞。干燥处理 10min 后体胚萌发率达 69.0%。干燥处理后的萌发体胚有 65.6% 转化为再生植株。4℃低温处理体胚 15 天后体胚萌发率最高（69.5%），但只有 7.5% 转化成再生植株。体胚苗移植到 2 蛭石∶1 泥炭土（*v*/*v*）基质中的成活率为 80.8%，未见形态异常。

水曲柳合子胚与体胚发生的细胞学观察

植物体胚发生是体外植株再生的过程，其双极结构类似于合子胚（Zimmerman，1993）。体胚发生在植物生物技术中有多种应用，如低温保存、遗传转化和诱变育种（Litz and Gray，1995；Raemarkers et al.，1995）。此外，体胚发生技术能够实现优良种质资源的选育和规模化繁殖，具有巨大的生态价值和应用价值。在植物体胚发生过程中，组织学观察可以确定体胚发生过程中外植体的结构，对细胞和细胞群发育的研究也有助于提高体胚发生率（Perez-Nunez et al.，2006）。通过组织细胞学观察研究体胚发生不同阶段的细胞生长特点对于进一步优化体系至关重要（Rodriguez and Wetzstein，1998；Michaux-Ferriere and Carron，1989）。

由于体胚发生重演了合子胚形态发生的进程，因而了解合子胚的形态发生对于确定体胚诱导和培养条件、了解体胚发生和细胞分化机制具有重要指导作用。而体胚发生体系的建立和调控又可为合子胚发育机制研究提供重要信息，进而为生殖生物学的研究提供基础资料。两种胚胎发生体系在形态解剖、生理生化及分子水平上的比较已在多种植物上进行了研究。本章对水曲柳体胚发生与合子胚发生的细胞学过程进行了比较，可为水曲柳生殖生物学研究提供基础资料。

7.1 材料与方法

7.1.1 实验材料

用于细胞学观察和体胚诱导的合子胚均采自东北林业大学哈尔滨实验林场50年生发育良好的水曲柳母树。

7.1.2 水曲柳合子胚发生的细胞学观察方法

从水曲柳雄花序即将散粉开始，每天定时采集数枚雌花或幼嫩种子，直至种胚形态分化完全。用FAA固定液固定材料，埃氏苏木精整染，常规石蜡切片法切成9～10μm厚的切片，在光学显微镜下镜检，观察合子胚的发生过程。

7.1.3 水曲柳体胚的诱导方法

于7月末到8月中旬采集水曲柳子叶胚时期的近成熟种子，表面消毒后剥取种胚，分别切取子叶和下胚轴两种外植体接种于1/2MS培养基上。培养基中添加1mg/L NAA、5mg/L IBA、10mg/L 6-BA、50%（*m*/*V*）蔗糖、0.6%（*m*/*V*）琼脂。高压灭菌前将培养基的pH调至5.8，接种后于23～25℃的培养室内暗培养。初代培养8周后将培养物转至不含植物生长调节剂的相同培养基上进行继代培养。

7.1.4 水曲柳体胚发生的细胞学观察方法

分别从初代培养第1天和继代培养第1天起，每隔5天取少量培养物，进行固定、染色、切片、镜检，观察愈伤组织的形成及体胚发生。

7.2 结果与分析

7.2.1 合子胚发生的细胞学观察

水曲柳传粉受精后，胚乳的发育早于胚的发育，其发育属核型。受精后的初生胚乳核分裂先形成具多核仁的游离核（图7-1a），分裂达到一定程度时，胚的发育才开始。合子分裂形成一大一小两个细胞，即靠合点端的顶细胞和珠孔端的基细胞。顶细胞体积小，胞质浓厚，基细胞有巨大液泡，此时为2细胞原胚期。2细胞原胚进一步分裂，形成4细胞原胚。顶细胞分裂较快，新形成的靠近珠孔端的细胞与基细胞一起参与胚柄的建成。顶细胞分裂形成的靠近合点端的细胞经过多次不规则的分裂，形成原胚，而后合点端原胚细胞数目增多，棒状胚逐渐延长，并开始出现器官分化。原胚形成后依次经历球形胚、心形胚、鱼雷形胚和子叶胚，最后发育成为成熟胚（图7-1b～f）。随着原胚的发育，胚柄也不断发育，到球形胚末期时最为发达（图7-1c）。心形胚时期，胚柄开始退化，到子叶胚早期，仅见部分残留（图7-1f）。水曲柳胚胎发育为紫菀型。早期的胚包裹在胚乳内靠近珠孔端，随着胚的形态分化和体积的增大，最后充满整个胚腔。

原胚发育到4细胞时，胚乳从珠孔端到合点端开始细胞化（图7-1c）。胚胎发育到心形胚时期，胚体周围形成了空腔（图7-1d），这可能是胚乳为提供胚胎发育所需营养而水解成小分子物质所致。

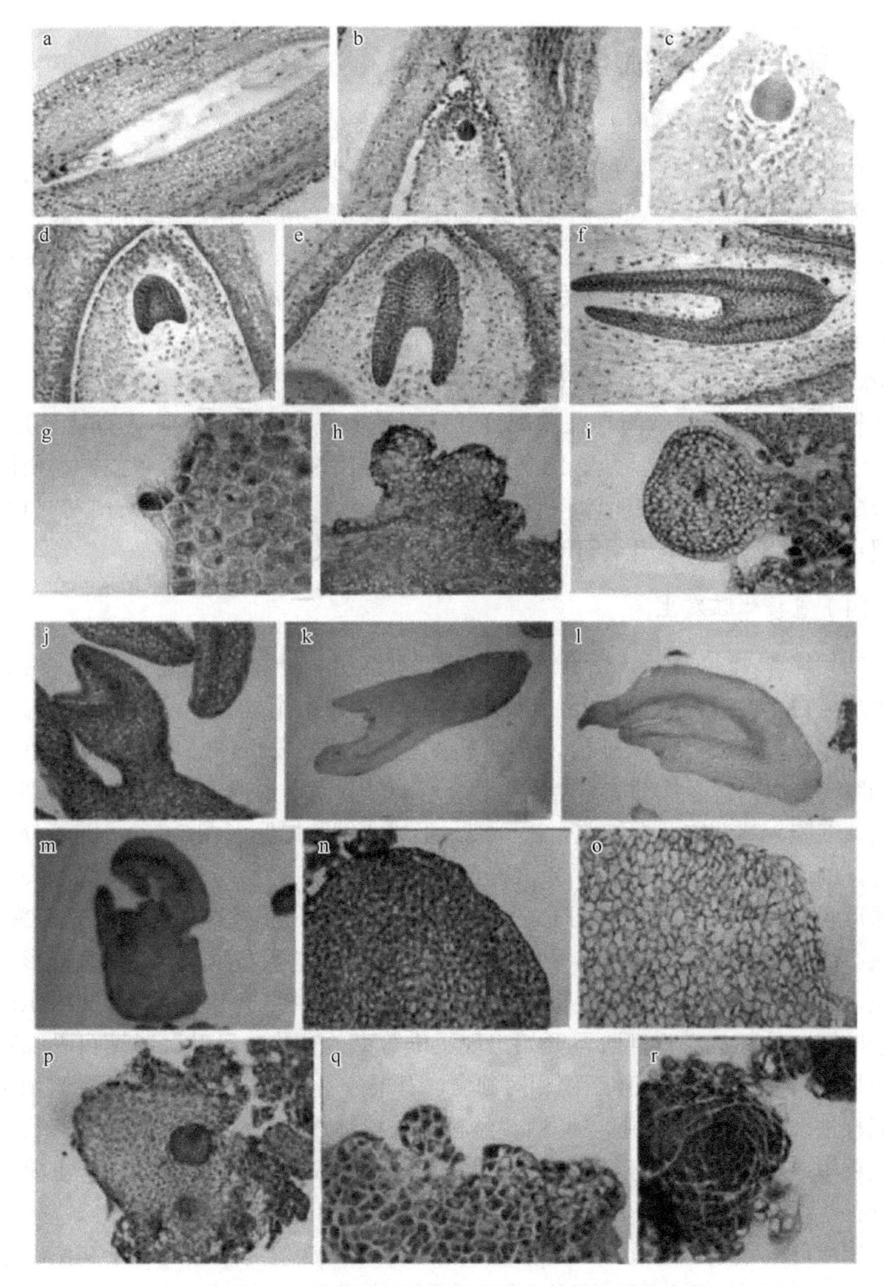

图 7-1 水曲柳合子胚和体胚发生的细胞学观察

a. 胚乳游离核（×132）；b. 合子胚的早期原胚（×33）；c. 球形胚具发达的胚柄（×33）；d. 心形胚（×33）；e. 鱼雷形胚（×33，合子胚）；f. 子叶胚（×33）；g. 子叶表皮细胞形成的 4 细胞原胚（×32）；h. 体胚发生于子叶表皮细胞（×33）；i. 子叶表面形成的心形胚（×66）；j. 鱼雷形胚（×33，体胚）；k. 子叶胚，具双极性（×132）；l. 缺乏茎维管束分化的体胚（×33）；m. 多子叶体胚（×33）；n. 胚性愈伤组织（×66）；o. 非胚性愈伤组织（×66）；p. 愈伤组织内的胚性细胞团（×33）；q. 体胚发生于愈伤组织表面（×33）；r. 体胚发生于愈伤组织内部（×66）

7.2.2 体胚发生的细胞学观察

大多数植物体胚发生为外起源，即从外植体表面发生（周俊彦，1981）。在水曲柳体胚发生中，子叶外植体可以外起源的方式直接产生体胚，而经愈伤组织形成的体胚则外起源和内起源两种方式都有。内起源的胚状体，从原胚时起就与周围组织间有一明显界线，这与 Zee 和 Wu（1980）在旱芹（*Apium graveolens* var. *dulce*）、詹园凤和王广东（2006）在南欧蒜（*Allium ampeloprasum*）体胚培养中观察到的现象类似。崔凯荣等（2000）也在宁夏枸杞（*Lycium barbarum*）、小麦（*Triticum aestivum*）、红豆草（*Onobrychis viciaefolia*）等多种植物中观察到，早期的胚性细胞与周围细胞间存在胞间连丝，但随着胚性细胞的发育，细胞壁加厚，胞间连丝消失或被堵塞，从 2 细胞原胚到多细胞原胚始终被厚壁包围，与周围细胞形成明显的界线。这表明体胚形成后具有相对独立性，支持了 Steward 等（1958）的观点，即细胞与周围组织间的生理隔离是胚状体发生的先决条件。

（1）直接体胚发生

初代培养 1～2 周后，所有外植体全部褐化。第 7 周时，褐化子叶近尖端的边缘处形成白色具有光泽的体胚，以后体胚逐渐覆盖整个外植体。这些体胚与原组织的连接松散，很容易从外植体分离下来。解剖观察发现体胚由外植体的单个表皮细胞发育而来。胚性细胞第 1 次分裂为不均等分裂，形成 2 细胞原胚，2 细胞原胚的顶细胞、基细胞两个细胞再次分裂，形成 4 细胞原胚（图 7-1g），随着分裂的进行，细胞数目不断增多。原胚结构形成后，表面细胞和内部细胞多次分裂，形成球形胚（图 7-1h）。之后，球形胚进行纵向伸长，两侧细胞分裂较快，向外突出，形成心形胚（图 7-1i）。接着，两片子叶长大，胚状体下方伸长，内部有原形成层出现，此时进入鱼雷形胚期（图 7-1j）。此后子叶继续伸长出现苗端分生组织而成为子叶胚。体胚从心形胚阶段开始出现了维管束的分化，子叶胚时期可见维管束呈明显的“Y”形，与母体组织相对独立，有根分生组织与茎分生组织，表现明显的双极性（图 7-1k）。体胚以胚柄状结构与外植体相连（图 7-1j），但在其整个发育过程中，没有明显的胚柄。观察还发现，相当一部分体胚形态异常，主要表现为没有茎维管束的分化（图 7-1l）和多子叶（图 7-1m）。

初生胚继代培养 2 周后，有大量次生胚形成。次生胚直接发生于初生胚下胚轴或子叶的表皮细胞，与直接形成的初生胚发生类似。

（2）间接体胚发生

初代培养 5 周后，子叶和下胚轴两种外植体都可产生愈伤组织。愈伤组织从颜色和状态上可以分为三种类型。①嫩黄疏松状：表面粗糙但有光泽，发生于胚轴形态学下端和子叶基部，量多。②白色疏松状：发生于嫩黄色愈伤组织上，或胚轴形态学下端，量少。③黄褐色紧实：表面大颗粒状，发生于胚轴形态学下端和子叶基部，量多。前两种愈伤组织若不及时继代，就会老化为第三种。

嫩黄疏松、白色疏松、黄褐色紧实三种类型愈伤组织中，前两种愈伤组织可以产生体胚，为胚性愈伤组织，第三种为非胚性愈伤组织。切片观察表明，胚性愈伤组织细胞小，壁厚，胞质浓厚，核大，核仁明显（图 7-1n）。非胚性愈伤组织细胞大，形状不规则，核小，偏向细胞一侧（图 7-1o）。体胚发生于胚性愈伤组织的表面或内部。发生于组织内部的，愈伤组织内部一般先形成染色较深的密集细胞群，即胚性细胞团，其细胞排列规则，细胞明显小于周围细胞，核则更大，核仁明显，细胞团以一圈具明显厚壁的细胞形成界线，与周围细胞隔开（图 7-1p）。以后由整个胚性细胞团形成体胚（图 7-1r），这样的体胚是多细胞起源的，通常以下端较大区域与愈伤组织相连。发生于愈伤组织表面的体胚为单细胞起源，一般只在基部与愈伤组织相连，制片过程中很容易脱落（图 7-1q）。间接发生的体胚未见到明显的胚柄结构，其发育过程与直接发生的体胚基本一致。

弄清体胚的起源和发育细节有助于更好地利用体胚发生技术来开展遗传工程（Fernando et al.，2001；Loiseau et al.，1998）。单细胞起源的体胚再生出的植株，由于在基因组成上完全一致，是基因转化的良好受体。水曲柳体胚发生有单细胞起源和多细胞起源两种。从整体看，直接起源于子叶表皮单细胞的体胚占较高比例，这预示以合子胚的子叶为外植体建立体胚发生系统，将对水曲柳育种工程的开展发挥巨大潜力。

7.3　结　　论

水曲柳体胚发生经历了与合子胚发生类似的历程，即都经历了球形胚、心形胚、鱼雷形胚和子叶胚 4 个典型发育时期，最后发育为成熟胚。但也存在一些明显的差别，主要表现为以下几点：水曲柳体胚体积一般小于相同发育阶段的合子胚；体胚一般没有明显的胚柄，只是以胚柄状结构与原组织相连，而在合子胚发生中，原胚一形成便具有明显的胚柄结构，胚柄在球形胚时期最为发达，到心形胚时期开始退化，到子叶胚早期仍可见其残留；体胚在形态发生上不像合子胚那么精确而规范，畸形胚状体的发生比较多见。

合子胚的发育中，胚柄的出现与胚的营养吸收是分不开的。水曲柳合子（受精卵）在第 1 次分裂后就形成胚柄细胞，到球形胚时期胚柄最发达，而此时胚乳也相当发达。心形胚时期，胚开始动用胚乳的营养，胚乳逐渐水解成小分子物质供胚体吸收，并在胚周围形成空腔，与之相伴随的是胚柄开始退化，到子叶胚早期时仅见部分残留。在体胚发生中，营养物质是人为提供且均匀一致的，体胚通过与培养基的直接接触吸收营养，无须经胚柄供应，胚柄因功能的丧失而消失。

8 外植体母树来源对水曲柳体胚发生的影响

体胚发生在高等植物中是一个普遍的现象，但不同物种产生体胚的能力不同。基因型是影响植物体胚发生的主要内因之一（Jain et al.，1995），其对体胚发生有很大的影响（Merkle and Battle，2000；Chengalrayan et al.，1998）。由于基因型的差异，体胚发生率存在差异。陈金慧和施季森（2003）曾对杂交鹅掌楸三个不同基因型进行了体胚发生对比研究，结果表明，有两个基因型体胚发生率较高，而另一个未获得体胚。美国白蜡不同种源种子对体胚发生所要求的最适激素浓度有差别，体胚发生潜力明显不同（Preece and Bates，1995）。Niskanen 等（2004）在欧洲赤松（*Pinus sylvestris*）双亲基因型对体胚发生影响的研究中发现，在体胚发生三个阶段（体胚诱导时期、胚性保持时期以及体胚成熟时期），来源于母本的基因型对体胚诱导时期的影响最显著，培养 6 个月以后，这种影响减弱，但是父本和母本的联合作用显著；体胚成熟时期，母本的作用存在，父本的作用可忽略不计。基于遗传物质序列不同而导致的体胚发生与否或发生率高低，人们普遍认为是由于各自的最适刺激条件不同（Slawinska and Obendorf，1991）。

体胚发生具有明显的基因型效应。水曲柳个体遗传基础有差异，不同母树来源的外植体体胚发生效果不同。研究体胚发生是优良品系快繁以及基因工程的基础，水曲柳外植体的母树来源对体胚发生的影响研究是水曲柳优良品系的快繁体系得到实际生产应用的前提。

8.1 材料与方法

8.1.1 材料采集与处理

采集时，水曲柳未成熟种子的胚乳刚开始凝固，子叶已经形成。去除种皮，用蒸馏水浸泡 1 天，然后用流水冲洗 1h，70%（*v/v*）乙醇浸泡 5s，2%（*v/v*）次氯酸钠浸泡消毒 25min，在超净工作台内用无菌水冲洗 4～5 次，取单片子叶为外植体。

水曲柳成熟种子去除种皮，用自来水浸泡 3 天，每天换 4～5 次水，然后用流水冲洗 1h，70%（*v*/*v*）乙醇浸泡 1min，10%（*v*/*v*）次氯酸钠浸泡 30min，在超净工作台内用无菌水冲洗 4～5 次，取单片子叶作为外植体。

8.1.2 水曲柳体胚发生培养方法

水曲柳未成熟种子：基本培养基选用 MS1/2（MS 培养基中所有成分均减半），添加不同浓度的生长素 NAA 和 6-BA，所有的培养基均添加 400mg/L 水解酪蛋白、70g/L 蔗糖、6g/L 琼脂，培养基 pH 均在高压灭菌前调至 5.8。

水曲柳成熟种子：基本培养基选用 MS1/2，添加 5.0mg/L NAA、2.0mg/L 6-BA、400mg/L 水解酪蛋白、70g/L 蔗糖、6g/L 琼脂，pH 在高压灭菌前调至 5.8。

将不同母树来源的合子胚的子叶分别接种于诱导培养基上，进行愈伤组织及体胚的诱导培养。每种外植体接种 5 个培养皿，每皿 10 个外植体，采用完全随机设计，每种处理重复 5 次，黑暗条件下培养。培养 8 周时记录愈伤组织及体胚发生情况。

8.1.3 继代培养与增殖培养方法

初代培养 4 周后，将培养物转入成分相同的新鲜培养基，体胚从外植体表面剥离后进行转移培养，对于因太小而不易剥离的体胚，则连同外植体一起转入相同成分的新鲜培养基。共继代三次，每次培养 4 周。每次于黑暗条件下培养。

8.2 结果与分析

8.2.1 不同采种母树未成熟合子胚子叶外植体的体胚发生潜力比较

来源于不同母树的未成熟合子胚子叶均能诱导体胚发生，并且诱导出的体胚在形态上没有明显差异，但不同采种母树的未成熟合子胚子叶外植体体胚发生潜力不同。诱导培养 1 个月时，解剖镜下可观察到球形胚、心形胚、鱼雷形胚，胚体上端逐渐分裂，发育成具有两片或多片子叶、胚根膨大的子叶胚，培养 5 周时，合子胚的子叶外植体上发生大量的子叶型胚胎，色泽晶莹，光滑剔透。

不同母树来源的合子胚子叶外植体，体胚诱导能力存在极显著差异（$P<0.01$；图 8-1）。来源于 3 号母树的合子胚子叶较其他母树的宽、大，其外植体的体胚发生重复性最好、发生率最高（14.21%），但愈伤组织诱导率最低（5.89%）；体胚发生率最低（1.87%）的 2 号母树，愈伤组织诱导率最高（13.65%）。

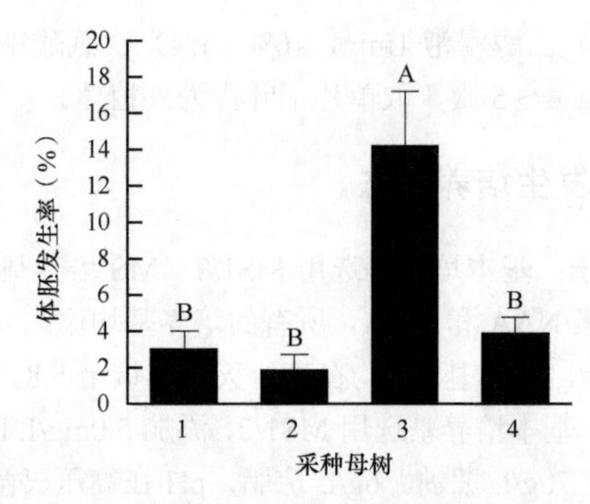

图 8-1　水曲柳不同母树来源合子胚子叶外植体体胚发生率

图中不同大写字母表示在 0.01 水平上差异显著（LSD 法）

8.2.2　激素组合对未成熟合子胚子叶外植体体胚发生的影响

水曲柳体胚在多种激素组合的培养基上均能发生，不同激素组合的培养基上子叶外植体体胚发生率具有极显著差异（$P<0.01$）。子叶在只添加 NAA 的培养基上能够诱导体胚发生，但是诱导率较低；而在只添加 6-BA 的培养基上，子叶只是萌发、膨大，没有体胚发生。由此可见，添加外源生长素是水曲柳体胚发生的必要条件。在番木瓜（*Carica papaya*）（Fitchet，1990）、紫荆（*Cercis chinensis*）（Geneve and Kester，1990）的研究中也证实了这一点。

8.2.2.1　NAA 对水曲柳体胚发生的影响

3 号母树的子叶外植体体胚发生率远高于其他三株母树（图 8-2）。当培养基中 6-BA 浓度一定时，来源于 4 株不同母树的子叶外植体的体胚发生率大部分随 NAA 浓度的增加而先增加后降低，其最大值出现在不同的 NAA 浓度。当培养基中不添加 NAA、只添加较低或高浓度的 6-BA 或不添加 6-BA 时，体胚发生率很低或根本不能诱导出体胚。当 6-BA 浓度分别为 0.5mg/L、1.0mg/L、2.0mg/L、2.5mg/L 时，来源于 3 号母树子叶外植体体胚的最大发生率分别是 54.00%、30.00%、24.00% 和 30.00%。

8.2.2.2　6-BA 对水曲柳体胚发生的影响

当 NAA 浓度为 1.0mg/L 时，来源于 4 株母树的子叶外植体体胚发生率随着 6-BA 浓度增加出现 1 个峰值，来源于不同母树的子叶外植体的体胚发生率最高分别为 24.00%、30.00%、22.50% 和 30.00%（图 8-3a）；当 NAA 浓度为 1.5mg/L 时，来源于 4 株母树的子叶外植体体胚发生率随着 6-BA 浓度增加均出现两个峰值，当 6-BA 浓度为 2mg/L 时，分别为 8.00%、5.00%、24.00% 和 4.00%（图 8-3b）；

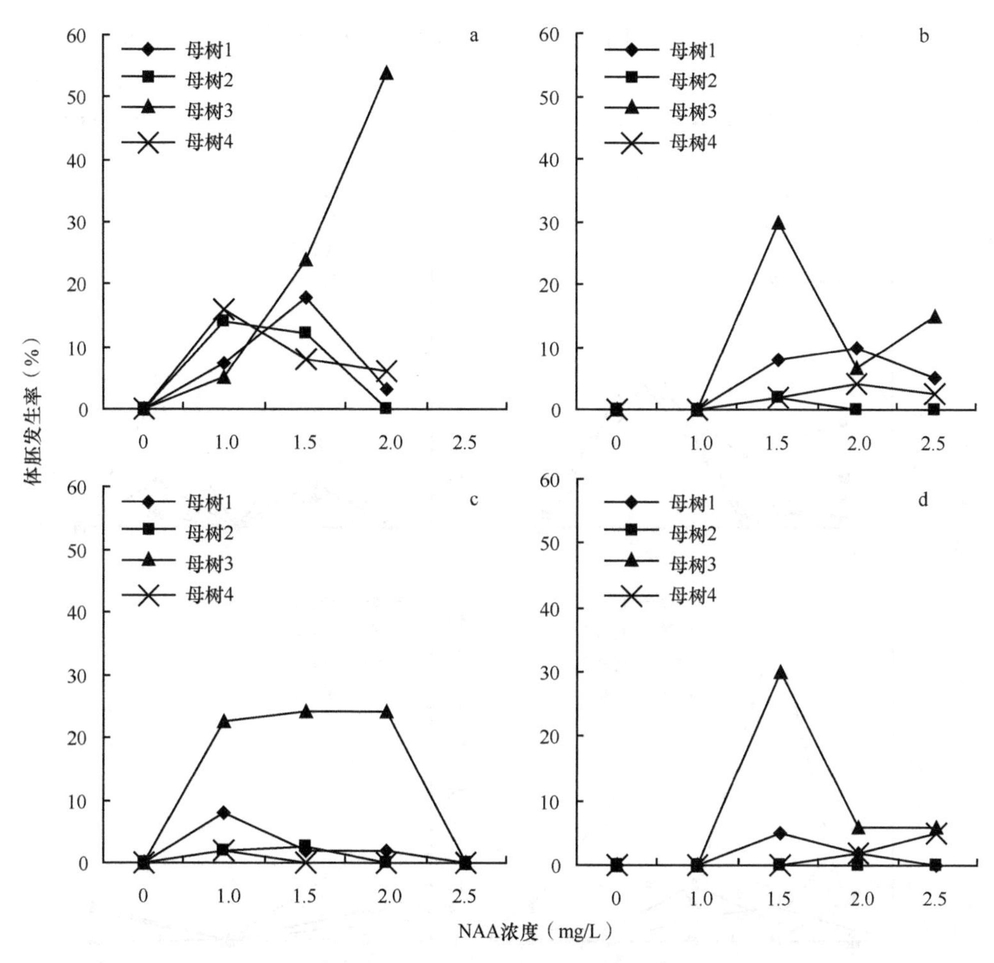

图 8-2　NAA 与水曲柳未成熟合子胚的子叶外植体体胚发生率之间的关系

图 a、b、c、d 分别为当 6-BA 浓度为 0.5mg/L、1.0mg/L、2.0mg/L、2.5mg/L 时，水曲柳未成熟合子胚的子叶外植体体胚发生率

当 NAA 浓度为 2.0mg/L 时，除来源于 3 号母树的子叶外植体的体胚发生率随着 6-BA 浓度增加出现两个峰值外，来源于其他母树的子叶外植体的体胚发生率均出现一个峰值，来源于不同母树子叶外植体的体胚发生率的峰值分别出现在 6-BA 浓度 0mg/L、0mg/L、0.5mg/L 和 0.5mg/L 时，体胚发生率分别为 20.00%、8.00%、54.00% 和 6.00%（图 8-3c）；当 NAA 浓度为 2.5mg/L 时，来源于 2 号母树的子叶外植体在任何一个 6-BA 浓度时均未发生体胚，来源于其他母树的子叶外植体的体胚发生率随着 6-BA 浓度增加均先降低后增加，最高体胚发生率分别出现在 6-BA 浓度 1.0mg/L、1.0mg/L、2.5mg/L 时，体胚发生率分别为 5.00%、15.00% 和 5.00%；与 NAA 浓度为 1.0mg/L、1.5mg/L、2.0mg/L 时不同，当 NAA 浓度为 2.5mg/L、6-BA

浓度为2.0mg/L时，来源于不同母树的子叶外植体均未有体胚发生（图8-3d）。不同浓度NAA条件下，不同母树来源的子叶外植体体胚发生率最高值出现在不同的6-BA浓度，说明NAA和6-BA两种激素之间存在极显著的交互作用（$P<0.01$）。

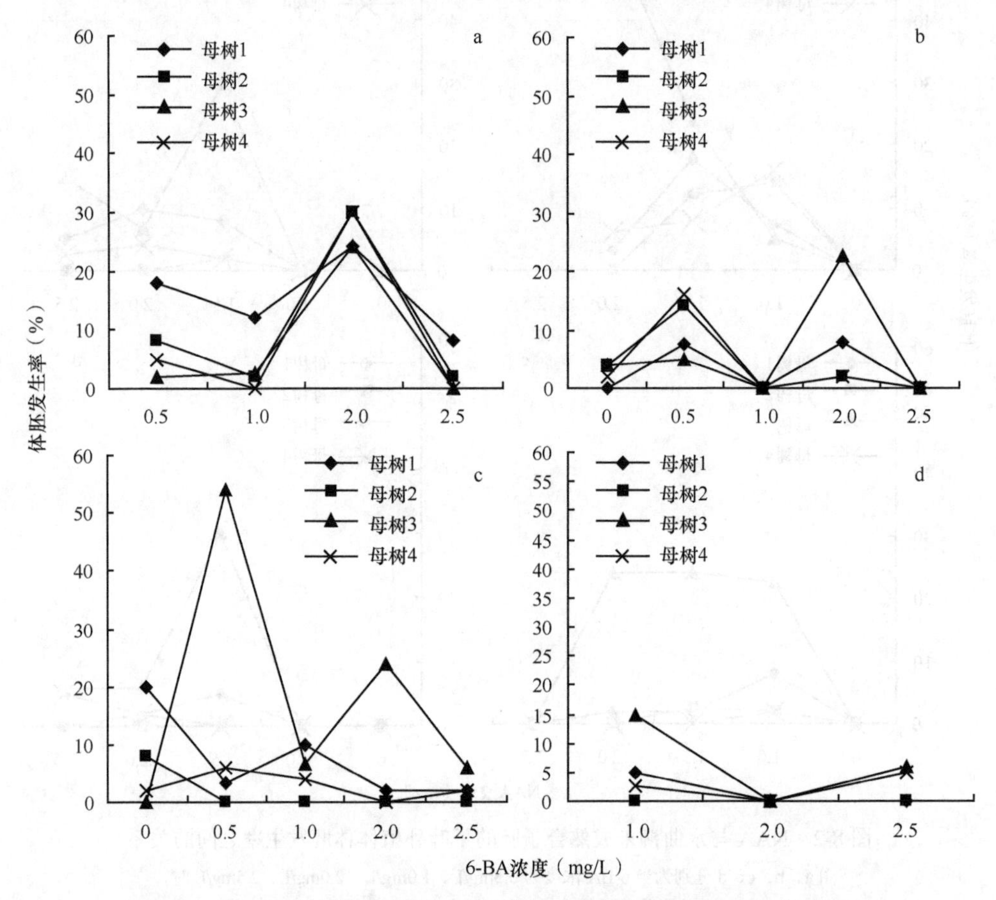

图8-3 6-BA与水曲柳未成熟合子胚的子叶外植体体胚发生率之间的关系

图a、b、c、d分别为当NAA浓度为1.0mg/L、1.5mg/L、2.0mg/L、2.5mg/L时，水曲柳未成熟合子胚的子叶外植体体胚发生率

8.2.3 母树来源对未成熟合子胚子叶愈伤组织诱导的影响

在培养过程中可观察到三种类型的愈伤组织：第一种是白色、质地松散的愈伤组织，这种愈伤组织分化能力较强，但是不能诱导体胚发生；第二种是黄色团状、质地较坚硬的愈伤组织，该种愈伤组织分化能力较弱，培养20天后开始变为褐色，不能诱导体胚发生；第三种是浅黄色颗粒状、质地松散的愈伤组织，为胚性愈伤组织，分化能力强，增殖快，在继代培养阶段能够诱导大量体胚发生。

在外植体、培养基一定的情况下，基因型同样对愈伤组织的诱导起着重要作用。相同条件下，4 株采种母树的合子胚子叶均能诱导愈伤组织发生，但 2 号采种母树合子胚子叶的愈伤组织诱导率最高（13.65%），约是 3 号采种母树（5.89%）的 2 倍；1 号采种母树和 4 号采种母树的合子胚子叶愈伤组织诱导率相差不大，分别为 12.47% 和 12.37%（图 8-4）。

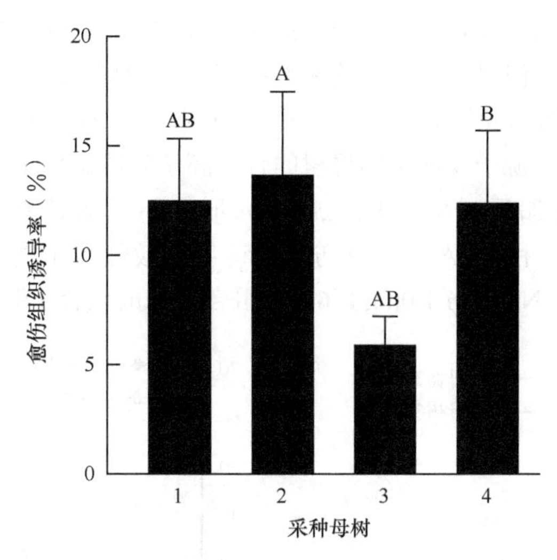

图 8-4　水曲柳不同母树来源未成熟合子胚子叶的愈伤组织诱导率比较

图中不含有相同字母的表示在 0.01 水平上差异显著（LSD 法）

愈伤组织诱导是一个复杂的过程，受植物基因型、培养基和培养环境的共同影响（Chen and Dribnenki，2002；Chaleff，1981）。不同母树间体胚发生潜力的差异主要源于基因型的不同。基因型是影响体胚发生及愈伤组织诱导的重要因素之一（Carimi et al.，1999；Jain et al.，1995），是体胚发生重复性的重要影响因素（Chengalrayan et al.，1998）。美国白蜡不同来源种子的体胚发生所要求的最适激素浓度有所差别（Preece and Bates，1995）。Vila 等（2004）对 7 个不同基因型的楝树（*Melia azedarach*）以叶片为外植体进行器官发生研究中发现，基因型不仅影响外植体形成芽的频率，而且影响每个外植体发生芽的数量。尽管从理论上讲，几乎任何植物体胚发生都是可能的，甚至有人认为在体胚发生过程中，培养条件比材料更重要，但在实际操作中，搞清楚每一种基因型的最适培养条件却不是容易的事（Tang et al.，2001；Merkle et al.，1995）。水曲柳不同采种母树体胚发生情况进一步证明了基因型是植物体胚发生的重要影响因素之一。

8.2.4 激素组合对未成熟合子胚子叶愈伤组织诱导的影响

不同母树来源的子叶在较大激素组合范围内的培养基上均能诱导愈伤组织发生，但不同激素组合培养基上不同母树来源的子叶外植体愈伤组织诱导率差异达极显著水平（$P<0.01$）。当培养基中的6-BA浓度一定时，即当6-BA浓度分别为0.5mg/L、1.0mg/L、2.0mg/L和2.5mg/L时（图8-5a～d），来源于4株不同母树的合子胚子叶的愈伤组织诱导率均随NAA浓度的增加形成高峰，在NAA浓度为1.5mg/L时，愈伤组织诱导率达最大值（60.00%）（图8-5b）；当培养基中含有2.5mg/L 6-BA时，来源于4株不同母树的合子胚子叶的愈伤组织诱导率均随NAA浓度的增加而先增加后减少。不添加6-BA时，不能诱导愈伤组织发生；当添加较低浓度的6-BA和NAA时，愈伤组织诱导率较低或不能诱导愈伤组织发生（图8-5d）。1.5mg/L NAA与1.0mg/L 6-BA组合是未成熟合子胚子叶外植体诱导愈

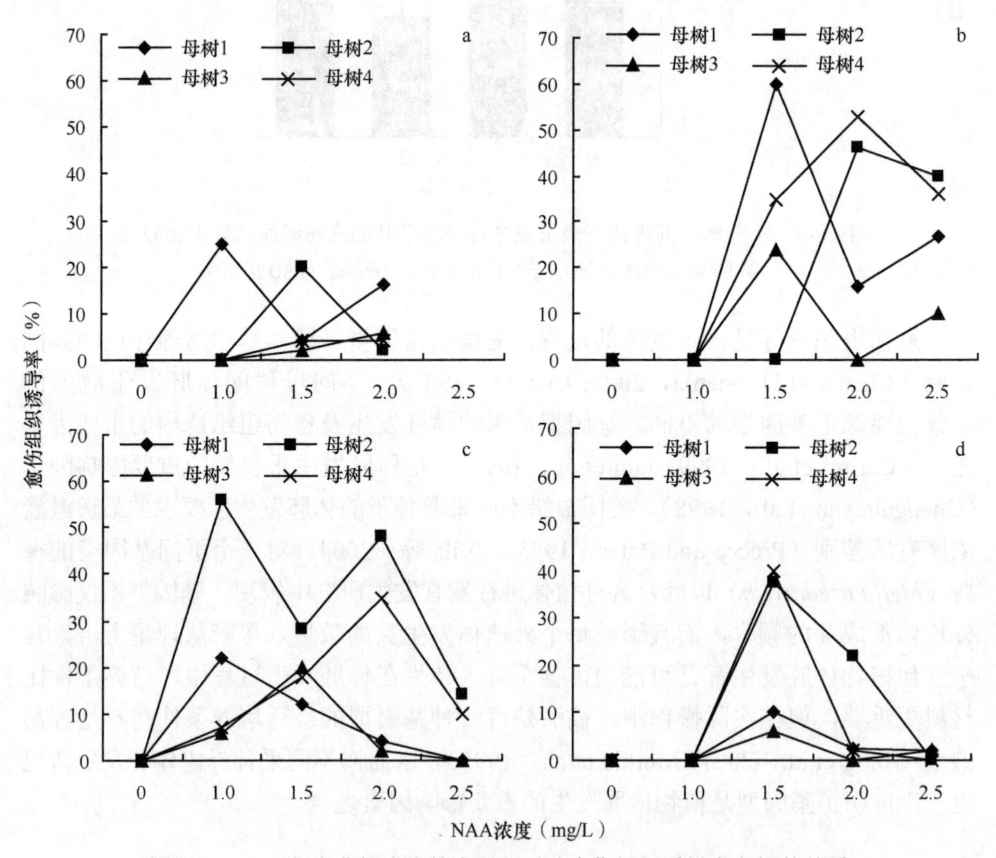

图8-5 NAA与水曲柳未成熟合子胚子叶愈伤组织诱导率之间的关系

图a、b、c、d分别是6-BA浓度为0.5mg/L、1.0mg/L、2.0mg/L、2.5mg/L时，水曲柳未成熟合子胚子叶的愈伤组织诱导率

伤组织的最佳激素组合。与体胚发生相比，愈伤组织的诱导需要较高浓度的细胞分裂素。

当培养基中 NAA 浓度为 1.0mg/L 时，不同母树来源的未成熟合子胚子叶外植体的愈伤组织诱导率随 6-BA 浓度增加出现不同的趋势；来源于 1 号母树的合子胚子叶外植体的愈伤组织诱导率出现两个峰值，最大诱导率（25.00%）出现在 0.5mg/L 6-BA 时；来源于其他母树的子叶愈伤组织诱导率均在 6-BA 浓度为 2.0mg/L 时出现一个峰值，其诱导率分别为 56.00%、6.00% 和 7.00%（图 8-6a）。当 NAA 浓度为 1.5mg/L 时，来源于 2 号母树的合子胚子叶外植体的愈伤组织诱导率与来源于其他母树的呈相反的变化趋势，其愈伤组织诱导率呈现双峰，在 6-BA 浓度为 1.0mg/L 时，愈伤组织诱导率为 0，即没有愈伤组织发生，在 6-BA 浓度为 2.5mg/L 时，愈伤组织诱导率最高，为 37.50%，而来源于其他母树的合子胚子叶外植体的愈伤组织诱导率出现一个峰值，且最高值（60.00%、24.00% 和 35.00%）均出现在 6-BA 浓度为 1.0mg/L 时（图 8-6b）。当 NAA 浓度为 2.0mg/L 时，来源于不同母树

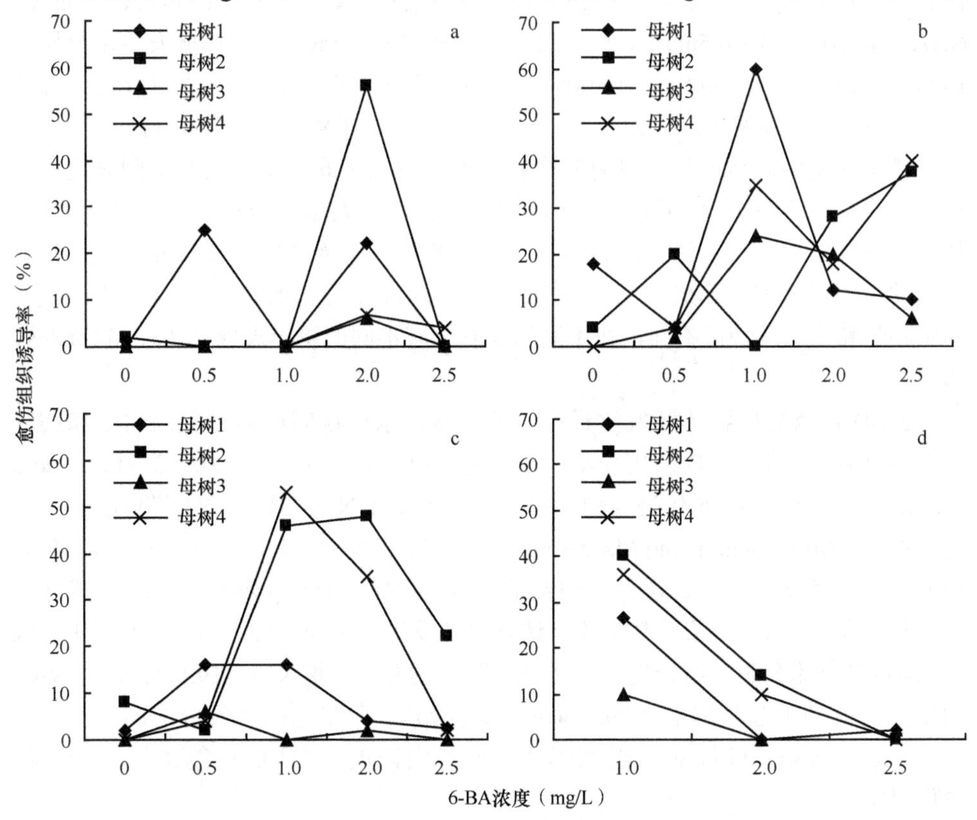

图 8-6 6-BA 与水曲柳未成熟合子胚子叶愈伤组织诱导率之间的关系

图 a、b、c、d 分别为 NAA 浓度为 1.0mg/L、1.5mg/L、2.0mg/L、2.5mg/L 时，水曲柳未成熟合子胚子叶的愈伤组织诱导率

的合子胚子叶外植体的愈伤组织诱导率变化一致，但来源于 2 号和 4 号母树的愈伤组织诱导率显著高于其他两株母树的子叶，来源于不同母树的合子胚子叶外植体的愈伤组织诱导率最高值（16.00%、48.00%、6.00% 和 53.00%）出现在不同的 6-BA 浓度（图 8-6c）。当 NAA 浓度为 2.5mg/L 时，在 1.0～2.5mg/L 6-BA 浓度内，愈伤组织诱导率均出现降低的趋势，来源于不同母树的合子胚子叶外植体的愈伤组织诱导率最高值（依次为 26.70%、40.00%、10.00% 和 36.00%）均出现在 6-BA 浓度为 1.0mg/L 时（图 8-6d）。

8.2.5 激素组合与母树来源对未成熟合子胚子叶外植体体胚发生的交互作用

激素组合与母树来源对水曲柳未成熟合子胚子叶外植体的体胚发生存在显著交互作用（$P<0.01$）。来源于 4 株母树的子叶外植体的体胚发生情况不同，最佳激素组合分别为 NAA 1.5mg/L+6-BA 0.5mg/L、NAA 1.5mg/L+6-BA 0.5mg/L、NAA 2.0mg/L+6-BA 0.5mg/L、NAA 1.0mg/L+6-BA 0.5mg/L，其体胚发生率分别为 18.00%、12.00%、54.00% 和 16.00%。在最佳激素组合条件下，不同母树来源的子叶外植体的体胚发生能力为 3 号母树＞1 号母树＞4 号母树＞2 号母树。

激素对基因表达的调控具有时空特异性。生长素既可激活某些基因表达产生特异蛋白质，促进体胚的发育，又可抑制这些基因表达，激活另一些基因表达，从而抑制体胚的发育。激素组合是在组织培养过程中为某类植物调配而成，具有不同的种类或浓度，形成不同的特征。同一种植物在进行组织培养时，由于植物的生物学和生态学特征不同，在不同培养基上有不同的诱导表现（Hu and Sussex，1971）。

2,4-D 是诱导植物体胚发生最有效的激素，水曲柳同属树种美国白蜡和细叶白蜡也只有在添加 2,4-D 的培养基中才能诱导出体胚（Tonon et al.，2001a；Preece and Bates，1995）。NAA 促进植物体胚发生，1.5mg/L NAA 对水曲柳体胚发生有效。这与桉树（Muralidharan and Mascarenhas，1987；王继刚，2001）和泡桐（翟晓巧，2003）等体胚发生对生长素种类的要求相似。蓝桉（*Eucalyptus globules*）成熟合子胚只有在含 NAA 的培养基中才能诱导体胚发生，相同条件下单独使用 2,4-D 或将 2,4-D 与细胞分裂素组合使用对诱导体胚发生无效（裴东等，1997）。含有 NAA 的培养基有利于兰考泡桐（*Paulownia elongata*）、白花泡桐（*P. fortunei*）和毛泡桐（*P. tomentosa*）胚性愈伤组织形成，而相同浓度的 2,4-D 只能诱导出非胚性愈伤组织。

在愈伤组织形成过程中，激素起着非常重要的作用（Chen and Dribnenki，2002）。植物离体培养不是某类激素单独作用的结果，植物的各种生理效应是不同种类激素间相互作用的综合表现（裴东等，1997）。生长素和细胞分裂素是植物离体培养常用的激素，二者不同浓度、比例配合不但可以诱导细胞分裂和生长，而且能控制细胞分化和形态建成（Muralidharan and Mascarenhas，1987）。

水曲柳不同母树来源的子叶外植体的体胚发生率和愈伤组织诱导率随着 NAA 或 6-BA 浓度的增加均出现双峰现象，这取决于外植体内外激素构成的平衡水平。生长素和细胞分裂素共同控制着多种植物愈伤组织的生长与分化，这种作用取决于生长素与细胞分裂素的各自浓度和适当比例，两种激素表现出相辅相成的作用（崔凯荣和戴若兰，2000）。

体胚发生是已分化的植物体细胞经激素诱导脱分化，脱分化的细胞再经胚性细胞分化过程，细胞分化即细胞内特定基因类群的有序表达过程（崔凯荣和戴若兰，2000）。已有研究表明，植物体胚发生发育中多种因子可调控基因的表达，体胚发生的不同步可能是由于体胚诱导步骤的临界基因和体胚发生过程中随后有活性的基因（如控制下一步体胚发生发育但不涉及结果的基因）相似。非合子胚发生发育的基因机制和合子胚的具有很大关系，一些非合子胚发育过程中控制诱导的临界基因和它们的产物已经确定（Zimmerman，1993）。

许多林木树种体胚发生过程中还存在基因型与环境的互作效应（周鸿凯等，2004；杨传平等，1996）。外植体的基因型不同，则需要的体胚发生的最适刺激条件不同，这会导致相同培养条件下，不同来源的材料体胚或愈伤组织的诱导情况不同。水曲柳体胚发生研究中，基因型与激素之间存在相互作用。翟晓巧（2003）对三种泡桐的体胚发生进行了研究，同样发现，不同基因型泡桐的外植体在不同培养基上胚性愈伤组织诱导率具有显著差异。这种交互作用在针叶树（Attree and Fowke，1993）、可可（*Theobroma cacao*）（Maximova et al.，2002）的体胚发生中同样存在。

8.2.6 不同地区母树来源成熟合子胚体胚发生

诱导培养 2 周后，除来源于 1 号和 3 号母树的子叶以外，来源于其他 34 株母树的子叶开始变褐，并且在子叶的边缘部位有少量愈伤组织发生。培养 4 周后，在解剖镜下可以看到少量球形胚发生，培养 5 周后，心形胚、鱼雷形胚形成，培养 9 周后，有大量的球形胚、心形胚发生。同未成熟合子胚的子叶相同，大部分成熟合子胚体胚发生于褐色子叶的背面，这和子叶的背面是否接触培养基无关，子叶的正面无论是体胚发生还是愈伤组织诱导均较少。

与水曲柳未成熟子叶一样，水曲柳成熟子叶同样能够诱导出三种类型的愈伤组织。三个采种地区母树来源的子叶外植体的体胚发生率之间没有显著差异（$P>0.05$）。但是从图 8-7 可知，三个不同采种地区的母树子叶外植体的体胚发生率平均值不同。帽儿山实验林场母树来源的子叶外植体体胚发生率平均值最高，约是哈尔滨实验林场母树来源的子叶外植体体胚发生率的2倍。引起体胚发生率不同的原因很多，如三个地区不同的气候条件，会使该地区的树木形态发生或大或小的变异，对一些树种的研究表明，种子性状的变异与地理环境因子紧密相关。王继刚（2001）研究帽儿山实验林场、露水河林业局母树来源的种子性状的遗传变异表明，种子千粒重、长度、宽度、长宽比在种源间的差异都达到极显著水平。种源间存在明显的分化。同一种植物在南方和北方，它的外部形态会大大不同。不同环境、气候和生态因子对兴安落叶松的生长有很大影响，不同种源之间同质性差异较大（杨传平等，1996）。甘蔗（*Saccharum officinarum*）的主要性状均具有较高的狭义遗传率，说明性状的变异在很大程度上受基因加性效应的影响；其选择响应只适用于其特定环境，而在不同环境下会表现出较大的差异（周鸿凯等，2004）。

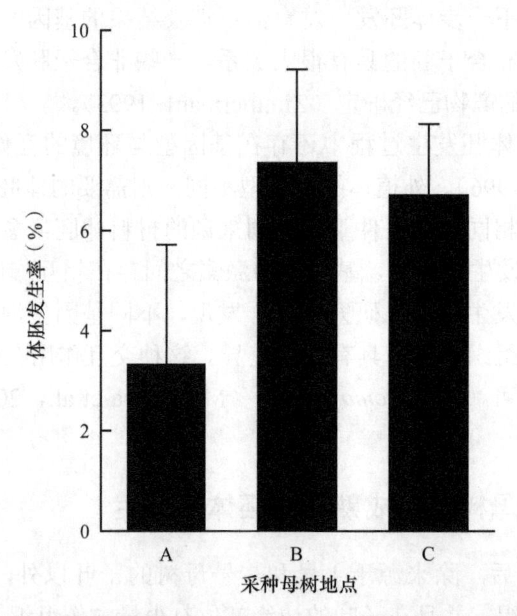

图 8-7　不同采种地区水曲柳母树成熟合子胚子叶外植体的体胚发生率

A. 哈尔滨实验林场；B. 帽儿山实验林场；C. 露水河林业局

8.2.7　同一地区不同母树来源成熟合子胚体胚发生

哈尔滨实验林场（母树1号～6号）和帽儿山实验林场（母树7号～18号）不同母树来源的子叶外植体的体胚发生率均没有显著差异（P=0.1742及P=0.1322）。同一地区不同母树来源的子叶外植体的体胚发生率相差较大。采自哈尔滨实验林场的6株母树和帽儿山实验林场的12株母树的子叶外植体的体胚发生率平均值均在 0～20%，不同母树以及同一株母树不同重复之间的子叶外植体的体胚发生率差异很大，哈尔滨实验林场子叶体胚发生的 4 号、5 号和 6 号母树的体胚发生率的变异系数，以及帽儿山实验林场 8 株母树的体胚发生率的变异系数较大（表 8-1，表 8-2）。

表 8-1　哈尔滨实验林场不同母树子叶外植体体胚发生情况

采种母树	体胚发生率（%）				平均值（%）	标准差（%）	变异系数
1	0	0	0	0	0	0	
2	0	0	0	0	0	0	
3	0	0	0	0	0	0	
4	40	0	20	0	15.00	19.1485	1.2766
5	0	0	0	10	2.50	5.0000	2.0000
6	10	0	0	0	2.50	5.0000	2.0000

表 8-2　帽儿山实验林场不同母树子叶外植体体胚发生情况

采种母树	体胚发生率（%）				平均值（%）	标准差（%）	变异系数
7	40	10	0	0	12.50	18.9297	1.5144
8	20	20	30	0	17.50	12.5831	0.7190
9	0	0	0	0	0	0	
10	0	0	0	0	0	0	
11	0	20	0	20	10.00	11.5470	1.1547
12	20	0	0	0	5.00	11.5910	1.9838
13	0	0	0	0	0	0	
14	20	30	10	0	15.00	12.9099	0.8607
15	0	0	0	0	0	0	
16	10	10	20	0	10.00	8.1650	0.8165
17	10	0	0	0	2.50	5.7735	1.7338
18	10	10	0	0	5.00	5.7735	0.8660

露水河林业局（19 号～37 号母树）不同母树来源的子叶外植体体胚发生率差异显著（$P<0.05$）。其子叶外植体体胚发生率最大值（26.67%）和最小值（3.33%）相差 8 倍。其中来源于 5 株母树（21 号、23 号、27 号、28 号和 34 号母树）的成熟合子胚子叶未能诱导体胚发生。露水河林业局 13 株母树的变异系数较大（表 8-3）。

表 8-3　露水河林业局不同母树子叶外植体体胚发生情况

采种母树	体胚发生率（%）			平均值（%）	标准差（%）	变异系数
19	10	0	0	3.33	5.7735	1.7322
20	10	10	10	10.00	0	0
21	0	0	0	0	0	0
22	10	0	0	3.33	5.7735	1.7322
23	0	0	0	0	0	0
24	10	0	0	3.33	5.7735	1.7322
25	10	10	20	13.33	8.1650	0.8165
26	10	10	0	6.67	5.7735	0.8660
27	0	0	0	0	0	0
28	0	0	0	0	0	0
29	30	20	10	20.00	12.9099	0.8607
30	20	0	0	6.67	11.5470	1.7320
31	10	0	0	3.33	5.0000	2.0000
32	10	20	10	13.33	5.7735	0.4330
33	20	20	0	13.33	11.5470	0.8660
34	0	0	0	0	0	0
35	20	20	40	26.67	16.3299	0.8165
36	40	0	0	13.33	23.0940	1.7321
37	20	0	0	6.67	11.5470	1.7320

同一地区不同母树来源的子叶外植体的体胚发生率相差很大，来自哈尔滨实验林场和帽儿山实验林场的母树子叶外植体的体胚发生率为0～17.50%。基因型影响体胚发生的原因可能是不同基因型的最适诱导条件不同，导致不同的体胚发生频率。水曲柳不同母树来源子叶外植体体胚发生的最适宜培养基不同，但没有观察到所产生的体胚在形态上有明显差异。

8.2.8 不同母树成熟合子胚体胚发生

来源于三个采种地区不同母树的成熟合子胚的子叶外植体体胚发生率之间差异显著（$P<0.05$；表 8-4）。37 株水曲柳母树成熟合子胚子叶外植体的体胚发生率最高为26.67%（35 号母树），其中有 12 株母树来源的成熟合子胚子叶外植体未能诱导出体胚。

表 8-4　不同水曲柳母树的成熟合子胚子叶外植体体胚发生率

母树	体胚发生率（%）	母树	体胚发生率（%）	母树	体胚发生率（%）
4	15.00±0.0957abc	17	2.50±0.0333abc	30	6.67±0.0333abc
5	2.50±0.025bc	18	5.00±0.0333abc	31	3.33±0.025bc
6	2.50±0.025bc	19	3.33±0.0333abc	32	13.33±0.0333ab
7	12.50±0.0946abc	20	10.00±0.0000ab	33	13.33±0.0333ab
8	17.50±0.0629ab	22	3.33±0.0333abc	35	26.67±0.0817a
11	10.00±0.0577abc	24	3.33±0.0333abc	36	13.33±0.0333abc
12	5.00±0.0667abc	25	13.33±0.0408abc	37	6.67±0.0667abc
14	15.00±0.0646ab	26	6.67±0.0333abc		
16	10.00±0.0408abc	29	20.00±0.0646ab		

注：未发生体胚的没有包含在内；数据后不含有相同字母的表示在 0.05 水平上差异显著（LSD 法）

来源于露水河林业局 35 号母树的合子胚子叶体胚发生率最高，为 26.67%；其次为帽儿山实验林场 8 号母树的合子胚子叶，其体胚发生率为 17.50%；再次为哈尔滨试验林场的 4 号母树和帽儿山实验林场的 14 号母树，其合子胚子叶体胚发生率为 15.00%。

梣属种子具有休眠特性。对美国白蜡、欧洲白蜡的种子休眠情况研究发现，不同树种、不同环境下的种子休眠程度不同，甚至同一株树上的种子休眠程度也不同（Preece et al., 1995a）。由于胚发育不完全以及种皮、胚乳等包被组织的障碍，水曲柳种子有较长的休眠期。这些处于休眠状态的种子仍进行生理生化等诸方面的转变，表现出不同的生活力动态（凌世瑜和董愚得，1983）。水曲柳种子脱离母树后，在较长时间的休眠过程中，其生活力动态在不同的环境条件下有较大的差异（梁建萍等，2001）。温度对种子生活力的影响极为明显，环境温度高时，呼吸作用旺盛，消耗的有机物多，种子生活力下降速度非常明显。在室内常温条件下（16～28℃），生活力下降很快，生活力降低 51.95%。另外，同株母树来源的不同合子胚的变异程度较大，可能与采种母树卵细胞受精花粉的来源有关。本研究所用种子均是开放授粉发育而来的种子，父本来源不同，产生合子胚的遗传性状不同，生理特性不同，体胚发生潜力也不同。

采自三个不同地区的不同母树其成熟合子胚的子叶外植体的体胚发生率差异显著。生物学上认为植物个体的表型是它的基因型与之生存的环境之间相互作用的结果；统计学上认为当两个基因型的个体对生存环境做出不同的反应时，这种基因型与生存环境之间的相互作用就会发生。谢运海（2005）对帽儿山、露水河实验林场幼林进行研究表明，两个地区水曲柳生长性状的差异达到了极显著水平。不同采种地区的自然环境（如气候环境、土壤条件等）和人为影响的程度不同，哈尔滨实验林场处在市区内部，海拔145～175m，年内气温2.3～4.4℃，年降水量一般为495～600mm，温度比其他两个山地地区的高，湿度小，受到的人为影响也较其他两地区程度大；露水河林业局位于辽宁省境内，海拔850m，年平均气温2.7℃，1月平均气温–16.8℃，7月平均气温19℃，年平均降水量871mm，年平均湿度72.2%；黑龙江省境内的帽儿山实验林场海拔480～500m，年平均气温2.8℃，1月平均气温–19.6℃，7月平均气温20.9℃，年平均降水量723.8mm，年平均湿度70%。这种气候条件的差异导致不同地区的树木形态和基因型可能存在差异，而且不同母树合子胚本身的状况，即合子胚内部的生理指标、休眠程度等可能不同，这种差异可能会导致不同母树子叶外植体体胚最高诱导率不同。在众多因素中，基因型对棉花（*Anemone vitifolia*）体胚发生和植株再生具有决定性作用，棉属的不同棉种之间体胚发生和植株再生的能力存在很大差异（迟吉娜等，2005）。李瑞美等（2004）对甘蔗（*Saccharum officinarum*）不同基因型愈伤组织培养进行研究，发现不同基因型其愈伤组织的诱导率、分化能力存在较大差别。

8.2.9 水曲柳成熟合子胚与未成熟合子胚子叶外植体的体胚发生效果比较

水曲柳未成熟合子胚子叶较成熟合子胚子叶易于产生体胚，单个外植体上诱导的体胚数量较多、质量高；未成熟合子胚子叶外植体诱导发生的浅黄色颗粒愈伤组织继代培养后分化能力较强，能够产生体胚，而成熟合子胚的子叶外植体诱导发生的浅黄色愈伤组织经继代培养后逐渐变为黑褐色，失去分生能力，不能诱导体胚发生。曹俊梅等（2005）对玉米（*Zea mays*）幼胚和成熟胚愈伤组织分化反应性进行了比较，发现所有基因型的成熟胚与幼胚愈伤组织不同，同一种基因型的两种胚诱导出的愈伤组织质量也明显不同。幼胚所诱导出的愈伤组织普遍好于成熟胚。成熟胚和幼胚的分化情况有很大的差异，成熟胚愈伤组织分化出很多根和根状物并逐渐褐化，而一部分幼胚愈伤组织在接入分化培养基5～7天后就开始发绿，随后很快分化出绿色芽点，另一部分与成熟胚愈伤组织表现相似，出现只长根或褐化的现象。

木本植物体胚诱导一般选用年幼或未成熟的组织作为外植体。在预胚性决定细胞诱导体胚发生的方式中，年幼或未成熟组织一般接近胚性状态，易于进行胚性诱导（Kendurkar et al.，1995；Williams and Maheshwaran，1986）。在许多木本植物诱导体胚发生的研究中发现，未成熟合子胚是诱导体胚发生的最佳外植体（Jain et al.，1995；Kendurkar et al.，1995）。Merkle等（1990）认为，森林树种的体胚发生只能来源于种子和幼苗，合子胚或种子的发育程度对诱导体胚的影响是很大的。事实上，从营养器官诱导出体胚的树种也有，但以胚或幼苗为外植体的居多（Bonga and Von Aderkas，1992）。在已成功诱导体胚发生的63种木本植物中，有23种是用胚作为外植体的（黄学林和李莜菊，1995）。未成熟种子的胚比成熟种子的胚或幼苗有更高的诱导潜能。Williams和Maheshwaran（1986）认为幼胚中许多细胞是处于胚发生“决定态的”（determined），随着胚的成熟和萌发，胚性细胞的数量逐渐减少，体胚发生能力也逐渐降低。周丽侬等（1996）分别用荔枝（*Litchi chinensis*）的幼胚、幼叶、茎尖、根尖、胚轴、子叶等作外植体进行组织培养，结果只有幼胚和茎尖能诱导获得胚性愈伤组织并成功发生体胚。胡桃（*Juglans regia*）开花后7～17周的幼胚可用来诱导体胚（Preece et al.，1995b）。

8.3 结　论

水曲柳同一地点不同母树来源的子叶外植体的体胚发生诱导需要不同的激素组合，在不同激素组合下，其体胚发生率也不同。其中3号母树最适激素组合为2mg/L NAA+0.5mg/L 6-BA，体胚发生率为54.00%；1号母树最适激素组合为1.0mg/L NAA+1.5mg/L 6-BA，体胚发生率为24.00%；4号母树最适激素组合为1mg/L NAA+2.0mg/L 6-BA，体胚发生率为23.00%；2号母树最适激素组合为1.0mg/L NAA+2.0mg/L 6-BA，体胚发生率为30.00%。

不同采种地区母树来源、同一采种地区不同母树来源的子叶体胚发生率均不同。未成熟合子胚子叶外植体的体胚发生潜力高于成熟合子胚子叶。不同母树来源的成熟、未成熟合子胚子叶外植体的体胚发生率以及愈伤组织诱导率均不同。三个采种地区母树来源的成熟合子胚子叶外植体体胚发生率之间没有显著差异。来源于哈尔滨实验林场、帽儿山实验林场的不同母树成熟合子胚子叶外植的体胚发生率差异不明显，露水河林业局不同母树来源的成熟合子胚子叶外植体的体胚发生率差异显著。

在较大的激素浓度范围内均能诱导水曲柳体胚和愈伤组织。当培养基中6-BA浓度一定时，来源于4株不同母树的子叶外植体的体胚发生率均随着NAA浓度的增加先增加后降低，在6-BA浓度为0.5mg/L、NAA浓度为2.0mg/L时，体胚发生率达最大值（54.00%）；当培养基中不添加NAA、只添加较低或高浓度的6-BA或者不添加6-BA时，体胚以及愈伤组织诱导率很低甚至没有。

9 外植体取材时期对水曲柳体胚发生的影响

植物胚胎发生从合子开始，但在离体培养中经常观察到许多培养物在个体再生时经过类似于合子胚的发育形式，即先形成胚的类似结构，再生长发育成完整植株。理论上，植物的任何活体组织均可用作外植体来进行培养，其生理学基础是植物细胞的全能性（潘瑞炽和李玲，1999）。Perez 和 Ferandez（1983）发现只要是活细胞就可作为外植体，但无论何种外植体，其所处的发育时期和生理状态及取材时期、取材部位等均是影响体细胞胚胎发生（简称体胚发生）的重要因子，甚至外植体形态学部位也是影响因素之一。取材时期外植体发育状态可能是引发特定的离体再生系统的决定因素。外植体的取材时期应选择外植体组织或器官处于生长最旺盛的时期，其间细胞分裂和再生能力最强。黄健秋（1994）研究发现，同一种植物的不同组织及同一组织在不同发育时期对离体培养的反应不同，其再生能力差异很大。周丽侬和邝哲师（1993）选取不同发育时期的幼胚诱导愈伤组织，以授粉后 30 天的幼胚诱导率最高，授粉后 20 天和 50 天的幼胚容易褐化死亡。授粉后 6～11 周的胡桃（*Juglans regia*）与黑胡桃（*J. nigra*）子叶具有较强的体胚发生能力。因此，外植体发育时期的选择是水曲柳体胚发生成功的关键影响因素之一。

9.1 材料与方法

9.1.1 材料

以东北林业大学哈尔滨实验林场发育良好的 6 株水曲柳母树作为研究对象，分别于 7 月初（授粉后 8 周）、7 月中旬（授粉后 9 周）、7 月下旬（授粉后 10～11 周）、8 月初（授粉后 12 周）、8 月下旬（授粉后 14～15 周）、9 月中旬（授粉后 17 周）共 6 个时期采集不同发育阶段的水曲柳未成熟种子；于 10 月中旬采集水曲柳成熟种子。

9.1.2 主要试剂

6-苄氨基腺嘌呤（6-BA）、萘乙酸（NAA）、活性炭（Ac）、水解酪蛋白（CH）、蔗糖、琼脂，以及培养基所含的必需大量元素、微量元素、铁盐、有机物质等。

9.1.3 方法

9.1.3.1 材料灭菌

未成熟合子胚获得和消毒：将不同时期采集的水曲柳未成熟种子去翅，蒸馏水浸洗 1 次，根据种子成熟度不同，分别采用 70%（*v/v*）乙醇和不同浓度（*v/v*）次氯酸钠处理，具体处理时间和浓度见表 9-1。然后用无菌蒸馏水漂洗 4～5 次，每次停留 1min，备用。

表 9-1 消毒剂浓度和处理时间对不同成熟度种子消毒的效果

取材时期	乙醇浓度（%）	处理时间（s）	次氯酸钠浓度（%）	处理时间（min）
7 月初（授粉后 8 周）	70	5	2	10
7 月中旬（授粉后 9 周）	70	5	2	25
7 月下旬（授粉后 10～11 周）	70	5	5	15
8 月初（授粉后 12 周）	70	30	5	30
8 月下旬（授粉后 14～15 周）	70	60	10	30
9 月中旬（授粉后 17 周）	70	60	10	30

成熟合子胚获得和消毒：将成熟种子去除种皮，用自来水浸泡 3 天，每天换 4～5 次水，然后用流水冲洗 1h，先用 70%（*v/v*）乙醇处理 1min，然后在超净工作台内用 10%（*v/v*）次氯酸钠处理 30min，最后用无菌蒸馏水冲洗 4～5 次，备用。

9.1.3.2 外植体的制备

在超净工作台上用镊子剥取种胚，根据种皮的硬度不同，可用两种方法剥取种胚。一种方法是用镊子夹挤种子的胚根端，使种子纵裂，取出种胚；另一种方法是将种子平放，用解剖刀在种子的胚根端及两侧切去少许，用镊子挤出种胚。从种胚上切取图 9-1 所示子叶接种于培养基上。

未成熟合子胚选用 MS1/2（MS 培养基中的所有成分均减半）基本培养基，激素采用生长素（NAA）和细胞分裂素（6-BA），培养基均添加 400mg/L 水解酪蛋白（CH）、70g/L 蔗糖、6g/L 琼脂。成熟合子胚的基本培养基选用 MS1/2 培养基，添加 5mg/LNAA、2mg/L 6-BA、400mg/L CH、70g/L 蔗糖、6g/L 琼脂。培养基高压蒸汽灭菌前 pH 调至 5.8。

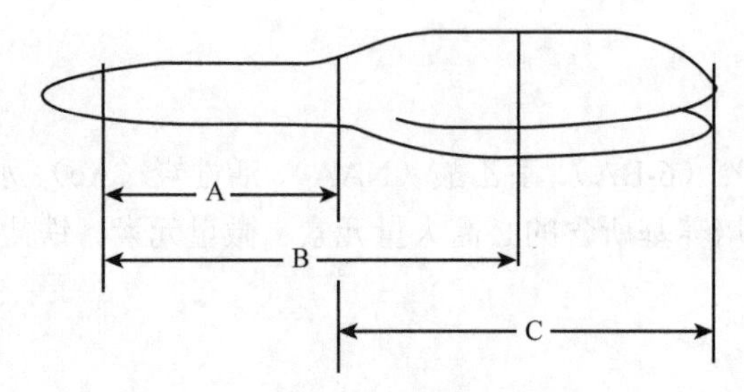

图 9-1　合子胚的三种不同外植体

A. 下胚轴；B. 不完整胚；C. 子叶

9.1.3.3　培养条件

培养室温度保持在 23～25℃，空气湿度 60%～70%。光照培养时，光照强度为 1000～1600lx，光周期为每天 12h 光照、12h 黑暗。

9.1.4　外植体培养步骤

9.1.4.1　诱导培养

每个培养皿接种 10 个外植体，暗培养。于诱导培养的 4 周和 8 周时记录愈伤组织及体胚发生情况，计算愈伤组织诱导率和体胚发生率。

$$愈伤组织诱导率（\%）=\frac{诱导出愈伤组织的外植体个数}{接种外植体个数}\times 100$$

$$体胚发生率（\%）=\frac{诱导出体胚的外植体个数}{接种外植体个数}\times 100$$

9.1.4.2　继代与增殖培养

将初始培养获得的体胚切离外植体后转入成分相同的新鲜培养基，体胚太小不易剥离的则连同外植体一起转入相同成分的新鲜培养基。连续继代培养三次，每次培养 4 周，培养条件同初代培养。

9.1.4.3　萌发培养

选用 MS1/2 和 MS 两种培养基作为萌发培养基，添加不同浓度 NAA、200mg/L CH、20g/L 蔗糖、6g/L 琼脂，高压蒸汽灭菌前将培养基的 pH 调至 5.8。将白色、乳白色或淡黄色的子叶胚转入萌发培养基中于光照条件下培养。

9.1.4.4 生根培养

选用 1/2MS（MS 培养基中的大量元素减半）、MS1/2、MS 培养基，生长素选用 0.01mg/L 或 0.3mg/L NAA、0.3mg/L IBA，添加蔗糖和琼脂，在培养过程中定期统计生根情况。

9.1.4.5 炼苗和移栽

水曲柳属于生根难树种，对于经组织培养快速繁殖产生的体胚苗，在采用生根培养基进行试管内生根后，再转入基质中生长可以成苗。在移栽前一周左右的时间，将培养容器的封口膜打开，进行炼苗 2～3 天，使小苗逐步适应外界的环境。采用塑料杯作容器填装草炭土：蛭石=1∶2（体积比）的基质。移栽时首先将已生根的体胚苗从培养瓶中取出，用无菌水小心洗净附在根部的琼脂，尽量使根系舒展开，放入基质中事先准备好的孔洞中。移栽后开始的一段时间要用保鲜膜覆盖并遮阴，以防止外界强烈的光照和水分的散失。在炼苗和移栽的各个环节应采取措施注意防止体胚苗失水，以使试管苗适应外界环境，提高体胚苗移栽的成活率。

9.2 结果与分析

9.2.1 未成熟合子胚的体胚诱导培养

9.2.1.1 不同取材时期水曲柳合子胚子叶外植体的生长反应

在初始培养过程中，分别将不同取材时期合子胚的子叶外植体接种于培养基中。不同取材时期的水曲柳合子胚子叶外植体在培养基上启动的时间不同，生长反应也有所不同（表 9-2）。

表 9-2 不同取材时期水曲柳合子胚子叶外植体的生长反应

基本培养基	取材时期	生长反应
MS1/2	7 月初（授粉后 8 周）	培养 4 天后外植体无生长反应，只是轻微变褐；一个月后观察外植体全部褐化死亡
	7 月中旬（授粉后 9 周）	培养 3～5 天外植体启动，子叶微增大，颜色变深，表面有褐斑形成；10 天左右在褐化的子叶边缘或切口处有大量不同发育时期的体胚发生
	7 月下旬（授粉后 10～11 周）	培养 5 天时外植体启动，子叶浅黄色，有轻微褐斑；10 天后子叶表面有颗粒状愈伤组织形成；2 周后在褐化的子叶外植体上发生不同发育时期的体胚
	8 月初（授粉后 12 周）	培养 1 周左右外植体启动，子叶微黄色，略膨胀，同时有轻微褐斑；2 周后在褐化的子叶背面形成一层褐色或球状的颗粒状松散愈伤组织，并且在子叶背面或边缘有少量的球形胚、心形胚和鱼雷形胚发生

续表

基本培养基	取材时期	生长反应
MS1/2	8月下旬（授粉后14～15周）	培养10天后外植体启动，有部分子叶发生变化，并有轻微褐斑；20天左右在褐化子叶背面或胚性愈伤组织上有不同发育时期的体胚发生
	9月中旬（授粉后17周）	在培养15天后外植体启动，但大部分子叶无生长反应；20天后子叶略褐化，在褐化子叶上有少量的愈伤组织和体胚发生

不同取材时期水曲柳合子胚外植体的生长潜力差别很大（表9-2）。在接种4天后外植体逐渐出现褐化现象，1个月后外植体全部褐化死亡。7月中旬（授粉后9周）取材的合子胚子叶在培养基上启动的时间比其他几个取材时期早，且产生愈伤组织和体胚的质量好、数量多；大部分体胚发生于褐色子叶的背面。体胚发生有直接和间接两种发生方式，但以直接发生的体胚较多。随着合子胚的不断发育成熟，8月下旬（授粉后14～15周）至9月中旬（授粉后17周）取材的合子胚子叶启动的时间较晚且大多无明显生长反应，只有少量轻微褐化的子叶在培养20天后在外植体的表面或切口处发生少量的体胚。推测在合子胚发育初期，胚内部营养物质如可溶性蛋白以及水分等的积累逐渐增多，植物细胞对激素受体蛋白亲和性较强，激素的合成及代谢处于相对旺盛阶段，因而外植体的启动时间早，且体胚发生率较高。

9.2.1.2 不同取材时期对水曲柳合子胚外植体体胚发生的影响

取材时期是水曲柳合子胚外植体体胚发生的重要影响因素。不同取材时期对水曲柳合子胚外植体体胚发生的影响差异达到了极显著水平（$P<0.01$）。7月中旬（授粉后9周）取材的合子胚外植体的平均体胚发生率最高，达到了35.32%，而7月初（授粉后8周）和9月中旬（授粉后17周）这两个时期取材的合子胚子叶外植体的平均体胚发生率较低（表9-3）。诱导水曲柳体胚发生的最佳取材时期是7月中旬。

表9-3 取材时期对水曲柳合子胚外植体体胚发生率的影响

取材时期	接种外植体数（个）	体胚数量（个）	平均体胚发生率（%）
7月中旬（授粉后9周）	50	17	35.32A
8月下旬（授粉后14～15周）	50	8	17.53AB
7月下旬（授粉后10～11周）	50	3	9.00B
8月初（授粉后12周）	50	2	5.31B
9月中旬（授粉后17周）	50	1	3.67B
7月初（授粉后8周）	50	0	0C

注：表中数据后不含有相同字母的表示在0.01水平上差异显著

比较不同取材时期合子胚子叶的体胚发生率（图 9-2）可知，体胚发生率出现了两个高峰，分别在 7 月中旬（授粉后 9 周）和 8 月下旬（授粉后 14～15 周），这两个时期取材的合子胚子叶外植体的体胚发生率分别为 35.32% 和 17.53%。不同取材时期合子胚子叶外植体的体胚发生率由高到低大致是 7 月中旬（授粉后 9 周）>8 月下旬（授粉后 14～15 周）>7 月下旬（授粉后 10～11 周）>8 月初（授粉后 12 周）>9 月中旬（授粉后 17 周）>7 月初（授粉后 8 周）。

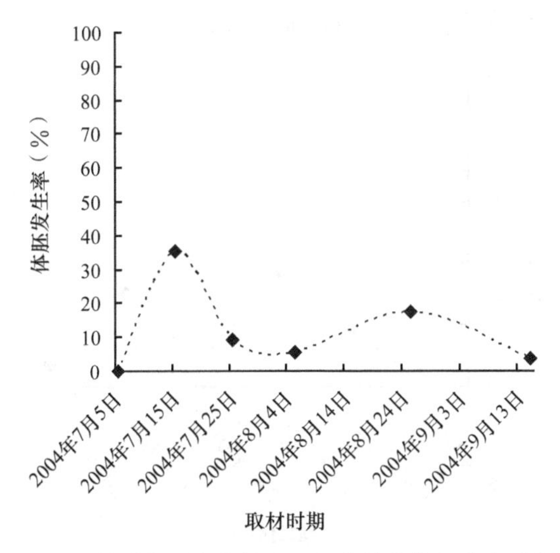

图 9-2 取材时期对水曲柳合子胚外植体体胚发生的影响

水曲柳体胚发生一般先从子叶近尖端或边缘处开始，直至体胚覆盖整个外植体；每个外植体上形成体胚的数量不等，有的外植体上只形成 1 个或几个，而有的外植体上可形成几十个，甚至覆盖整个外植体。将初始培养并已褐化的外植体转入新鲜培养基上后，会陆续有新的体胚发生。说明其体胚发生的能力可以至少保持 3 个月，但与初代培养相比，体胚发生率将大大降低。

到目前为止，梣属树种体胚的发生均采用合子胚作为外植体，与其他大多数植物体胚发生相似。种子的发育时期是影响胚性培养物诱导的一个重要因素，适宜诱导体胚的合子胚发育时期因树种而不同。细叶白蜡幼胚胚乳呈液体状，子叶刚刚形成时是诱导体胚发生的最佳时期，体胚发生率可达 40%；诱导美国白蜡体胚时则以成熟合子胚为外植体较适宜。7 月中旬（授粉 9 周）采集的子叶期水曲柳合子胚具有较强的体胚发生潜力，因此，7 月中旬（授粉后 9 周）是诱导水曲柳体胚发生的最佳取材时期。

9.2.1.3 不同取材时期对水曲柳合子胚外植体愈伤组织诱导的影响

将不同取材时期的合子胚子叶接种到 MS1/2 培养基上，在子叶的边缘和中央部位最早在4～6天即可见到浅褐色颗粒状愈伤组织发生；但是由于合子胚的取材时期不同，外植体在相同条件下启动的时间也有所不同。虽然在7月中旬（授粉后9周）取材的合子胚外植体在培养基上的启动时间比较早，体胚发生也很早（多是以直接发生为主），但是愈伤组织诱导率却不是最高的（图9-3）。7月下旬（授粉后10～11周）取材的合子胚外植体愈伤组织诱导率最高（36%）。在8月下旬（授粉后14～15周）取材的合子胚，愈伤组织诱导率出现了第二次高峰，之后愈伤组织诱导率随着合子胚逐渐趋于成熟而下降。

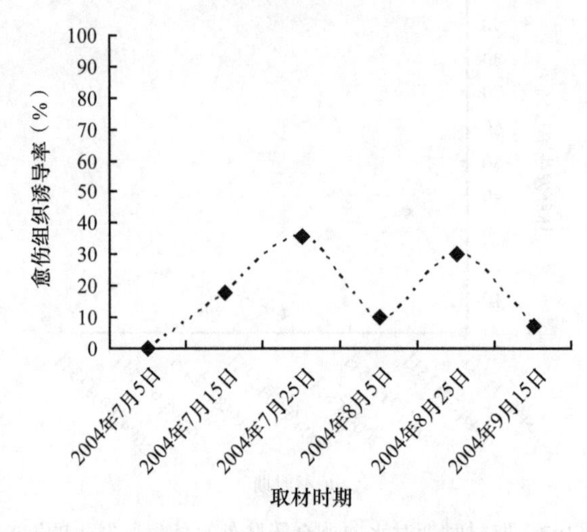

图9-3 取材时期对水曲柳合子胚外植体愈伤组织诱导的影响

9.2.1.4 激素组合对水曲柳合子胚外植体体胚发生的影响

将7月中旬（授粉后9周）取材的水曲柳合子胚子叶接种于不同激素浓度的MS1/2培养基上，在黑暗条件下进行培养。培养1周后观察可见子叶变浅黄色，有的子叶略微膨胀卷曲，出现轻微褐斑，并在子叶边缘或切口处有浅褐色或乳黄色颗粒状愈伤组织形成；10天后发现褐化的子叶切口或表面有白色透明的球形胚或心形胚发生。培养4周后观察并记录体胚发生率并进行多重比较（表9-4）。

表9-4 激素组合对水曲柳合子胚子叶外植体体胚发生的影响

激素组合（mg/L）	体胚发生率（%）	激素组合（mg/L）	体胚发生率（%）
NAA 2.5+6-BA 0.5	30.31A	NAA 1.0+6-BA 2.0	6.64BC
NAA 1.5+6-BA 0.5	30.13A	NAA 1.5+6-BA 2.0	5.31BC
NAA 2.0+6-BA 0.5	22.16AB	NAA 0+6-BA 2.0	5.31BC
NAA 2.5+6-BA 1.0	22.11AB	NAA 1.5+6-BA 1.0	3.69BC
NAA 2.0+6-BA 2.5	18.00ABC	NAA 2.0+6-BA 0	3.69BC

续表

激素组合（mg/L）	体胚发生率（%）	激素组合（mg/L）	体胚发生率（%）
NAA 2.5+6-BA 2.5	18.00ABC	NAA 0+6-BA 0	0C
NAA 1.5+6-BA 2.5	16.97ABC	NAA 2.0+6-BA 1.0	0C
NAA 1.0+6-BA 0.5	15.64ABC	NAA 0+6-BA 2.5	0C
NAA 1.0+6-BA 1.0	15.46ABC	NAA 2.5+6-BA 0	0C
NAA 2.0+6-BA 2.0	13.16ABC	NAA 0+6-BA 0.5	0C
NAA 2.5+6-BA 2.0	12.69ABC	NAA 0+6-BA 1.0	0C
NAA 1.0+6-BA 0	7.37BC	NAA 1.5+6-BA 0	0C
NAA 1.0+6-BA 2.5	7.37BC		

注：表中数据后不含有相同字母的表示在 0.01 水平上差异显著

培养基中的不同激素组合对水曲柳合子胚外植体体胚发生率的影响差异达到极显著水平（$P<0.01$）。由表 9-4 可知，当 NAA 浓度为 2.5mg/L 或 1.5mg/L，而 6-BA 浓度为 0.5mg/L 时，体胚发生率较高（分别是 30.31% 和 30.13%）。在 NAA 与 6-BA 组合中，不同浓度 NAA 和 6-BA 对水曲柳合子胚子叶的体胚发生影响不同。0.5mg/L 6-BA 对水曲柳体胚发生较为适宜；较高浓度的 6-BA 虽然可以诱导体胚发生，但是会抑制体胚发育且产生大量畸形胚；适当浓度的 NAA 对水曲柳体胚发生有效。激素的浓度和种类对体胚的发生方式及体胚的质量有影响。当培养基中单独添加 6-BA 时，水曲柳合子胚子叶外植体首先萌发、膨胀，但体胚发生率很低，甚至为零，且外植体上有不定根发生。体胚发生大部分以直接发生为主，发生得较早，发育迅速，约 2 周后即有部分直接发生的体胚发育至子叶期；但也有间接发生的体胚。

9.2.1.5 激素组合对水曲柳合子胚外植体愈伤组织诱导的影响

将 7 月下旬取材的合子胚子叶接种到 MS1/2 培养基上，培养 4 周后观察记录愈伤组织诱导率，并对诱导结果进行统计分析（表 9-5）。不同激素组合对水曲柳合子胚外植体愈伤组织诱导的影响差异达到显著水平（$P<0.05$）。当 1.5mg/L NAA 和 0.5mg/L 6-BA 组合时，外植体愈伤组织诱导率达到最高（36.18%）（表 9-5）。当 NAA 浓度为 2.5mg/L 时，无论 6-BA 浓度如何均不能诱导愈伤组织发生。在 MS1/2 诱导培养基上培养 5 天可观察到外植体表面或边缘形成一层乳黄色、浅褐色颗粒状或球状松散的愈伤组织；随着愈伤组织的生长，愈伤组织体积不断扩大，在少数愈伤组织上可增殖出乳白色愈伤组织。从颜色和形态上可以把愈伤组织分为三种类型：①嫩黄色疏松状，有光泽，发生在子叶表面，用镊子轻轻一触即落；②白色疏松状；③黄褐色紧实，表面大颗粒状，发生在子叶基部，

量多。水曲柳愈伤组织在继代培养基上逐渐变褐，体积不断增长，4 周后原来嫩黄色疏松和白色疏松颗粒状的愈伤组织在继代培养基上有少量体胚形成，但体胚发生率非常低，多是多子叶胚，通常把这些愈伤组织称为胚性愈伤组织。另外还有一些愈伤组织，随着愈伤组织体积不断增大，其颜色逐渐加深，没有体胚发生，随着继代次数的增加，愈伤组织慢慢褐化并死亡，这些愈伤组织通常是非胚性愈伤组织。

表 9-5　激素组合对水曲柳合子胚子叶外植体愈伤组织诱导的影响

激素组合（mg/L）	愈伤组织诱导率（%）	激素组合（mg/L）	愈伤组织诱导率（%）
NAA 1.5+6-BA 0.5	36.18a	NAA 2.0+6-BA 0	10.93abc
NAA 0+6-BA 2.5	32.08ab	NAA 2.0+6-BA 1.0	8.27abc
NAA 1.0+6-BA 0.5	30.81ab	NAA 0+6-BA 0	8.27abc
NAA 1.0+6-BA 2.5	24.30abc	NAA 1.0+6-BA 0	6.26bc
NAA 2.0+6-BA 2.0	22.76abc	NAA 0+6-BA 0.5	5.06bc
NAA 1.5+6-BA 1.0	20.03abc	NAA 2.5+6-BA 2.0	0c
NAA 2.0+6-BA 0.5	20.00abc	NAA 2.5+6-BA 1.0	0c
NAA 1.5+6-BA 2.0	18.94abc	NAA 0+6-BA 1.0	0c
NAA 1.0+6-BA 1.0	16.95abc	NAA 1.5+6-BA 0	0c
NAA 1.0+6-BA 2.0	14.62abc	NAA 2.5+6-BA 0.5	0c
NAA 0+6-BA 2.0	14.33abc	NAA 2.5+6-BA 0	0c
NAA 1.5+6-BA 2.5	12.50abc	NAA 2.5+6-BA 2.5	0c
NAA 2.0+6-BA 2.5	12.00abc		

注：表中数据后不含有相同字母的表示在 0.05 水平上差异显著

9.2.2　成熟合子胚的体胚发生培养

将成熟合子胚的子叶接种到 MS1/2 基本培养基上，诱导培养 1 周时子叶无任何变化；培养 2 周后，有部分子叶启动，子叶略黄、膨胀，子叶表面开始出现褐斑且在子叶边缘部位有少量愈伤组织发生。大约培养 1 个月后，大部分子叶褐化，在外植体（子叶）表面有少量球形胚发生；随着培养时间的延长，在褐化子叶的背面相继发生球形胚、心形胚、鱼雷形胚。成熟合子胚子叶外植体的体胚发生结果见表 9-6。

比较 6 株水曲柳母树合子胚子叶的体胚发生结果（表 9-6）可知，10 月中旬取材的成熟合子胚子叶的体胚发生率低于 7 月中旬取材（10 月中旬取材的成熟合子胚子叶的体胚发生率最高才是 15%，而 7 月中旬取材的为 35.32%）；从体胚发生的数量上比较，7 月中旬取材的显著高于 10 月中旬取材。因此，在诱导水曲柳体胚发生时，应选取未成熟合子胚为外植体。

表 9-6 水曲柳不同母树来源成熟合子胚子叶外植体的体胚发生结果

培养基	激素组合（mg/L）	母树编号（株）	外植体数量（个）	体胚数量（个）	体胚发生率（%）
MS1/2	6-BA 2.0+NAA 5.0	1	40	0	0
		2	40	0	0
		3	40	0	0
		4	40	6	15
		5	40	1	2.5
		6	40	1	2.5

9.2.3 体胚的成熟培养

将体胚诱导获得的水曲柳胚性愈伤组织和不同发育阶段的体胚接种到继代培养基上促使其增殖和成熟。大约 4 周后，嫩黄色疏松和白色疏松的愈伤组织在继代培养基上均有少量的体胚形成。黄褐色致密的愈伤组织随着体积的增大，颜色逐渐加深，但没有体胚发生。在初生体胚继代约 2 周后，便陆续有新的体胚产生，且在体胚产生的过程中在原体胚上陆续出现了次生胚，次生胚又继续产生新的次生胚，形成了重复性体胚发生系统；次生胚可以发生在初生胚的任何部位，但以胚根端发生最多，其次是下胚轴。

体胚一旦分化出来甚至只要完成诱导之后转移到基本培养基上，即可发育成熟和形成小植株；但在很多种植物的体胚诱导过程中常常会出现畸形胚，畸形胚萌发后，虽然短时间内生长正常，但是移栽后不能正常发育成完整的植株，严重影响了体胚再生形成植株的频率。因此，控制畸形胚的发生非常重要。

9.2.4 体胚的萌发培养

将形态成熟的体胚接种到 MS 和 MS1/2 基本培养基上于光照条件下培养，10 周后统计不同培养基和不同浓度 NAA 处理的体胚萌发情况。

在 MS 和 MS1/2 培养基上，体胚萌发率随着 NAA 浓度降低而先升高后降低，当 NAA 浓度达到 0.01mg/L 时，两种培养基上的体胚萌发率分别达到 15.2% 和 24.8%；然后随着 NAA 浓度的降低，体胚萌发率降低；在以 MS1/2 为培养基时，体胚萌发率显著高于 MS 培养基。因此，MS1/2 培养基适合作为水曲柳体胚萌发的基本培养基。

9.2.5 体胚苗的生根

9.2.5.1 体胚苗生根过程中培养基和激素种类的选择

将萌发的体胚分别接入1/2MS、MS、MS1/2培养基中于光照条件下培养，体胚苗生根情况见表9-7。在无激素的1/2MS培养基上培养1周后，体胚苗生长较缓慢，无根系生长；20天后，在生根培养基上培养的80株体胚苗中只有4株长出主根，1个月后观察发现有部分体胚苗死亡，且有玻璃化现象，生根率仅为5%。在分别附加0.3mg/L NAA和0.3mg/L IBA的MS培养基中培养1个月后，有一部分体胚苗长出主根，但是并未发出侧根，生根率虽略有提高，但是由于褐化现象非常严重，有部分已生根的体胚苗褐化死亡。而在添加0.01mg/L NAA的MS1/2培养基上生长时，体胚苗生根率较高，体胚苗生长较旺盛，有主根发生，同时也有侧根发生。但是培养一段时间后，有些已生根的体胚苗也发生褐化现象，出现死亡，从而导致发育正常的生根苗数量很少。从根的生长情况看，添加低浓度的NAA产生的根较粗壮，这样更有利于生根苗移栽的成活。Tonon等（2001b）研究发现，NAA可增加细叶白蜡的茎生根数，但根长减小，且无主根形成。但在美国白蜡的不定芽诱导生根实验中却发现NAA处理形成的根量最多。说明不同树种组培苗生根对培养基和生长素的要求差别较大。在水曲柳组织培养中，MS1/2培养基是体胚苗生根培养的最佳培养基。

表9-7 培养基和激素种类对水曲柳体胚苗生根的影响

培养基	激素（mg/L）	接种数（株）	生根的体胚苗数（株）	生根率（%）
MS1/2	0	80	4	5
MS	NAA 0.3	32	9	28.13
MS	IBA 0.3	61	10	16.39
MS1/2	NAA 0.01	60	19	31.67

9.2.5.2 琼脂对体胚苗生根的影响

琼脂是培养基的固化剂，起支持培养物的作用。一般采用0.5%～0.6%的琼脂就可实现培养基的固化。适当提高琼脂的浓度可以减少试管苗的玻璃化（周俊辉，2000）。在生根培养基中添加不同浓度琼脂对水曲柳体胚苗生根情况的影响见表9-8。当琼脂浓度为6g/L时，培养基凝固效果稍差，体胚苗不易生长。将萌发的体胚接种到培养基上时，易倾倒。由于培养瓶内的水分大，体胚苗褐化死亡；当琼脂浓度为8g/L，培养基太硬，接种时体胚苗不易插入培养基中，即使很顺利地接种到培养基中，培养一段时间后，在体胚苗与培养基接触处培养基也会出现断裂；当琼脂浓度为7g/L时，培养基的固化程度适中，体胚苗的生根效果较好，生根率可达到27.5%。因此，在生根培养时应该选用琼脂浓度为7g/L的固化培养基。

表9-8 琼脂浓度对水曲柳体胚苗生根的影响

琼脂浓度（g/L）	接种数（株）	生根的体胚苗数（株）	生根率（%）
7	40	11	27.5a
6	30	7	23.33ab
8	30	4	13.33b

注：同一列中不含有相同字母的表示在0.05水平上差异显著

9.2.6 炼苗和移栽

试管苗从无菌、光照温度恒定、湿度适宜的人工控制培养条件下转入有菌而且光照、温度、湿度不易控制的外界环境，这个过程使幼苗自身叶片的光合能力和根的主动吸收能力逐渐增强，叶片表面的保护层也逐渐形成，此时幼苗才算完成了从异养到自养的转变过程。因此，试管苗的移植必须遵照一定的程序严格进行，才能保证移栽苗的成活。移栽前先打开瓶盖，在培养架上炼苗2～3天，并适当增加光照，以提高小植株木质化程度。移栽后大约20天，小苗根部长出新的根系，将其移入较大的容器中。1个月后，移栽的小苗长出新的叶片，叶片颜色也由浅绿色变为深绿色、有光泽，根系也更加发达粗壮。

9.3 结 论

水曲柳合子胚子叶外植体的最佳取材时期是7月中旬（授粉后9周），诱导体胚发生的最佳激素组合是MS1/2+0.5mg/L 6-BA+1.5mg/L或2.5mg/L NAA。体胚苗萌发最佳组合是MS1/2培养基添加0.01mg/L NAA。对不同取材时期合子胚的子叶进行体胚诱导，经成熟、萌发、生根，移栽的体胚苗可以成活。

10 水曲柳体胚发生的同步化调控

细胞同步化（synchronization）是指在同一培养体系中的所有细胞同时通过细胞周期的某一特定时期（谢从华和柳俊，2004）。也有人将细胞的同步化定义为在自然条件或实验条件下，一个细胞群体中的所有细胞均处于细胞周期的同一时相（时期）的现象，即培养物中的所有细胞均处于细胞周期的相同阶段。随着人们对植物体胚发生研究的不断深入，已有多种植物成功诱导出体胚，但仍存在着很多问题，体胚发生的不同步化就是其中之一。体胚发生的不同步化主要表现为在同一外植体上体胚处于不同的发育时期，处于同一发育时期的体胚大小不同。在体胚发生过程中，细胞分裂和分化往往是不同步的，加上胚性细胞与次生胚的不断形成，导致体胚的产生也是不同步的，即在同一培养体系中有处于不同发育阶段的体胚。体胚发生不同步的原因可能是：①从脱分化形成愈伤组织后，再诱导分化胚性细胞时，细胞的状态和启动分裂不一致，使得存在多样化的原胚细胞群；②在某些条件下，体胚的发生是先后或反复进行的，新的胚胎发生中心有可能从原胚细胞群中或从胚体中产生（崔凯荣等，2000）。此外，有的植物，如荔枝（*Litchi chinensis*）体胚发生的不同步化可能是养分供给不平衡或者体胚本身同步性较差造成的（桑庆亮和赖钟雄，2000）。

目前，人们已发现多种可促进植物体胚同步化发生的方法，可根据细胞来源不同而选用。用液体悬浮培养比固体培养更易获得同步化的植物细胞，此方法对于间接发生的体胚的效果更佳。因此要达到完全同步化对于植物细胞培养来说仍然十分困难；而且，同一方法对不同植物以及同一植物的不同品种、不同类型、不同组织或器官诱导体胚形成都有很大差异，因此应不断尝试采用其他方法来控制植物体胚发生的同步化（张智俊等，2004）。控制体胚发生同步化的方法主要分为物理方法和化学方法两类。物理方法主要包括温度处理、过筛选择、渗透压筛选、不连续密度梯度离心、分级仪挑选胚性细胞以及手工选择。而化学方法主要有饥饿处理、阻断和解除、阻止有丝分裂、气体调节等。无论是何种细胞同步化处理，对细胞本身或多或少都有一定的伤害。如果处理的细胞没有足够的生活力，不仅不能获得理想的同步化效果，还可能造成细胞的大量死亡。因此，在进行细胞同步化处理之前，必须对细胞进行充分的活化培养。用于实验的细胞系最好是处于对数生长期的。在木本植物水曲柳上建立体胚同步化发生体系，可为其他木本植物体胚发生提供参考资料。同时，对水曲柳体胚同步化发生的研究有助于完善水曲柳体胚发生体系，并为了解水曲柳体胚发生机制提供新的线索。

10.1　材料与方法

10.1.1　材料采集与处理

实验材料取自发育良好的水曲柳母树。在实验室内进行种子去翅，将未成熟合子胚置于去离子水中浸泡 0.5～1 天，然后用 70%（*v/v*）乙醇处理 10s，再用 2%（*v/v*）次氯酸钠消毒 10min，最后在超净工作台中用无菌去离子水冲洗 4～5 次。在超净工作台上剥取种胚，将种胚上的胚根切去，取单片子叶接种。每个培养皿接种 10 个外植体，每个处理重复 4 次，每 30 天更换一次新鲜的培养基。分别将在诱导培养基上培养 15 天和 30 天后有球形胚发生的外植体转移到同步化调控培养基上，进行同步化培养。

10.1.2　培养基配制与培养条件

选用 MS1/2（将 MS 培养基中所有成分都减半）为基本培养基，加入 400mg/L 水解酪蛋白、70g/L 蔗糖、1.5mg/L NAA、0.5mg/L 6-BA，调节培养基 pH 为 5.8，最后加入琼脂，并使之充分融化。将培养基在高压灭菌锅中于 121℃条件下灭菌 20min。灭菌后取出培养瓶，室温下自然冷却，使培养基凝固。

在体胚诱导和胚性细胞保持与增殖培养阶段采用暗培养，即接种后放入纸箱中或用黑布遮盖置于培养室中，培养室温度控制在（25±2）℃，湿度 60%～70%。体胚成熟后，再转为光照培养（光周期 16h 光照/8h 黑暗），以日光灯照射，光照强度为 1500～2000lx。

10.1.3　同步化调控方法

1）手工选择：将已诱导出体胚的外植体置于超净工作台中，用解剖针将体胚剥离外植体，挑选出大小一致的体胚。

2）过筛选择：在超净工作台中将体胚从外植体上剥离，然后用不同尺寸的筛子过滤。

3）渗透压筛选：将已产生体胚的外植体接种到附加蔗糖的基本培养基中，定期在显微镜下观察体胚生长情况，并跟踪后续培养中的体胚发育情况。

4）低温处理：培养基为基本培养基，将接种到培养基上的已产生体胚的外植体置于4℃的低温条件下分别冷藏处理0天、7天、14天、21天和28天后转移到正常温度条件下培养，30天后观察体胚的生长情况及后续发育情况。

5）脱落酸（ABA）调节：在基本培养基中附加ABA，将外植体转接到该培养基中，30天后观察体胚的生长情况及后续发育情况。

6）饥饿处理：将具有早期原胚的外植体转移到无微量元素和维生素的培养基中进行饥饿处理后，再转到基本培养基中培养30天，观察体胚的同步化情况。

7）液体培养：将球形胚从外植体上剥离后，置于液体培养基中振荡培养。

10.1.4 数据统计分析方法

在培养过程中定期观察培养物并统计不同方法处理的子叶胚同步化率、畸形胚发生率、体胚退化率、体胚萌发率、体胚苗生根率和存活率等。各个统计指标计算方法如下。

$$\text{子叶胚同步化率（\%）}=\frac{\text{子叶胚数}}{\text{总的体胚数}}\times 100$$

$$\text{体胚退化率（\%）}=\frac{\text{退化体胚数}}{\text{总的体胚数}}\times 100$$

$$\text{畸形胚发生率（\%）}=\frac{\text{畸形胚数}}{\text{总的体胚数}}\times 100$$

$$\text{体胚萌发率（\%）}=\frac{\text{萌发的体胚数}}{\text{总的体胚数}}\times 100$$

$$\text{体胚苗生根率（\%）}=\frac{\text{生根的幼苗数}}{\text{接种的幼苗数}}\times 100$$

$$\text{体胚苗存活率（\%）}=\frac{\text{成活的幼苗数}}{\text{接种的幼苗数}}\times 100$$

10.2 结果与分析

采用了7种方法进行水曲柳体胚发生的同步化控制，分别为手工选择、过筛选择、渗透压筛选、低温处理、ABA调节、饥饿处理以及液体培养。水曲柳体胚以直接发生为主，且在固体培养基上生长良好，将其从外植体上剥离后易互相粘连，因此手工选择和过筛选择均不适合水曲柳体胚发生的同步化调控。饥饿处理后的体胚在培养1周左右出现明显的褐化现象，且褐化现象逐渐加重，大约1个月后几乎全部褐化。球形胚在液体培养基中可继续分裂，然而其无法正常发育，观察发现培养后期体胚几乎全部畸形。因此我们主要探讨渗透压、低温和 ABA 对水曲柳体胚发生同步化的影响。

10.2.1 渗透压对水曲柳体胚发生同步化的影响

将已诱导出体胚的外植体转移到 4 种不同渗透压的培养基上（分别含有 0g/L、20g/L、50g/L 和 70g/L 蔗糖），培养 20 天后观察体胚发育情况，2 个月后统计出子叶胚的同步化情况、畸形胚发生情况及体胚退化情况。在渗透压筛选法中，前期诱导 15 天、蔗糖浓度降为 50g/L 的处理最适合水曲柳体胚发生的同步化调控。

10.2.1.1 渗透压对水曲柳子叶胚同步化的影响

降低蔗糖浓度后（20g/L 和 50g/L），子叶胚同步化率均显著高于对照（70g/L）（$P<0.05$；图 10-1）。当蔗糖浓度降为 50g/L 时，其子叶胚同步化率最高，为 81.1%，与蔗糖浓度降为 20g/L 时子叶胚同步化率（58.4%）的差异达到了显著水平。体胚的发育过程是渗透压不断降低的过程，随着渗透压的下降，子叶胚同步化率逐渐提高，但本实验中蔗糖浓度降低后子叶胚同步化率没有继续升高。推测是由于培养基中蔗糖浓度较低时，体胚的发育主要受能量和底物供给的限制，而渗透压的调节作用则处于次要地位（李天珍等，2001）。因此，子叶胚同步化率出现下降趋势。当培养基中蔗糖被去除时，水曲柳子叶胚同步化率仅为 6.8%，远远低于对照（70g/L）中的子叶胚同步化率。

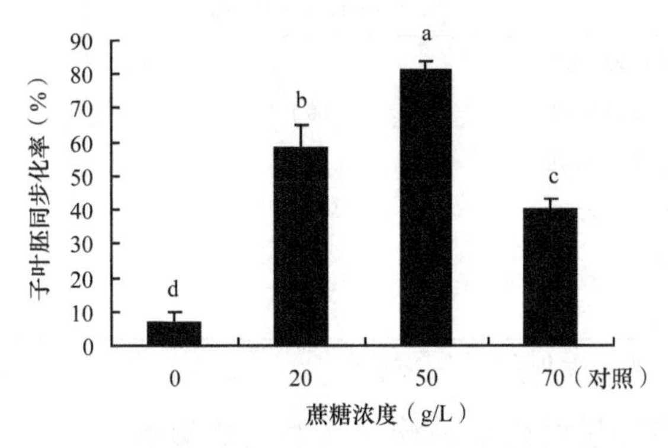

图 10-1 不同培养基渗透压对诱导 15 天的水曲柳子叶胚同步化率的影响

图中不同字母表示在 0.05 水平上差异显著

虽然水曲柳体胚的同步化诱导时间（15 天和 30 天）不同，但蔗糖浓度降低后子叶胚同步化率的变化趋势基本相同（图 10-2）。当蔗糖浓度降为 50g/L 和 20g/L 时子叶胚同步化率均高于对照，且其最高值出现在蔗糖浓度为 50g/L 时（60.1%）。

与诱导15天的体胚不同，当蔗糖浓度降为20g/L时诱导培养30天的水曲柳子叶胚同步化率与对照相比上升不显著，且体胚后期可正常发育。

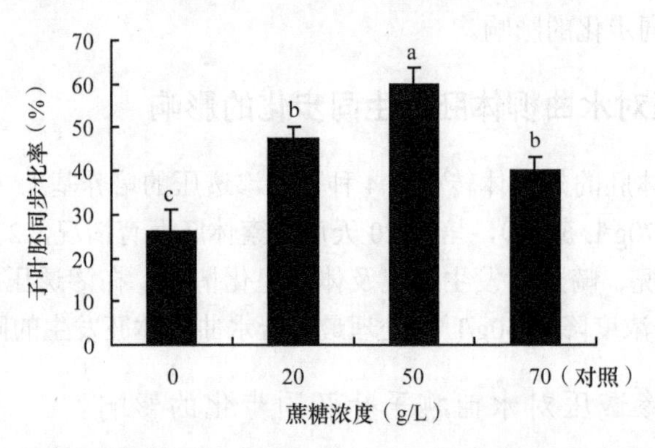

图10-2　不同培养基渗透压对诱导30天的水曲柳子叶胚同步化率的影响

图中不同字母表示在0.05水平上差异显著

当前期诱导时间为15天、蔗糖浓度为50g/L时，水曲柳子叶胚同步化率显著高于其他处理（$P<0.05$；表10-1），且当蔗糖浓度高于0g/L时，各处理之间均无显著性差异。而当去除培养基中的蔗糖（蔗糖浓度降为0g/L）时，随着前期诱导时间不同，水曲柳子叶胚同步化率差异显著。

表10-1　不同培养基渗透压对前期不同诱导时间（15天和30天）的水曲柳子叶胚同步化率影响

处理方法	子叶胚同步化率（%）	差异显著性
前期诱导15天，蔗糖浓度为50g/L	81.1	a
前期诱导30天，蔗糖浓度为50g/L	60.1	b
前期诱导15天，蔗糖浓度为20g/L	58.4	b
前期诱导30天，蔗糖浓度为20g/L	47.5	b
前期诱导30天，无蔗糖	26.2	c
前期诱导15天，无蔗糖	6.8	d

注：表中同列不同字母表示在0.05水平上差异显著

10.2.1.2　渗透压对水曲柳畸形胚发生的影响

当培养基中蔗糖浓度改变时，水曲柳畸形胚发生率也随之发生变化（图10-3）。前期诱导时间长（30天）的畸形胚发生率普遍高于前期诱导时间短（15天）的体胚。蔗糖浓度过高不利于体胚的形态建成，前期诱导时间过长，体胚长期处于高糖环境中，因此导致畸形胚发生率普遍偏高。无论前期诱导时间长短，畸形胚发生率随蔗糖浓度的变化趋势均相同，即随着蔗糖浓度增加先逐渐降低然后又逐渐升高。蔗糖浓度降为50g/L时水曲柳畸形胚发生率达到最低（分别为54.0%和58.3%），当培养基中无蔗糖时，水曲柳畸形胚发生率达到最高（分别为75.0%和78.1%）。各处理间，水曲柳畸形胚发生率均无显著差异。

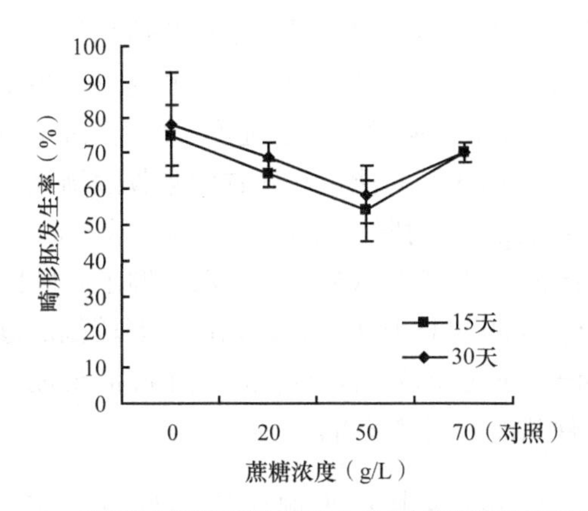

图10-3　不同培养基渗透压对水曲柳畸形胚发生的影响

10.2.1.3　渗透压对水曲柳体胚退化的影响

水曲柳体胚退化现象存在于体胚诱导、同步化及体胚苗转化的全过程中，因此对此现象的研究也是非常重要的。水曲柳前期诱导时间短的体胚退化率均高于前期诱导时间长的体胚（图10-4）。随着蔗糖浓度降低，水曲柳体胚的退化率增加。推测当蔗糖浓度较低时，不利于胚性细胞的生长，而为非胚性细胞的生长创造了有利条件，使得外植体中的非胚性细胞大量增殖，结果在不断反复继代培养的过程中胚性细胞的胚性逐渐丧失，在这种情况下，恢复培养物的体胚发生潜能几乎是不可能的。胚性细胞是否能进一步分化和发育形成体胚，除了培养诱导条件外，

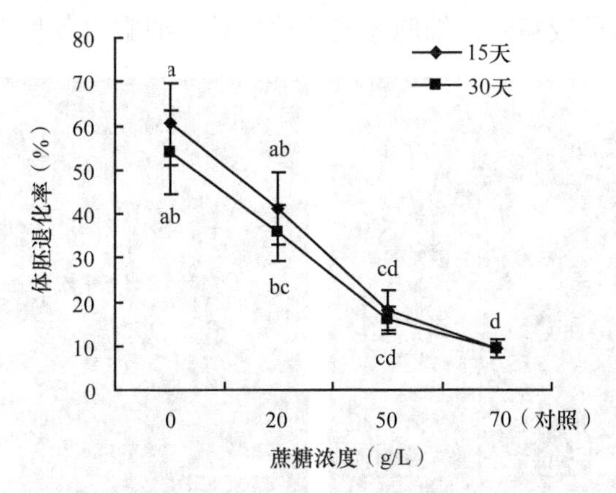

图10-4　不同培养基渗透压对水曲柳体胚退化的影响

图中不含有相同字母的表示在0.05水平上差异显著

细胞间的相互作用与竞争也是非常重要的因素（崔凯荣等，2000）。在体胚发生过程中，开始时会有较多的体细胞分化为胚性细胞，但是有的胚性细胞只进行少数几次分裂，然后就停止分裂，并逐渐退化，特别是在体胚周围的胚性细胞更易趋于败育。只有那些能从周围细胞获得能量、物质和信息的胚性细胞才可继续分裂和分化，然后它们又必须尽快与周围细胞分开，脱离整体控制，使相关基因得到表达，实现胚胎发生，并完成胚胎发育的全过程（崔凯荣等，2000）。在水曲柳中，随着蔗糖浓度增加，水曲柳体胚对能量和底物的吸收逐渐减弱，其退化现象也随之减少，当蔗糖浓度为70g/L（对照）时退化率最低（9.5%）。

当蔗糖浓度增加到一定程度后（50g/L），水曲柳子叶胚的退化率明显高于球形胚，这可能是由于子叶胚相对于球形胚来说仅需要较低的渗透压，长期在高渗透压条件下培养不利于子叶胚的发育，因此，当子叶胚形成后应及时进行萌发处理或适当改变培养条件从而抑制其发育。

10.2.1.4 无蔗糖培养基中水曲柳体胚的发育状况

当去除培养基中的蔗糖时，已出现的水曲柳球形胚生长缓慢，部分逐渐退化而失去胚性或变褐死亡（图 10-5），只有很少的体胚可以进一步分化为子叶胚（表 10-2），部分已分化的子叶胚其基部变褐或发黑，并逐渐趋于死亡或停止发育，个别子叶胚能完成成熟，但后期萌发困难。说明在水曲柳体胚培养中蔗糖是一种不可缺少的成分，它对于细胞的分裂生长具有很强的促进作用。在无蔗糖的培养基中，蛋白质合成受到抑制，促使细胞本身的可溶性蛋白发生降解，而使细胞内蛋白质含量降低，降解掉的物质又被重新利用来合成可溶性蛋白，在发育后期细胞内前期合成的可溶性蛋白又转化为结构性蛋白，因此不加蔗糖的培养基中可溶性蛋白的变化十分剧烈，而细胞内的可溶性蛋白含量与细胞的生长状况密切相关，只有当培养基中能量较高时，细胞才能快速生长，细胞内各种物质的合成速度也

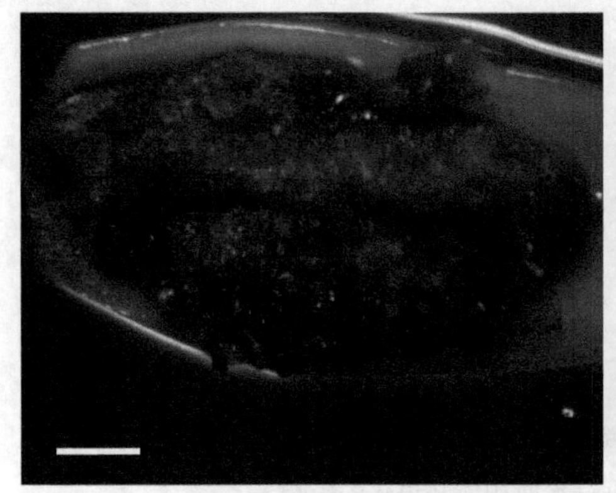
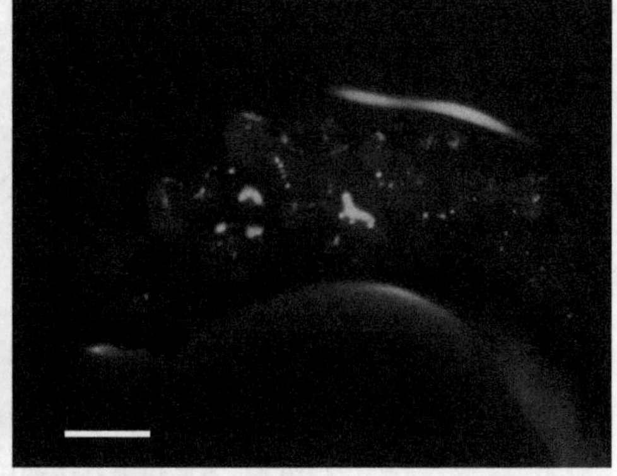

图 10-5　无蔗糖培养基中的水曲柳体胚变成褐色（比例尺=1.5mm）

会相应加快（高永超等，2003）。因此，当培养基中无蔗糖时，体胚生长会受到抑制，无法快速地分裂为子叶胚。

表 10-2 无蔗糖培养基中水曲柳体胚的发育状况

重复数	体胚总数（个）	退化数（个）	存活数（个）	存活率（%）	体胚发育情况
1	32	12	20	62.5	部分体胚变褐，并最终死亡
2	14	10	4	28.6	体胚变褐退化，逐渐失去胚性
3	35	18	17	48.6	体胚变褐，并逐渐转变为非胚性愈伤组织
4	37	21	16	43.2	部分球形胚停止发育，变褐并略有些发黑，呈水渍状
5	26	11	15	57.7	部分体胚变褐，退化
6	26	15	11	42.3	子叶胚基部发黑，生长缓慢
7	21	14	7	33.3	仅少量球形胚具有胚性，其余变褐

10.2.2 低温对水曲柳体胚同步化发生的影响

将已诱导出体胚的水曲柳外植体置于 4℃的低温环境中培养，20 天后观察体胚发育情况，2 个月后统计出子叶胚的同步化情况、畸形胚发生情况及体胚退化情况。发现在各个处理中，前期诱导 15 天、在低温条件下处理 7 天最有利于水曲柳体胚的同步化调控。

10.2.2.1 低温对水曲柳子叶胚同步化的影响

将前期诱导 15 天的体胚在 4℃条件下冷处理，随着处理时间延长，子叶胚同步化率逐渐降低（图 10-6）。处理 7 天水曲柳子叶胚同步化率最高，为 62.8%，而处理 14 天的水曲柳子叶胚同步化率显著降低，仅为 27.2%。与处理 7 天相比，其

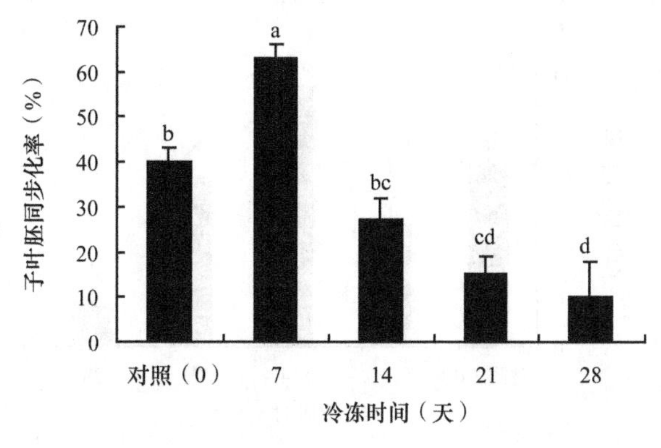

图 10-6 不同冷处理时间对前期诱导 15 天的水曲柳子叶胚同步化率的影响

图中不含有相同字母的表示在 0.05 水平上差异显著

他冷处理时间（21 天和 28 天）的水曲柳子叶胚同步化率均显著降低（$P<0.05$）。

冷处理 7 天的体胚颜色较正常，极个别的子叶胚基部边缘有褐化现象，随着冷处理时间的延长，体胚褐化现象逐渐加重（表 10-3）。当处理 21 天时体胚出现明显的褐化现象，体胚呈现褐色。而处理 28 天后，体胚褐化现象与冷处理 21 天时相差不多，只是个别部位褐化较严重，这说明水曲柳体胚具有一定的抵抗低温胁迫的能力，另外，这也可能是由于低温对水曲柳体胚造成的伤害主要取决于温度的变化，而当温度一定时，处理时间的长短对水曲柳体胚造成的伤害没有显著差异。然而，处理时间过长会抑制水曲柳体胚的进一步生长和发育。冷处理 7 天的水曲柳子叶胚同步化率与未处理的对照存在显著差异（$P<0.05$）。

表 10-3　不同冷处理时间对水曲柳体胚发育状况的影响

处理时间（天）	体胚褐化程度	体胚褐化部位
7	轻微褐化，基本为黄白色	子叶胚基部边缘
14	褐斑，体细胞胚发黄	子叶胚表面
21	明显褐化，体胚褐色	整个体胚
28	明显褐化，体胚褐色	整个体胚

相同低温（4℃）条件下，水曲柳子叶胚同步化率因诱导时间不同而不同（图 10-7）。诱导时间较长时（30 天），水曲柳子叶胚同步化率的最高值出现在冷处理 14 天（57.0%），明显高于未处理的对照，而其他处理时间（7 天、21 天和 28 天）的子叶胚同步化率均显著降低（$P<0.05$）。与前期诱导 15 天相比，前期诱导时间长（30 天）的处理使水曲柳子叶胚同步化率峰值出现的时间推迟。但冷处理时间不同的水曲柳子叶胚同步化率下降幅度均不剧烈。推测由于前期低温诱导时间长，水曲柳体胚内的蛋白质、可溶性糖和氨基酸等的含量增加显著，从而增加了体胚对低温胁迫的抵抗能力。植物细胞中水分平衡，碳水化合物、核酸及蛋白质含量，

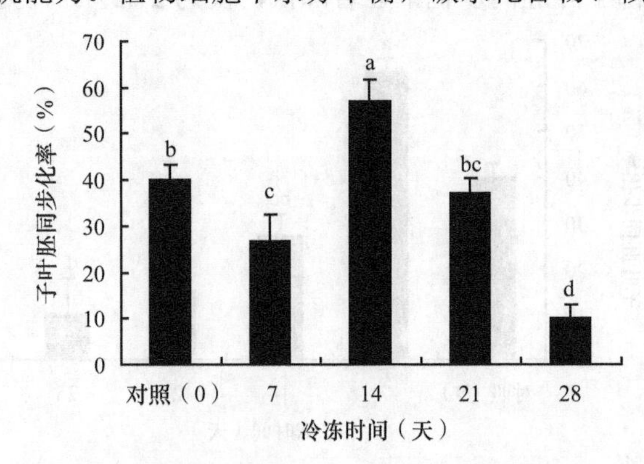

图 10-7　不同冷处理时间对前期诱导 30 天的水曲柳子叶胚同步化率的影响

图中不含有相同字母的表示在 0.05 水平上差异显著

氨基酸含量，脂肪酸的不饱和性，细胞壁的特性，质膜改变和膜稳定性，植物生长调节剂及细胞骨架的完整性等都与其抗寒力增加有关（弭忠祥等，1998）。

前期诱导15天后冷处理7天和前期诱导30天后冷处理14天的水曲柳子叶胚同步化率均与对照有显著差异（$P<0.05$）。说明低温对水曲柳体胚有同步化调控作用，而这两种处理的子叶胚同步化率无显著差异（$P>0.05$；表10-4）。毛春娜等（2011）在对半夏（*Pinellia ternata*）悬浮培养细胞的同步化调控中采用了低温处理的方法，发现低温处理可显著提高体胚的同步化率，有效提高细胞分裂指数。

表10-4　低温对前期诱导时间不同的水曲柳子叶胚同步化率的影响

不同处理	子叶胚同步化率（%）	差异显著性
前期诱导15天后低温处理7天	62.8	a
前期诱导30天后低温处理14天	57.0	a
前期诱导30天后低温处理21天	37.2	bc
前期诱导15天后低温处理14天	27.2	bc
前期诱导30天后低温处理7天	26.6	c
前期诱导15天后低温处理21天	15.4	cd
前期诱导15天后低温处理28天	10.1	d
前期诱导30天后低温处理28天	10.0	d

注：表中不含有相同字母的表示在0.05水平上差异显著

10.2.2.2　低温对水曲柳畸形胚发生的影响

水曲柳体胚经冷处理后畸形胚发生率低于对照（图10-8）。冷处理能提高小孢子反应能力的作用已在大麦（*Hordeum vulgare*；许智宏和Sunderland，1986）等多种作物中得到证实。徐元红和朱四易（1998）在平贝母（*Fritillaria ussuriensis*）体

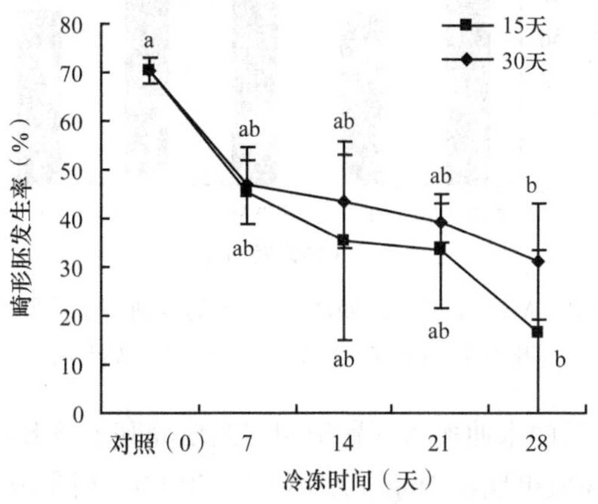

图10-8　不同低温时间对水曲柳畸形胚发生的影响

图中不含有相同字母的表示在0.05水平上差异显著

胚的诱导和植株再生中发现，未经过冷处理（0～5℃处理 60 天）的体胚不会发育成为体胚苗。

随着低温时间的延长，水曲柳畸形胚发生率逐渐降低，且前期诱导 30 天的畸形胚发生率均高于前期诱导 15 天的（与调节渗透压处理结果具有同样的规律），但其随着低温时间的延长下降幅度不大，而前期诱导时间较短的畸形胚发生率随低温时间的延长下降幅度较大。推测是由于前期诱导时间长的体胚具有一定的抗低温能力。各处理间的畸形胚发生率无显著差异（$P<0.05$），除冷处理 28 天的处理外，其余处理与对照间并无显著差异。

10.2.3 脱落酸对水曲柳体胚同步化的影响

将已诱导出体胚的外植体置于含有不同浓度脱落酸（ABA）的培养基中培养，20 天后观察体胚发育情况，2 个月后统计出子叶胚的同步化情况、畸形胚发生情况及体胚退化情况。发现前期诱导 30 天、ABA 浓度为 1mg/L 的处理最适于水曲柳体胚同步化调控。

10.2.3.1 ABA 对子叶胚同步化的影响

当 ABA 浓度为 0.5mg/L 时，前期诱导 15 天的水曲柳子叶胚同步化率最高（58.3%），显著高于其他处理（$P<0.05$），但各处理与对照均无显著差异（$P>0.05$；图 10-9）。

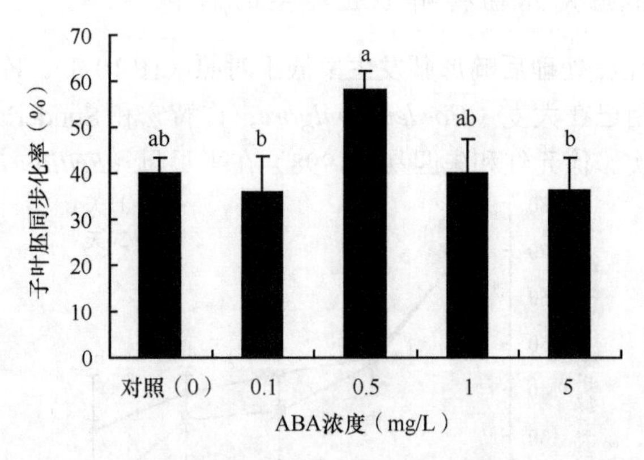

图 10-9 培养基中 ABA 浓度对前期诱导 15 天的水曲柳子叶胚同步化率的影响

图中不含有相同字母的表示在 0.05 水平上差异显著

将前期诱导 30 天的水曲柳体胚置于相同的培养基上培养，结果发现水曲柳子叶胚同步化率的最高值出现在 1mg/L ABA 时（79.1%）（图 10-10），其他处理的子叶胚同步化率则均显著高于对照（$P<0.05$）。培养基中添加的 ABA 浓度相同时，

前期诱导 30 天的水曲柳子叶胚同步化率均高于前期诱导 15 天。不管培养基中的 ABA 浓度如何，前期诱导 30 天的子叶胚同步化率均显著高于对照（$P<0.05$）。这与落花生（*Arachis hypogaea*）研究中得到的结论一致（林鹿和傅家瑞，1996）。

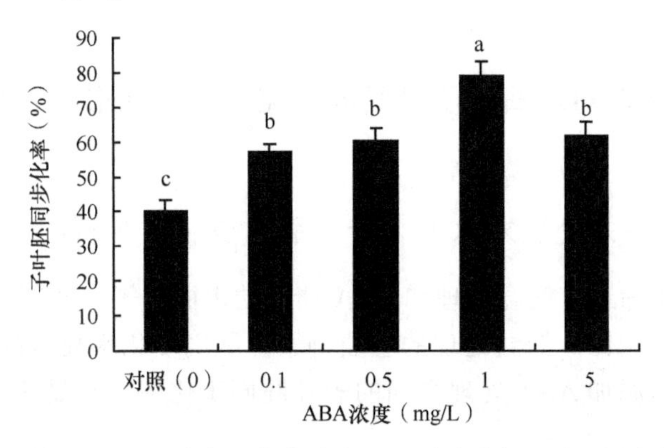

图 10-10　培养基中 ABA 浓度对前期诱导 30 天的水曲柳子叶胚同步化率的影响

图中不同字母表示在 0.05 水平上差异显著

10.2.3.2　ABA 对水曲柳畸形胚发生的影响

与改变渗透压和低温处理的结果相同，用 ABA 处理的前期诱导 30 天的畸形胚发生率均高于前期诱导 15 天（图 10-11）。ABA 通常对 DNA 和 RNA 的合成有抑制作用，但对某些植物体胚发生的特异基因表达起调控作用，它可激活相关基因的表达，抑制体胚过早萌发，促进储藏蛋白、晚期胚胎发生丰富蛋白和胚胎发生特异蛋白的合成。ABA 不仅对体胚发生有促进作用，对畸形胚的发生也有很好的抑制效果。在浓度适宜时，ABA 能抑制多种异常体胚的发生，而且它加入培养

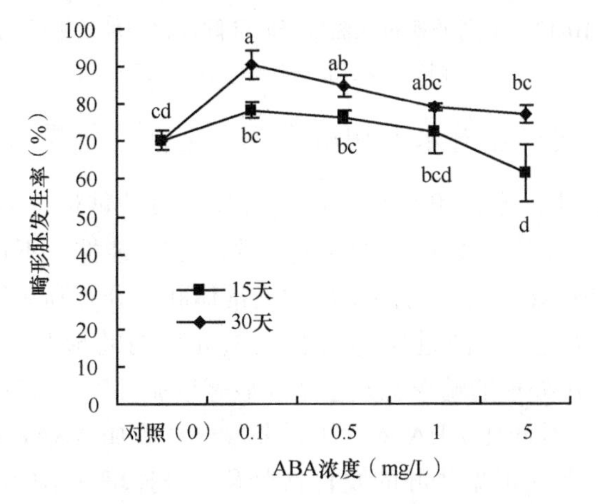

图 10-11　培养基中 ABA 浓度对水曲柳畸形胚发生的影响

图中不含有相同字母的表示在 0.05 水平上差异显著

基的时间越早，效应越明显。在水曲柳中，当 ABA 浓度为 0.1mg/L 时，畸形胚发生率最高（分别为 78.3% 和 90.5%），随着 ABA 浓度的增加，水曲柳畸形胚发生率逐渐降低。虽然 ABA 能抑制水曲柳畸形胚的发生，但当 ABA 浓度低时其对水曲柳畸形胚的抑制作用不显著。

10.2.4 不同处理对水曲柳子叶胚同步化发生和畸形胚发生的调控效果比较

10.2.4.1 不同处理对水曲柳子叶胚同步化发生调控效果的比较

比较渗透压筛选、低温处理和 ABA 调节的水曲柳子叶胚同步化效果，发现与其他两种处理相比，低温处理的水曲柳子叶胚同步化率显著降低（$P<0.05$），而调节渗透压和添加 ABA 处理之间的子叶胚同步化率没有显著差异（$P>0.05$；图 10-12）。

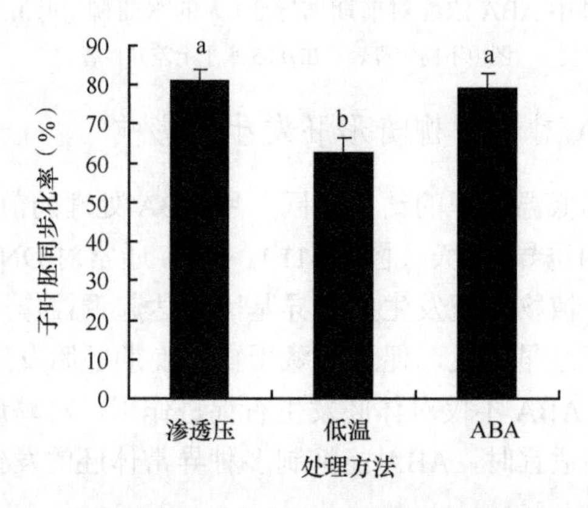

图 10-12 不同处理对水曲柳子叶胚同步化调控效果的比较

不同字母表示在 0.05 水平上差异显著

10.2.4.2 不同处理对水曲柳畸形胚发生调控效果的比较

在渗透压筛选中，水曲柳白色体胚的数量随着蔗糖浓度的增加呈增多的趋势，这与赖钟雄和桑庆亮（2003）的研究一致。ABA 能抑制不正常胚的产生并促进正常胚的发育和成熟，对获得高质量的正常体胚十分有利（杨映根等，1994）。但对水曲柳的研究发现，渗透压筛选和低温处理的畸形胚发生率无显著差异（$P>0.05$），而 ABA 处理的畸形胚发生率却显著增加（$P<0.05$；图 10-13）。推测是因为 ABA 处理的时间比 ABA 浓度更重要。一直施加 ABA，则 ABA 会抑制体胚的正常发育，因此应根据体胚的发育状况及时去掉培养基中的 ABA（王颖等，2002）。

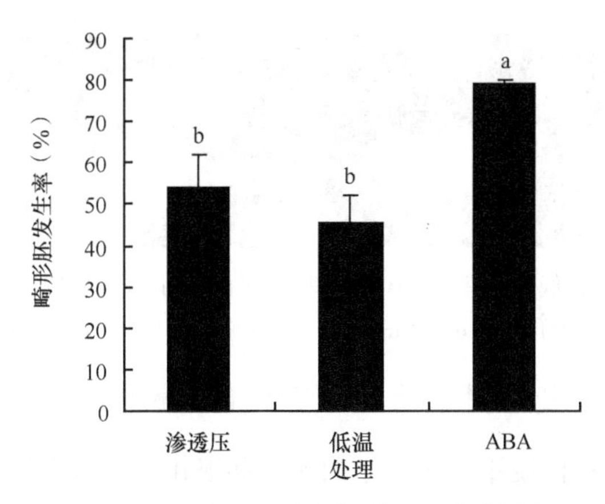

图 10-13　不同处理对水曲柳畸形胚发生的影响

图中不同字母表示在 0.05 水平上差异显著

随着继代次数的增加，水曲柳次生胚数量逐渐增多，不利于子叶胚同步化的调控。另外，实验还发现子叶胚出现大小不一的现象，分析认为是由于子叶胚之间存在着营养竞争。生理隔离是相对的，体胚与周围组织在生理上不是完全隔离的，在体胚发生与发育过程中，体胚必须从周围细胞中获得营养、能量和激素等，它们彼此不仅有相互依存的关系，而且有相互竞争的关系。在小麦（*Triticum aestivum*）、石刁柏（*Asparagus officinalis*）和枸杞（*Lycium chinense*）等植物的体胚发生过程中均观察到随着胚性细胞的发生和发育，其周围细胞，既有非胚性细胞，也有胚性细胞，非胚性细胞不仅在形态上发生一系列变化，如薄壁化、液泡化并趋于解体，而且内含物，如淀粉含量和 ATP 酶活性等消长动态呈规律性变化，似乎一直在为体胚发生供给营养和能量。如果培养条件适合，则可减少胚性细胞之间的竞争，提高体胚发生率和同步化率。三种处理中，低温处理后的体胚中白色胚所占比例较大，体胚质量好且大小适中（图 10-14）。

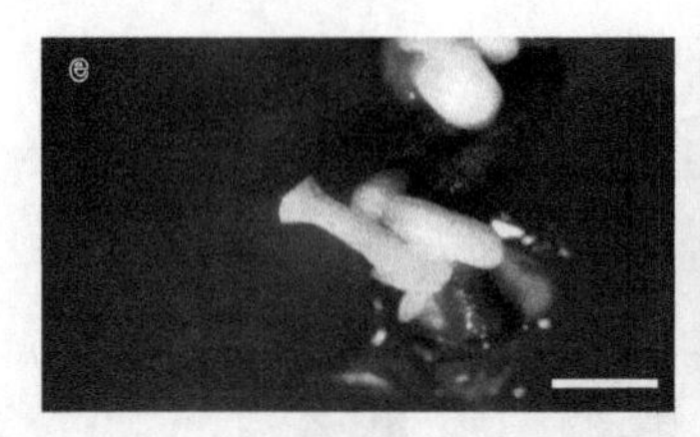

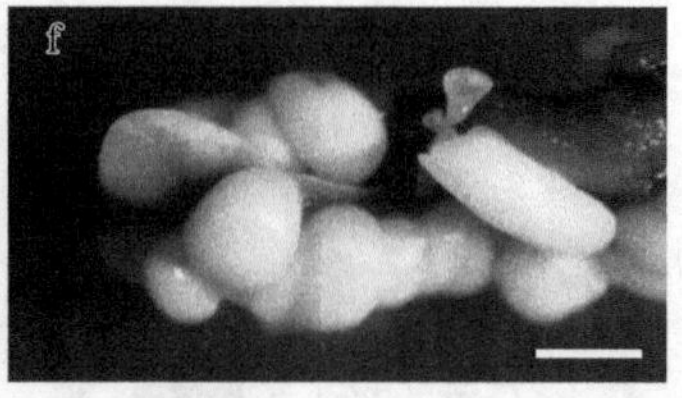

图 10-14 渗透压筛选、低温处理和 ABA 处理的水曲柳体胚发育状况比较（比例尺=1.25mm）

a、b. 低温处理后获得的同步化较好的体胚；c、d. 渗透压筛选获得的体胚；e、f. ABA 处理后的畸形胚

10.2.4.3 不同处理对水曲柳体胚退化的影响比较

当培养基中蔗糖浓度不同时，水曲柳体胚退化率显著高于对照，而在低温处理和 ABA 处理中体胚退化现象均不明显。部分体胚前期发育较迅速，在较短时间内发育到子叶胚阶段。在长期的继代过程中，没有对成熟胚起保护作用的珠被，即种皮，使得子叶胚完全处于无保护状态下，因此这部分子叶胚若不及时转移至萌发培养基中则易发生退化或畸形。

10.2.5 水曲柳体胚的萌发与生根

10.2.5.1 干燥处理对水曲柳体胚萌发与生根的影响

干燥处理对水曲柳体胚萌发有显著影响（$P<0.05$；图 10-15）。干燥 10min 后体胚萌发率最高（69.0%），叶片颜色正常，有明显的顶芽，茎粗壮且长势良好；而未经干燥处理的体胚萌发率仅为 27.6%。干燥时间过长（30min）不但不能提高体胚萌发率，反而使其（11.6%）低于未干燥处理（27.6%）。

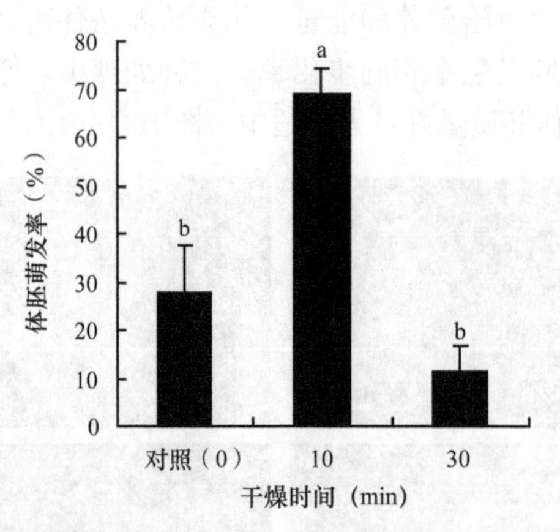

图 10-15 不同干燥处理条件下水曲柳体胚萌发率的比较

不同字母表示在 0.05 水平上差异显著

干燥处理后水曲柳体胚可以萌发，随着芽的萌发其胚根开始萌动（图 10-16a）。在芽萌发 20 天后观察统计体胚苗的生根情况。由图 10-17 可知，干燥处理后的体胚苗生根率（分别为 44.5% 和 36.1%）均高于对照（15%），且再生植株长势好于对照（表 10-5）。

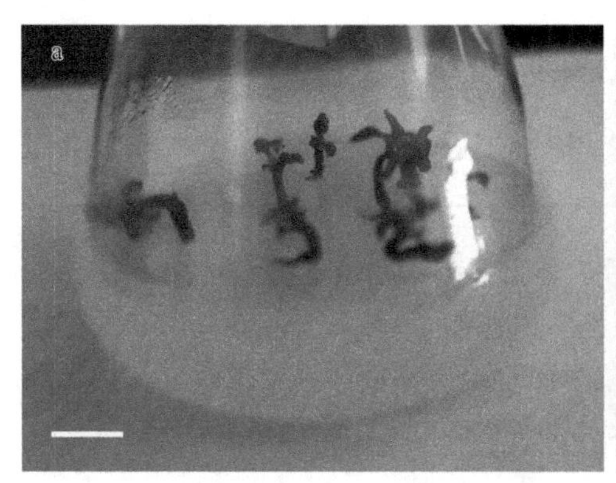

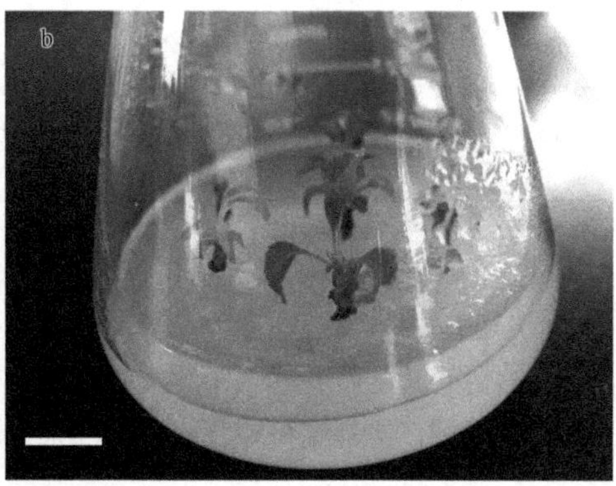

图 10-16　水曲柳体胚萌发及干燥处理后的体胚苗（比例尺=1.0cm）

a. 体胚萌发；b. 干燥处理后的体胚苗

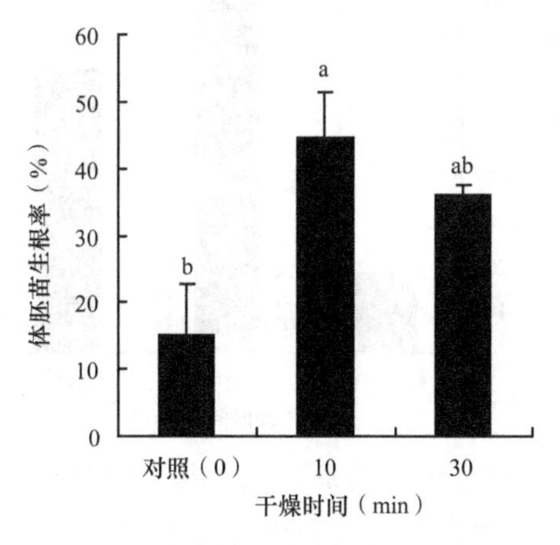

图 10-17　不同干燥条件下水曲柳体胚苗生根率的比较

不含有相同字母的表示在 0.05 水平上差异显著

表 10-5　不同处理对水曲柳体胚苗生长的影响

处理	最多叶数（片）	叶片发育情况	茎发育情况	根发育情况	顶芽发育情况
对照（干燥 0min）	3	少量皱缩卷曲，形状不规则，略小	较粗壮，少量弯曲	较粗壮，短	无明显顶芽
干燥 10min	6	浅绿色，大小适中，叶片伸展	高度适中，粗壮	粗壮	具明显顶芽

续表

处理	最多叶数（片）	叶片发育情况	茎发育情况	根发育情况	顶芽发育情况
干燥 30min	6	少量发黄，膨大或较小，有的玻璃化	较粗壮	纤细，较短	具少量顶芽
低温处理半个月	2	少量发黄，很小，叶片伸展，形状不规则	黄绿色，较弱	较短，褐化	无明显顶芽
低温处理一个月	2	部分变黑，卷曲，形状不规则	变褐，较短	无根	无明显顶芽

培养 70 天后观察发现，干燥处理后的体胚苗存活率分别为 80.2% 和 64.0%（图 10-18）。干燥处理提高了水曲柳体胚再生植株的存活率（图 10-16b）。经干燥处理的体胚萌发后其植株抗性明显增强，即使有少量染菌，只要及时转移到土壤介质中，90% 以上也可成活，且后期生长几乎不受影响。

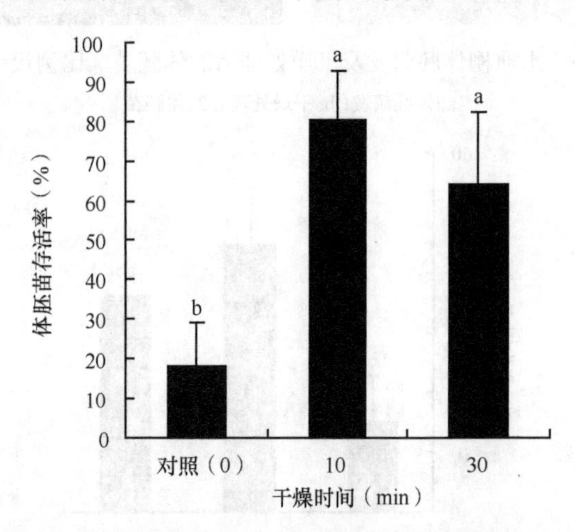

图 10-18　不同干燥条件下水曲柳体胚苗的存活率

图中不同字母表示在 0.05 水平上差异显著

10.2.5.2　低温处理对水曲柳体胚萌发与生根的影响

低温处理显著影响水曲柳体胚萌发率。低温处理半个月后体胚萌发率（69.44%）显著高于对照（$P<0.05$；图 10-19）。在低温处理中发现体胚苗生根率很低（图 10-20）。推测低温处理虽然可促进体胚芽原基的分化得以提高萌芽率，但长时间的低温使分化完成的根原基受到损害，所以使得根无法正常萌发。先期萌发的小苗逐渐变褐、变黑，并最终死亡，因此低温处理后其存活率明显低于对照（图 10-21）。虽然低温处理能促进一些品种体胚萌发，但在水曲柳体胚萌发中无益。

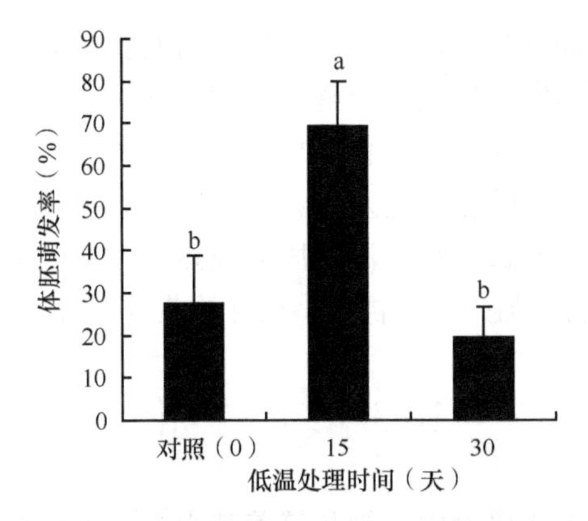

图 10-19　不同低温处理条件下水曲柳体胚萌发率

图中不同字母表示在 0.05 水平上差异显著

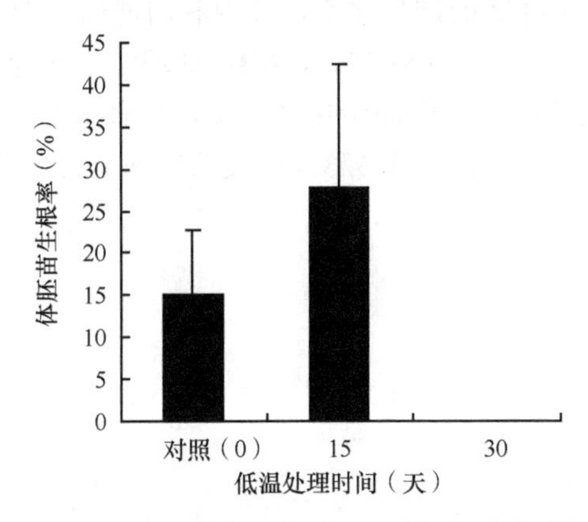

图 10-20　不同低温处理条件下水曲柳体胚苗生根率

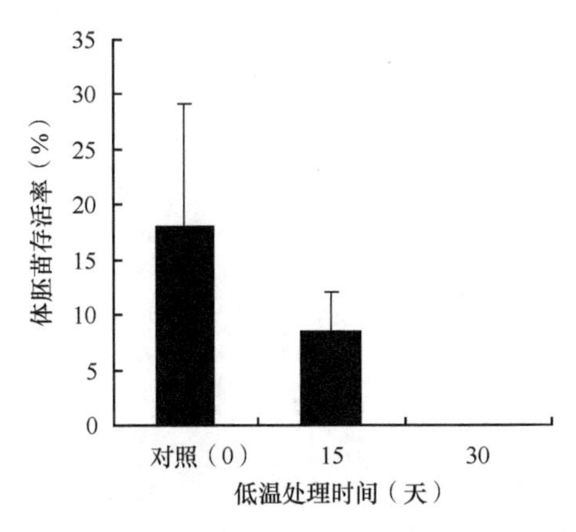

图 10-21　不同低温处理条件下水曲柳体胚苗存活率

如果继代间隔时间过长，低温处理后体胚萌发获得的再生小植株染菌率显著增加。因此建议体胚萌发后适当缩短继代时间。同时，萌发后若不及时转移到新的培养基上，再生小植株易出现褐化现象，且无法逆转。有的体胚可直接形成子叶胚，这类体胚若不及时转移到萌发培养基上则很容易转变为畸形胚或逐渐愈伤化，这可能是由于子叶胚长期在高渗透压的成熟培养基上培养，使得早已分化完成的根芽原基受到损害。另外，在再生小植株的茎基部易产生大量次生胚。

10.3 结 论

在水曲柳体胚同步化培养中蔗糖是培养基中必不可少的成分之一。前期诱导时间过长不利于水曲柳体胚的同步化发育。渗透压筛选法、低温处理法和 ABA 处理法均可提高水曲柳子叶胚的同步化率，其中利用蔗糖来调节培养基渗透压的方法得到的子叶胚同步化率最高（81.1%）。ABA 处理法的子叶胚同步化率略低于渗透压筛选法。低温处理后子叶胚同步化率最低，但体胚质量好于其他两种处理。将水曲柳体胚快速干燥 10min 后再转移到萌发培养基上可明显促进成熟胚的萌发、生根和后期生长。

11 抗褐化剂对水曲柳子叶外植体褐化及体胚发生的影响

在水曲柳体胚诱导培养过程中，存在一个特别且稳定的现象，即 90% 的体胚都产生在褐化的外植体表面，未褐化的外植体很少产生体胚或不产生体胚（杨玲等，2017；丛建民等，2012；孙倩等，2012；刘艳等，2011）。植物组织培养中外植体的褐化现象是非常普遍的，尤其是在木本植物中，褐化现象尤为严重。在植物组织培养过程中褐化往往是影响植物组织培养成功的关键所在。植物组织培养中影响褐化的因素不是单一的，主要有植物的种类及基因型，外植体的生长部位及生理状态，培养基的成分及培养条件，愈伤组织的继代、增殖方法及继代时间的早晚等。如何防止褐化是组织培养中需要解决的一个难题（高红兵等，2017）。但在水曲柳体胚诱导培养中，可以将外植体褐化作为体胚发生的形态学指标。为了阐明在水曲柳体胚发生中外植体褐化是否必须发生，本章对抗褐化剂对水曲柳成熟合子胚子叶外植体褐化及体胚发生的影响进行了研究。

11.1 材料与方法

11.1.1 研究材料与体胚诱导

于 11 月采集水曲柳种子，去种皮后的胚乳包被物用流水冲洗 2 天，在超净工作台中用 75%（*v*/*v*）乙醇处理胚乳包被物 30s，蒸馏水冲洗 3～5 次，5%（*v*/*v*）次氯酸钠浸泡灭菌 15min，最后用无菌蒸馏水冲洗 6～7 次。在超净工作台上，将胚乳包被物的胚轴端切除 2～3mm，挤出胚，切下子叶，将子叶内侧贴于培养基上接种。

体胚诱导培养基为 MS1/2（将 MS 培养基中所有成分都减半）附加 400mg/L 水解酪蛋白（CH）、75g/L 蔗糖、5mg/L NAA、2mg/L 6-BA 和 6.5g/L 琼脂。灭菌前将培养基 pH 调节至 5.8。接种后在黑暗中培养，培养室的温度为（25±2）℃，湿度为 40%～60%。

11.1.2 抗褐化剂处理

在培养基中添加的聚乙烯吡咯烷酮（PVP）浓度分别为0.1g/L、0.5g/L、1g/L和2g/L，L-谷氨酸（L-Glu）浓度分别为50mg/L、100mg/L和200mg/L，硝酸银（$AgNO_3$）浓度分别为1mg/L和10mg/L，抗坏血酸（ASA）浓度分别为10mg/L、20mg/L、50mg/L、100mg/L和150mg/L。以不加任何抗褐化剂处理的作为对照。除PVP于灭菌前加入培养基外，其余抗褐化剂均以过滤灭菌形式加入培养基。在培养过程中，用体视显微镜每天连续观察外植体变化，培养45天时统计体胚发生率及褐化率。

$$体胚发生率（\%）=\frac{诱导产生体胚外植体数}{接种存活外植体数}\times 100$$

$$褐化率（\%）=\frac{褐化外植体数}{接种存活外植体数}\times 100$$

$$褐化指数=\sum 褐化级别/（4\times 总外植体数）$$

11.2 结果与分析

11.2.1 PVP、L-Glu和$AgNO_3$对水曲柳成熟合子胚子叶外植体褐化及体胚发生的影响

在水曲柳研究中发现，接种5天以后外植体启动，子叶开始卷曲，慢慢变大，表面开始陆陆续续有褐色斑点产生。接种30天以后，在不同程度的褐化表面上开始慢慢形成体胚，偶尔也在未褐化的外植体上形成体胚。培养45天时，观察到子叶外植体的褐化程度并不统一，对褐化产生体胚的外植体进行分级（图11-1），分级标准为Ⅰ级（外植体表面褐化面积＜25%）、Ⅱ级（25%≤外植体表面褐化面积＜50%）、Ⅲ级（50%≤外植体表面褐化面积＜75%）、Ⅳ级（75%≤外植体表面褐化面积≤100%）。

在培养基中添加PVP、L-Glu和$AgNO_3$显著影响水曲柳体胚发生（$P<0.05$）。0.1g/L、0.5g/L PVP和100mg/L L-Glu的处理均促进了水曲柳体胚发生，体胚发生率分别为60.00%、69.85%和69.17%，分别比对照组提高了6.59%、24.08%和22.88%；其余处理的体胚发生率均低于对照组，其中0.5g/L PVP处理的体胚发生率最高，为69.85%，10mg/L $AgNO_3$处理的体胚发生率最低，为14.83%，相较于对照组降低了74.99%（图11-2）。

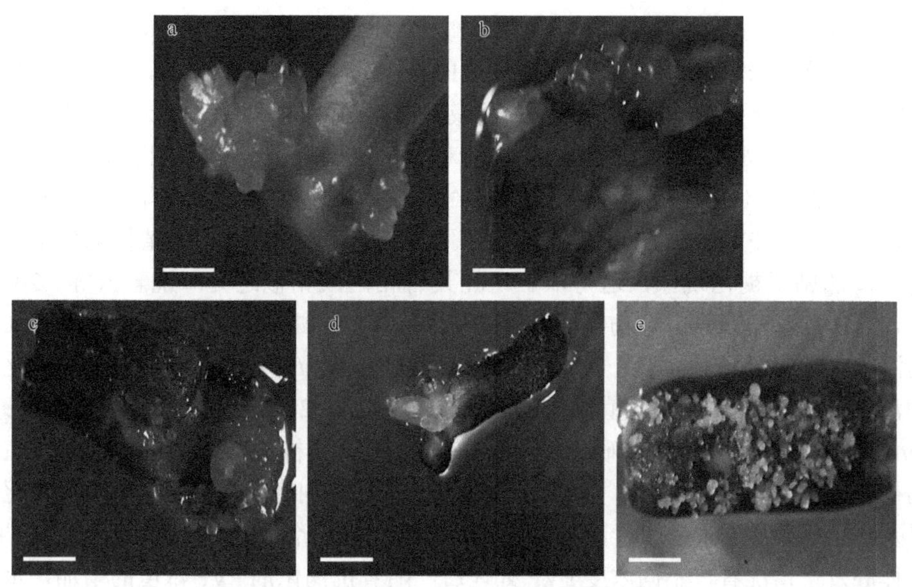

图 11-1 水曲柳产生体胚的外植体褐化程度观察

a. 未褐化外植体（比例尺=1.0mm）；b. Ⅰ级（水曲柳子叶外植体表面褐化面积＜25%；比例尺=1.0mm）；c. Ⅱ级（25%≤水曲柳子叶外植体表面褐化面积＜50%；比例尺=1.0mm）；d. Ⅲ级（50%≤水曲柳子叶外植体表面褐化面积＜75%；比例尺=5mm）；e. Ⅳ级（75%≤水曲柳子叶外植体表面褐化面积≤100%；比例尺=1.25mm）

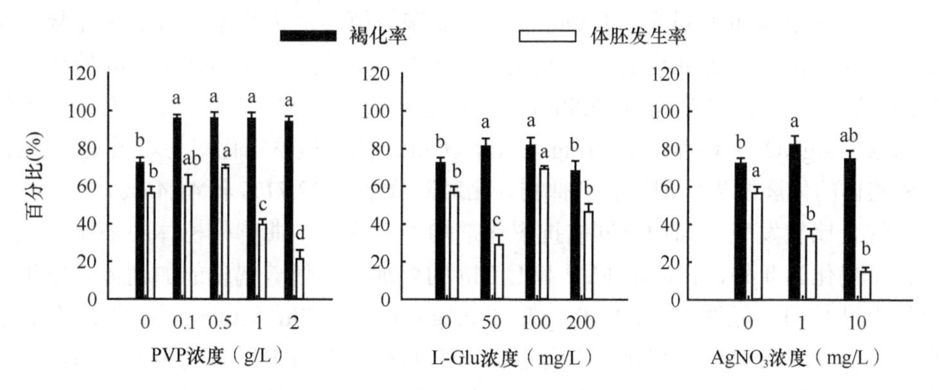

图 11-2 抗褐化剂对水曲柳外植体褐化率和体胚发生率的影响

同一测定指标上不含有相同字母的表示在 0.05 水平差异显著

抗褐化剂 PVP、L-Glu 和 $AgNO_3$ 显著影响了水曲柳外植体的褐化率（$P<0.05$）。各种处理中，只有 200mg/L L-Glu 的处理降低了外植体褐化率，其褐化率为 68.11%，相较于对照组降低了 5.83%，其余处理的外植体褐化率均高于对照组，其中在 0.5g/L PVP 的处理下外植体的褐化率最高，为 96.09%，相比对照提高了 32.85%，在 10mg/L $AgNO_3$ 处理下，外植体的褐化率最低，为 74.66%，相比对照提高了 2.33%（图 11-2）。

抗褐化剂的添加可有效降低外植体褐化率，且在很多植物的褐化研究中取得了成效（饶慧云等，2015；夏亚男等，2014）。在水曲柳研究中发现，添加抗褐化剂PVP、L-Glu和$AgNO_3$对水曲柳体胚发生及外植体褐化的影响有显著差异（图11-2）。不同浓度PVP处理后，外植体褐化率与对照相比显著上升，分别提高了23.67%、23.76%、23.64%、21.96%，各处理之间对外植体褐化率的影响没有显著差异。然而，抗褐化剂PVP、L-Glu和$AgNO_3$的添加并没有降低水曲柳外植体褐化率反而进一步加剧了褐化现象，这与以下研究具有相同或相似之处：饶慧云等（2015）在葡萄（*Vitis vinifera*）愈伤组织褐化研究中发现，抗褐化剂硫代硫酸钠（$Na_2S_2O_3$）的添加加剧了外植体褐化；在蓝桉（*Eucalyptus globulus*）体胚诱导中，抗褐化剂的添加并没有显著减少外植体的褐化（Pinto et al.，2008）；在紫苜蓿（*Medicago sativa*）等愈伤组织褐化的研究中，抗褐化剂PVP和柠檬酸的添加加剧了外植体的褐化（陈爱萍等，2017）。说明不同种类的抗褐化剂对不同种类植物的抗褐化效果及作用机理存在显著差异，只有选择适合的抗褐化剂才能达到减少褐化的效果。从体胚发生情况看，不同浓度PVP处理后，随着抗褐化剂PVP浓度的增加，水曲柳体胚发生率呈先增加后减小的趋势，其中0.1g/L和0.5g/L PVP对水曲柳体胚发生有促进作用，添加0.5g/L PVP处理的外植体体胚发生率最高，为69.85%，比对照高出24.08%。

培养基中添加不同浓度L-Glu后，水曲柳外植体的褐化率没有显著差异。从体胚发生情况看，各处理的体胚发生率差异显著，其中100mg/L L-Glu处理后水曲柳体胚发生率比对照高出22.88%，其他处理的体胚发生率明显低于对照。添加不同浓度$AgNO_3$的培养基中，1mg/ L $AgNO_3$处理的外植体褐化率与对照差异显著，而外植体的体胚发生率却受到了抑制，比对照降低了22.71%和41.46%。

综合比较发现，添加不同的抗褐化剂均没有降低水曲柳外植体的褐化率反而加剧了褐化。此外，在添加PVP和L-Glu的处理中，随着褐化的加剧体胚发生率也呈上升趋势。低浓度PVP（0.1g/L和0.5g/L）和L-Glu（100mg/L）处理有利于水曲柳体胚发生，但其褐化率却显著高于对照组。在组织培养过程中，添加抗褐化剂在加剧外植体褐化的同时促进水曲柳体胚发生并不是一个偶然现象。叶睿华等（2018）在5种抗褐化剂对杜鹃兰（*Cremastra appendiculata*）原球茎增殖培养的研究中以及刘香江等（2018）在抗褐化剂对块茎山嵛菜（*Wasabia japonica*）组培苗增殖的研究中均发现了类似的现象。相关性分析发现水曲柳体胚发生与外植体褐化之间并没有显著的相关性，说明低浓度的抗褐化剂并不是通过改变外植体褐化程度来促进水曲柳体胚发生的。

11.2.2 抗坏血酸对水曲柳成熟合子胚子叶外植体体胚发生的影响

抗坏血酸是植物组织培养常用的抗褐化剂（Sapers et al.，1989）。抗坏血酸（ASA）为多羟基还原物质，可使酚类物质因缺氧而无法被氧化而减轻褐化。同时抗坏血酸还能与氧化产生的醌类物质结合从而抑制褐化产生。在水曲柳体胚发生研究中发现，在同一基因型下，随着抗坏血酸浓度的增加体胚发生率逐渐增加（图 11-3）。与对照相比，低浓度（10mg/L）ASA 处理对体胚发生产生了抑制作用，显著降低了水曲柳成熟合子胚子叶外植体的体胚发生率；较低浓度（20mg/L）ASA 处理虽然使水曲柳的体胚发生率稍高于对照，但二者差异没有达到显著程度；而较高浓度（50mg/L 和 100mg/L）ASA 处理显著提高了水曲柳成熟合子胚子叶外植体的体胚发生率。

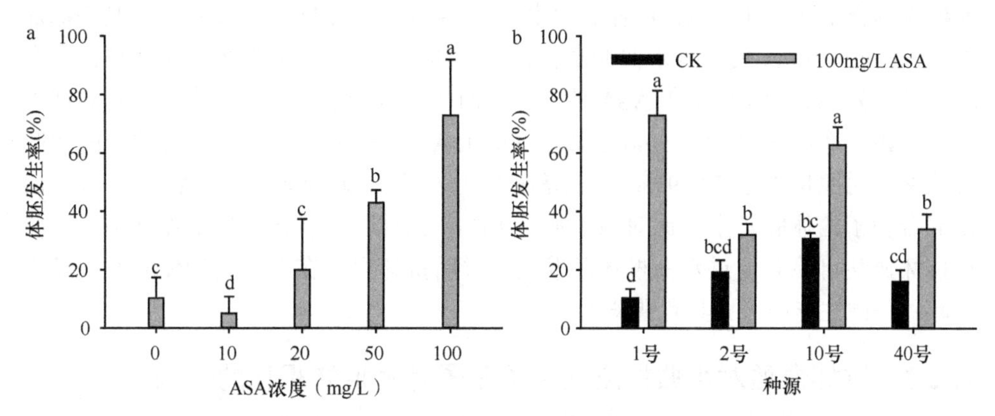

图 11-3 培养基中添加不同浓度 ASA 对水曲柳不同种源外植体体胚发生的影响

a. 不同浓度 ASA 对水曲柳体胚发生的影响；b. 100mg/L ASA 对不同种源外植体体胚发生的影响；同一测定指标上不含有相同字母的表示在 0.05 水平差异显著

综上所述，在水曲柳体胚诱导中添加外源 ASA 的研究中，低浓度 ASA 处理在降低外植体褐化率的同时也降低了体胚发生率，较高浓度 ASA 处理在提高外植体褐化程度（褐化率与对照相同）的同时也显著提高了体胚发生率，这与一般情况下使用抗褐化剂处理的目标相悖。相似报道只见 1 例：块茎山嵛菜（*Wasabia japonica*）组培增殖实验中 ASA 低浓度处理抗褐化效果较好，但增殖系数较低，高浓度处理加剧了褐化程度但对增殖和生长有所促进（刘香江等，2018）。有研究表明，在低浓度 ASA 情况下，细胞分裂会受到阻碍，而处于分裂活动状态的细胞有高浓度的 ASA 参与（Irshad et al.，2018）；外源 ASA 影响多胺代谢，而多胺在体胚发生中具有重要作用（梁艳等，2012）；以 ASA 为电子供体的专一性很强的抗坏血酸过氧化物酶（APX），在体胚发生和发育过程中起着重要作用（李惠华和赖忠雄，2006a，2006b）；外源 ASA 应用增加了白云杉（*Picea glauca*）体胚发芽率和转苗率，其是通过诱导分生组织的细胞分裂来提高茎分生组织转化率的（Stasolla and Yeung，2006）。这些结果对高浓度ASA促进体胚发生有一定的解释作用，但有关ASA抗褐化的实验证据多来自果实或食品相关研究（Yu et al.，2017），关于ASA影响外植体褐化程度的生物学机理的实验证据相对缺乏（高红兵等，2017），而相关外植体褐化程度变化动态与体胚发生率变化动态具有相关性的机理尚未见研究报道，亟待进一步深入研究。

利用最佳ASA浓度（100mg/L）评估种源对体胚发生的影响。在植物体胚诱导发生过程中，仅离体细胞培养不能成为体胚发生的充分条件，植物基因型是决定外植体体胚发生率的重要因素之一（Castillo et al.，1998）。在培养基中添加植物诱导发生剂成为打破基因型障碍、有效改善林木体胚发生技术的一种重要方法。对不同种源水曲柳子叶外植体进行高浓度抗坏血酸处理，在不同水平上提高了水曲柳成熟合子胚子叶外植体的体胚发生率（$P<0.05$；图11-3）。①在培养基中添加外源100mg/L ASA使1号水曲柳混合种子的体胚发生率比对照增加了4倍；②在培养基中外源添加100mg/L ASA使2号水曲柳混合种子的体胚发生率比对照增加了12.84%；③在培养基中外源添加100mg/L ASA使10号水曲柳混合种子的体胚发生率比对照增加了32.19%；④在培养基中外源添加100mg/L ASA使40号水曲柳混合种子的体胚发生率比对照增加了18%。由此可见，在诱导培养基中添加外源抗坏血酸可显著促进水曲柳体胚发生。说明抗坏血酸在促进植物体胚发生过程中起到关键性作用，并具有普适性。

11.2.3 抗坏血酸对水曲柳成熟合子胚子叶外植体褐化的影响

ASA通常作为一种抗氧化剂用来减轻或防止外植体褐化以维持或提高外植体增殖水平（谢居清等，2009）。低浓度（10mg/L和20mg/L）ASA是褐化抑制剂，即明显降低了水曲柳成熟合子胚子叶外植体的褐化程度（褐化指数），也显著降低了褐化外植体数量（褐化率）；而较高浓度（50mg/L和100mg/L）ASA是褐化促进剂，虽然对褐化率的影响与对照没有差别，但提高了水曲柳成熟合子胚子叶外植体的褐化程度（褐化指数），其中100mg/L ASA对褐化程度的增强与对照达到了显著水平；但是再高浓度（150mg/L）的ASA就变成了致死剂，使所有外植体均死亡。在实验浓度范围内，ASA对水曲柳成熟合子胚子叶外植体褐化状况的影响格局与对体胚发生的影响格局一致，其中对外植体褐化程度有显著促进作用的100mg/L ASA处理的体胚发生率高达73%，显著高于对照的体胚发生率；对不同浓度ASA处理条件下的外植体褐化率和褐化指数与体胚发生率进行协方差分析，结果表明，添加ASA的培养基上培养的外植体褐化率和褐化指数与体胚发生率呈极显著正相关关系（$P<0.01$），相关系数分别为r=0.518和r=0.679。低浓度（10mg/L）

ASA 处理降低了水曲柳外植体的褐化率，但同时也降低了体胚发生率；较高浓度 ASA 处理在提高外植体褐化程度的同时也显著提高了体胚发生率（表 11-1）。

表 11-1 不同浓度抗坏血酸（ASA）处理对水曲柳外植体褐化及体胚发生的影响

ASA（mg/L）	外植体数	褐化指数	褐化指数比率（%）	褐化外植体数	褐化率（%）	褐化率比率（%）	发生体胚外植体数	体胚发生率（%）	体胚发生率比率（%）
0	49	0.61bc	100	48	98a	100	5	10c	100
10	40	0.46a	75	34	85b	87	2	5d	50
20	30	0.54ab	88	26	87b	89	6	20c	200
50	49	0.66cd	108	48	98a	100	21	43b	430
100	45	0.73d	120	44	98a	100	33	73a	730
150	0	0	0	0	0	0	0	0	0

注：同列不含有相同小写字母的代表不同处理在 0.05 水平上差异显著；各个比率均以对照为 100% 计算

抗坏血酸的抗褐化作用对不同物种具有特异性。培养第 20 天添加 175mg/L ASA，岩黄连（*Corydalis saxicola*）愈伤组织褐化率最低（18.5%）（苏江等，2015）；添加 10mg/LASA 显著减轻了银杏（*Ginkgo biloba*）愈伤组织褐化程度（王义强等，2003）；过高浓度的抗坏血酸对红豆杉（*Taxus chinensis*）组织生长有不良影响（盛长忠等，2001）。在大豆（*Glycine max*）愈伤组织胁迫研究中，添加 ASA 可显著提高盐胁迫下愈伤组织的相对含水量、相对干重、可溶性蛋白含量、超氧化物歧化酶（SOD）活性、过氧化物酶（POD）活性和 MDA 含量（常云霞等，2014）。

11.3 结 论

低浓度（0.1g/L 和 0.5g/L）PVP 和 100 mg/L L-Glu 处理加剧了水曲柳外植体褐化，但显著促进了水曲柳体胚发生，体胚发生率达 60% 及以上；200mg/L L-Glu 处理有效降低了外植体褐化，褐化率为 68.11%（相比对照组降低了 5.83%），但是体胚发生率较低，为 46.32%（相较于对照降低了 22.8%）；100mg/L ASA 处理下体胚发生率高达 73%，显著高于对照。

林木体胚发生在成熟林木复幼和优良种质大规模扩繁、遗传转化和加速新种质创造与新品种培育等方面均具有重大应用潜力（Lelu-Walter et al.，2016，2013）。水曲柳体胚发生与外植体褐化之间存在紧密的关联关系。利用水曲柳作为试材，把外植体表观褐化状态与其体胚发生发育过程中内部生物学变化以及能够有效影响这些变化的因素进行关联研究，可解析树木体胚发生过程中体细胞向胚性细胞转化的生物学机制，从而建立高效调控技术体系。

12 抗褐化剂对水曲柳体胚发生过程中外植体生理生化的影响

在水曲柳体胚产生过程中伴随着外植体的褐化现象，并且水曲柳体胚大部分产生在褐化的外植体上（杨玲等，2017；丛建民等，2012；孙倩等，2012；刘艳等，2011）。这与外植体褐化是组织培养不利因素的普遍认知不同，但与以下研究有相同或相似之处：李官德等（2006）在陆地棉（*Gossypium hirsutum*）体胚发生过程中发现的褐化愈伤组织也能分化出体胚；Tapia 等（2009）在葡萄（*Vitis vinifera*）体胚研究中发现外植体培养到 8～14 天时发生轻度褐化，但褐化不影响细胞活性和再生能力；Find 等（2014）在辐射松（*Pinus radiata*）研究中发现合子胚下胚轴和胚根产生的褐色愈伤组织可以再生出胚性愈伤组织。这些研究结果表明，褐化可能存在有利的一面，或者是某种有利因素的一种关联外在表现。因此，解析水曲柳体胚发生伴随外植体褐化的生物学机理，可为水曲柳体胚高频发生技术的建立和优化提供理论依据。

12.1 材料与方法

12.1.1 研究材料和体胚诱导

体胚诱导所用种子：①混合成熟种子，于 2016 年 12 月采于帽儿山实验林场；②混合成熟种子，于 2016 年 12 月采于吉林临江；③ 40 号树成熟种子，于 2018 年 9 月采于黑龙江苇河青山林场母树园；④ 10 号树成熟种子，于 2018 年 9 月采于东北林业大学校园；⑤水曲柳种子，于 2013 年 11 月采自东北林业大学实验林场。收集的种子去翅后用流水冲洗 2 天，在超净工作台中用 75%（*v/v*）乙醇处理 30s，蒸馏水冲洗 3～5 次，5%（*v/v*）次氯酸钠灭菌 15min，最后用无菌蒸馏水冲洗 6～7 次，将种子的胚轴端切除 2～3mm，挤出胚，将子叶内侧贴于培养基上接种。诱导培养基为 MS1/2（将 MS 培养基中所有成分均减半）附加 400mg/L 水解酪蛋白（CH）、75g/L 蔗糖、5mg/L NAA、2mg/L 6-BA、6.5g/L 琼脂，灭菌前将培养基 pH 调节至 5.8。暗培养，培养室的温度为（25±2）℃，湿度为 40%～60%。

12.1.2 抗褐化剂处理

培养基中添加的聚乙烯吡咯烷酮（PVP）浓度分别为0.1g/L、0.5g/L、1.0g/L和2.0g/L；L-谷氨酸（L-Glu）浓度分别为50mg/L、100mg/L和200mg/L；硝酸银（$AgNO_3$）浓度分别为1mg/L和10mg/L，抗坏血酸（ASA）浓度分别为10mg/L、20mg/L、50mg/L、100mg/L和150mg/L。以不加任何抗褐化剂的处理作为对照。除PVP于灭菌前加入培养基外，其余抗褐化剂均以过滤灭菌形式加入培养基。在培养过程中定期取不同处理的外植体作为材料测定其生理生化指标。每项指标均重复测定三次，取平均值。

12.2 PVP、L-Glu和$AgNO_3$对水曲柳外植体生理生化的影响

12.2.1 PVP、L-Glu和$AgNO_3$对外植体多酚含量和PPO活性的影响

在培养基中添加PVP、L-Glu和$AgNO_3$显著影响外植体细胞内多酚含量（$P<0.05$）。0.5g/L PVP、50mg/L L-Glu和200mg/L L-Glu处理加剧了外植体内多酚的积累，其中50mg/L L-Glu处理的多酚含量最高（4.1%，相较于对照增加了32.25%），0.5g/L PVP处理的多酚含量最低（3.1%，与对照相同）；其余处理均抑制了多酚的积累，其中0.1g/L PVP处理下，外植体多酚含量为1.5%（相较于对照组降低了51.61%），1mg/L $AgNO_3$处理的多酚含量最高（2.7%，相较于对照组降低了12.90%）。在培养基中添加PVP、L-Glu和$AgNO_3$同样显著影响外植体细胞内多酚氧化酶（PPO）活性（$P<0.05$）。三种抗褐化剂处理后外植体细胞内的PPO活性均低于对照（图12-1），其中，在0.5g/L PVP处理下，外植体的PPO活性最高（与对照相比下降了30.1%），在1g/L PVP处理下，外植体的PPO活性最低（与对照相比降低81.2%）。

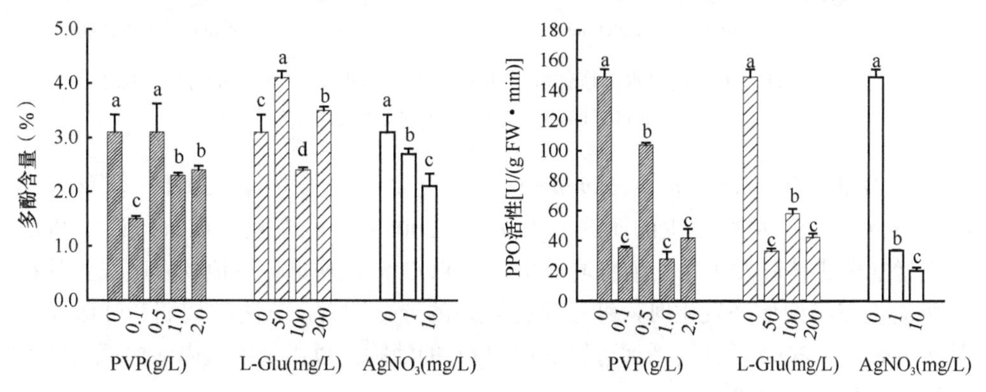

图12-1 三种抗褐化剂对水曲柳外植体多酚含量和PPO活性的影响

同一测定指标上不同字母表示在0.05水平差异显著

外植体细胞内多酚含量和 PPO 活性与外植体褐化关系密切，并且外植体褐化阻碍组织培养（Wang et al.，2014）。在水曲柳体胚发生中，低浓度 PVP（0.1g/L 和 0.5g/L）处理的体胚发生率与多酚含量没有显著相关性，说明低浓度抗褐化剂并不能通过改变外植体细胞内多酚含量及 PPO 活性来促进体胚发生（图 12-1）。

12.2.2 PVP、L-Glu 和 $AgNO_3$ 对外植体抗氧化酶 SOD 和 POD 活性的影响

在培养基中添加 PVP、L-Glu 和 $AgNO_3$ 显著影响水曲柳外植体细胞内超氧化物歧化酶（SOD）活性（$P<0.05$）。三种抗褐化剂处理的 SOD 活性均低于对照，其中 10mg/L $AgNO_3$ 处理的外植体细胞内 SOD 活性最高（377.59U/g FW，与对照相比下降了 29.1%），1.0g/L PVP 处理的外植体细胞中 SOD 活性最低（58.09U/g FW，与对照相比降低了 80.9%）。同时，抗褐化剂 PVP、L-Glu 和 $AgNO_3$ 的添加也显著影响外植体细胞内过氧化物酶（POD）活性（$P<0.05$；图 12-2）。POD 通常与酯酶、酸性磷酸酶一起作为组织培养中胚性细胞和器官发生快速灵敏的生理指标（Coppens and Gillis，1987）。在 PVP（0.1g/L 和 0.5g/L）处理下水曲柳外植体细胞内的 POD 活性较高（图 12-2）。

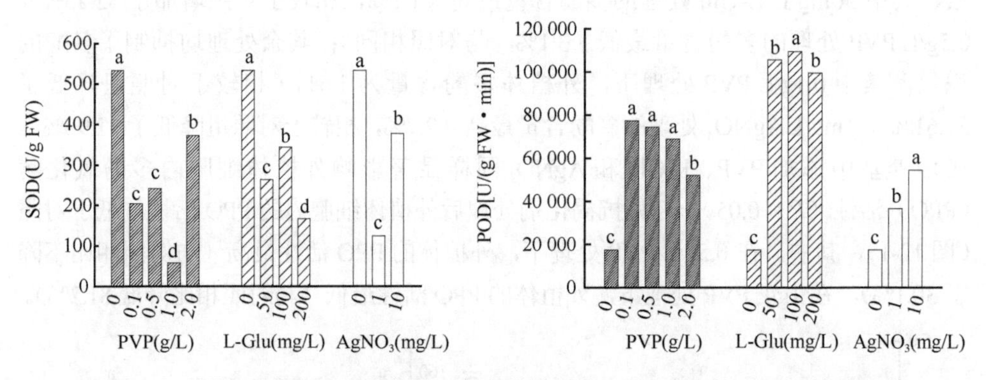

图 12-2　三种抗褐化剂对水曲柳体胚发生外植体中 SOD 活性和 POD 活性的影响

同一测定指标上不同字母表示在 0.05 水平差异显著

在番茄（*Lycopersicon esculentum*）体胚发生（关正君等，2011）以及人参（*Panax ginseng*）体胚发生的研究（王义等，2008）中也有相似现象，说明 POD 活性增加促进体胚发生是一个普遍现象，而 POD 活性增加促进植物体胚发生的机理可能是在早期体胚发生时，细胞保持较强的分化能力，其物质代谢和呼吸作用都十分旺盛，POD 活性的增加可以加快 H_2O_2 的消除，以维持细胞内活性氧的动态平衡（王义等，2008）。

12.2.3 PVP、L-Glu 和 $AgNO_3$ 对外植体 MDA 含量的影响

在水曲柳体胚发生过程中，PVP、L-Glu 和 $AgNO_3$ 添加显著影响外植体细胞内丙二醛（MDA）含量（$P<0.05$）。三种抗褐化剂处理的外植体细胞内 MDA 含量均高于对照组。在 0.1g/L PVP 处理下，外植体细胞内 MDA 含量最高（与对照相比提高了 131.1%），在 1.0g/L PVP 下外植体细胞内 MDA 含量最低（与对照相比提高了 41.5%）（图 12-3）。MDA 作为脂质过氧化指标，表示脂质过氧化程度和对逆境反应的强弱，MDA 含量越高，则膜损伤越大（张英鹏等，2006）。

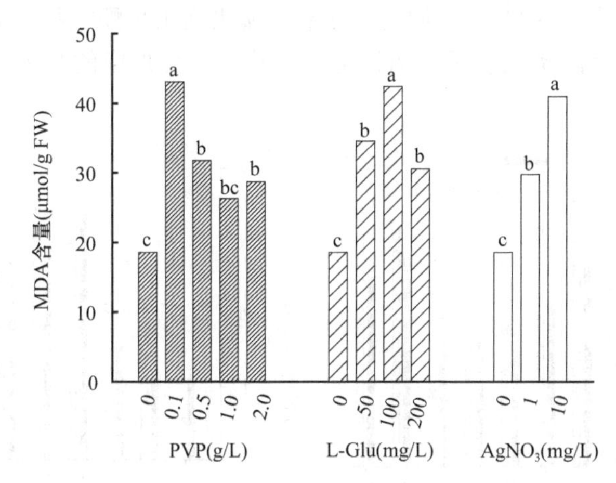

图 12-3 三种抗褐化剂对水曲柳外植体中 MDA 含量的影响

同一测定指标上不含有相同字母的表示在 0.05 水平差异显著

综上所述，低浓度抗褐化剂（0.1g/L PVP、0.5g/L PVP 和 100mg/L L-Glu）在促进水曲柳体胚发生的同时加剧了 POD 及 MDA 的积累，说明水曲柳体胚发生与细胞内活性氧代谢平衡具有密切联系。

12.3 外源 ASA 对水曲柳外植体生理生化的影响

12.3.1 外源 ASA 对外植体多酚含量和 PPO 活性的影响

水曲柳体胚发生过程中往往伴随着外植体褐化现象，外植体褐化的机制是外植体在受损伤时，液泡中的酚类物质与细胞质中的多酚氧化酶（PPO）接触后，被氧化成相应的醌，再进一步反应形成黑色或褐色的色素沉淀。而 PPO 是植物体中普遍存在的一种末端氧化酶，它可以催化酚类物质形成醌类物质（赵苏海等，2007；姚洪军等，1999）。在外植体切割过程中，水曲柳子叶的切口处会释放酚类

物质，外植体褐化是由于其切口处释放的酚类物质被氧化。在培养基中外源添加高浓度（100mg/L）ASA处理的水曲柳外植体细胞中多酚含量在不同时间段比对照均有明显升高（图12-4），PPO活性在培养期间先升高后降低，其变化趋势与对照大体相同（图12-4）。PPO活性同多酚含量一样在培养的第14天时达到峰值，此时恰好是水曲柳外植体大规模褐化及体胚发生开始的前期。这说明高浓度ASA在水曲柳体胚发生前期并没有作为抗氧化剂起到清除多酚的作用，反而起到促进作用，且使多酚含量一直保持在较高的水平。培养基中添加高浓度ASA培养的水曲柳外植体细胞的多酚含量和PPO活性在短期与对照相比均有显著变化，这与赵苏海等（2007）认为ASA一方面使多酚氧化酶失活阻止酚类物质氧化，另一方面消耗掉溶解氧，使酚类物质因缺氧而无法氧化，对已形成的醌类物质则没有办法破坏的观点相一致。

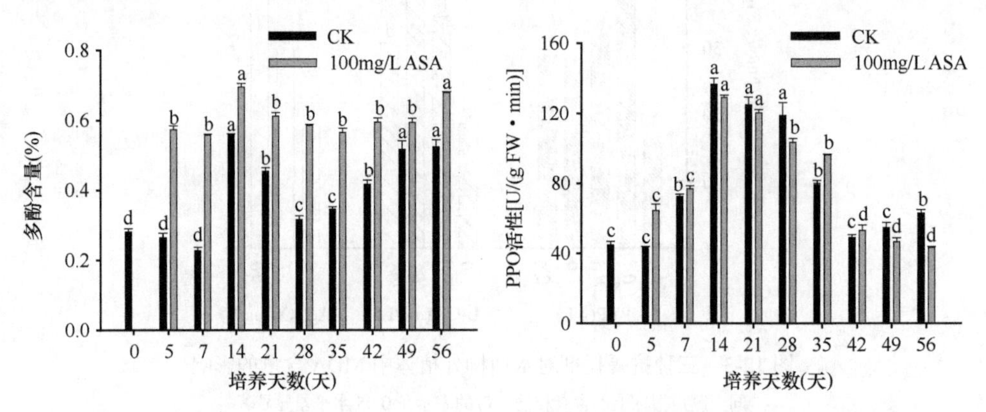

图12-4 培养基中添加100mg/L ASA对水曲柳外植体多酚含量和PPO活性的影响

同一测定指标上不同字母表示在0.05水平差异显著

12.3.2 外源ASA对外植体PAL活性的影响

苯丙氨酸解氨酶（PAL）是一种与植物防御反应相关的酶。其基因表达随褐化的发生逐渐增加，切割、冲洗、消毒等过程均会诱导PAL活性相应增强（许传俊等，2006；Dyer et al.，1989）。随着培养时间的增加，水曲柳外植体褐化现象开始出现，PAL活性先升高后降低（图12-5），这与莴苣（*Lactuca sativa*）褐化现象中PAL活性测定结果相一致（Hisaminato et al.，2001）。ASA处理的水曲柳外植体中PAL活性在培养21天后变化不显著（$P>0.05$）。

12.3.3 外源ASA对外植体ASA合成代谢的影响

ASA普遍参与到植物体生长发育的各个阶段，是生物体生长发育过程中不可缺少的化学物质。ASA在植物代谢过程中多为清除活性氧的非酶抗氧化物质，其

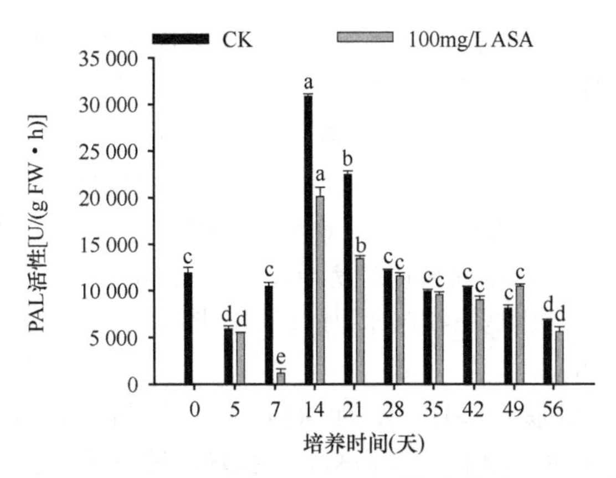

图 12-5 培养基中添加 100mg/L ASA 对水曲柳外植体 PAL 活性的影响

同一测定指标上不同字母表示在 0.05 水平差异显著

生物合成代谢过程中抗坏血酸-谷胱甘肽（ASA-GSH）循环是回收 ASA 的主要路径：植物体内 ASA 在抗坏血酸过氧化物酶（APX）的催化下被氧化成脱氢抗坏血酸（DHA），DHA 通过 ASA-GSH 循环重新合成 ASA 参与 ASA 水平调节。ASA 作为植物体内普遍存在的抗氧化物质，能有效地反映植物自身的生理代谢水平，在植物对逆境响应和适应中发挥重要作用。其中 APX 又借助 ASA 将 H_2O_2 还原为 H_2O。

在水曲柳体胚发生过程中，外植体接种到培养基后，培养 5 天时大部分外植体开始褐化，培养 14 天时外植体褐化完全，培养 21 天时外植体上开始有少量体胚直接发生，培养 56 天左右体胚发生数量稳定。在水曲柳体胚诱导过程中，外源 ASA 处理的外植体细胞内总抗坏血酸（T-ASA）含量在不同时期表现不同（图 12-6）。在诱导期（0～21 天），外源 ASA 处理的 T-ASA 高于对照，而在体胚发生期（21～

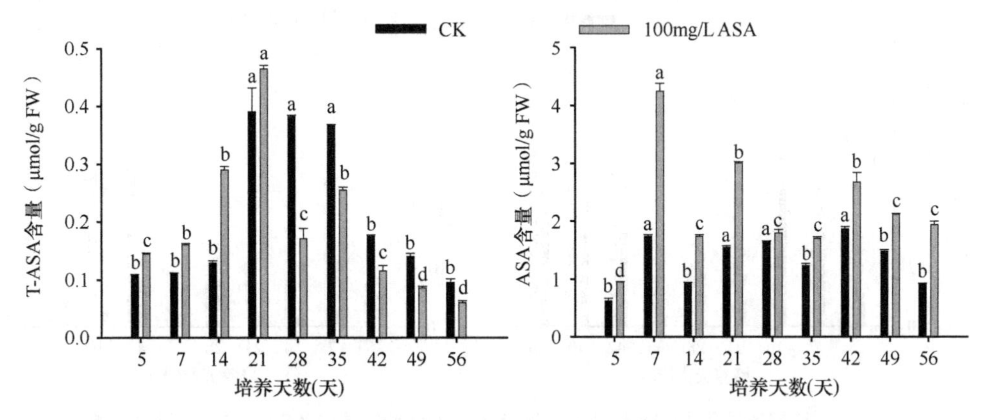

图 12-6 培养基中添加 ASA 对水曲柳外植体 ASA 含量的影响

同一测定指标上不同字母表示在 0.05 水平差异显著

56天）则低于对照。在外源ASA处理下，水曲柳外植体细胞内ASA含量在诱导期（0～21天）表现出先增高后降低的趋势；在体胚发生期（21～56天），ASA含量维持在一个较高的水平上。即在诱导初期，ASA合成增加，在体胚发生期，ASA维持代谢稳定。在植物体内ASA的代谢途径主要包括ASA循环和ASA降解两个方面（Davey et al.，2000；Loewus et al.，1990）。ASA循环主要发生在植物细胞内叶绿体和线粒体上，水曲柳体胚诱导过程是在黑暗中进行的，排除其光代谢途径，推测其细胞内代谢是在线粒体中进行的，植物ASA降解是在组织胞外进行的（杨颖丽等，2018）。

植物体内谷胱甘肽（GSH）作为DHA的电子受体与ASA偶联形成ASA-GSH循环，该循环在植物体清除自由基、抵抗环境胁迫等方面起重要作用，同时维持和平衡ASA与GSH的氧化还原能力（Bybordi，2012）。水曲柳体胚诱导发育过程中ASA和GSH主要以还原型状态存在，这与柑橘（*Citrus reticulata*；代琳等，2018）、小麦（*Triticum aestivum*；杨颖丽等，2018）一致。培养7天是ASA处理和对照组的ASA与GSH含量爆发的时间段，ASA/DHA、GSH/GSSG（氧化型谷胱甘肽）比值均显著增加，说明此时外植体ASA-GSH循环抗氧化能力增强（图12-7，图12-8）。水曲柳体胚诱导的基础培养基中含有75g/L蔗糖，蔗糖作为基础碳代谢物质的同时也是一种渗透剂，因此推测ASA-GSH循环抗氧化能力增强是因为基础培养基中的糖胁迫作用。高浓度ASA处理的外植体褐化显著增加的现象是由于ASA自降解过程中会发生底物消耗、生成无色中间体和褐色物质（林扬栋等，2017）。培养后期水曲柳外植体细胞内总ASA含量和还原性ASA含量显著降低，说明细胞内ASA-GSH循环作用减弱。水曲柳体胚发生伴随程序性细胞死亡（PCD），在PCD过程中H_2O_2作为诱导因子使线粒体结构发生变化而引起不可逆的死亡。

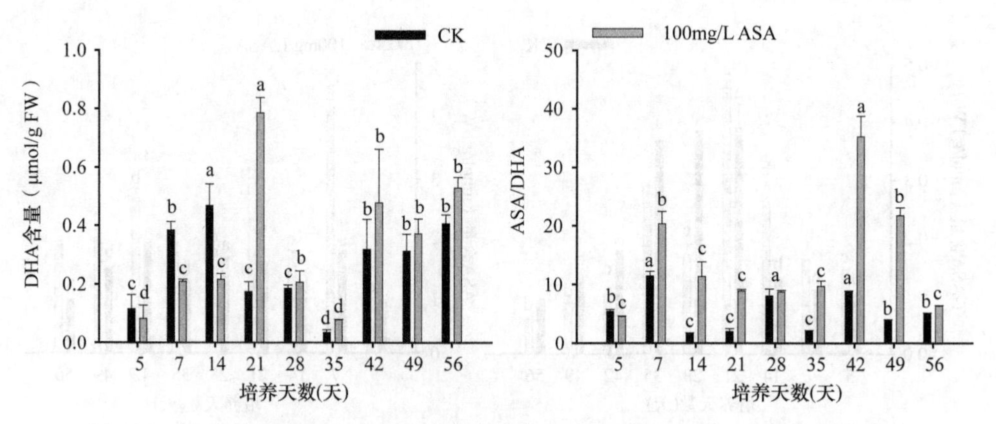

图12-7　培养基中添加ASA对水曲柳外植体DHA含量和ASA/DHA比值的影响

同一测定指标上不同字母表示在0.05水平差异显著

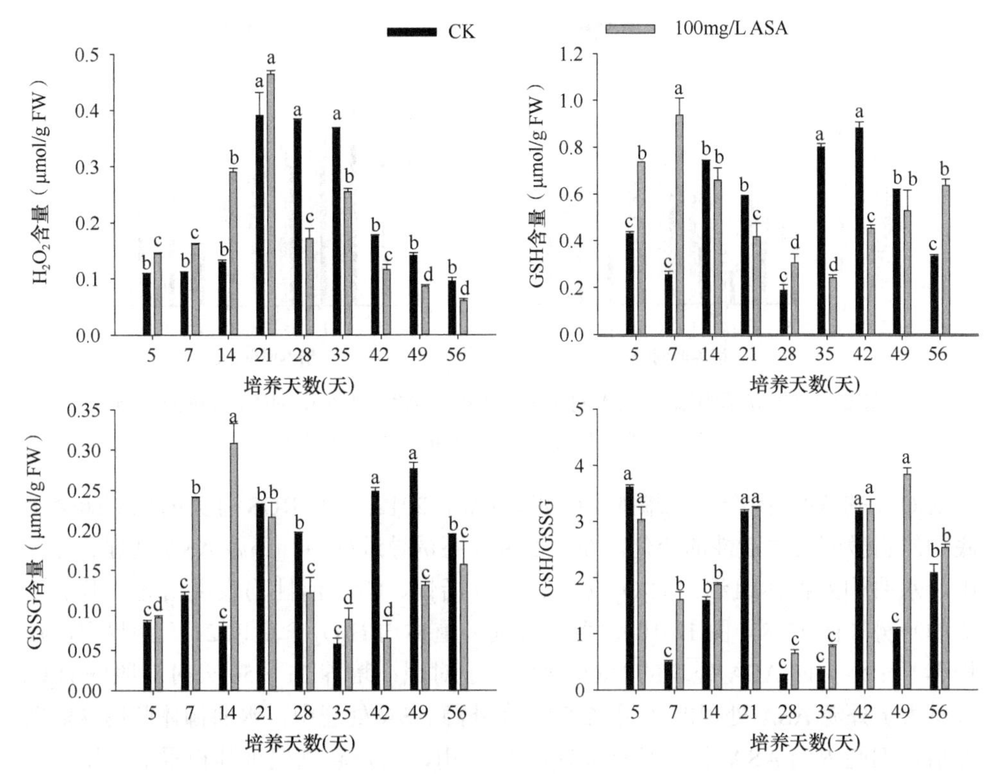

图 12-8 培养基中添加 ASA 对水曲柳外植体细胞内 H_2O_2、GSH、GSSG 含量和 GSH/GSSG 比值的影响

同一测定指标上不同字母表示在 0.05 水平差异显著

12.3.4 外源 ASA 对外植体 APX 活性的影响

抗坏血酸过氧化物酶（APX）在 ASA 的循环中起重要作用（Silva et al., 2010），其以 ASA 为电子供体将 O_2^- 经 SOD 催化后生成的 H_2O_2 还原为 H_2O。外源 ASA 处理的水曲柳外植体在不同时期与对照组以及外源添加 H_2O_2 的处理组相比均有效增加了 APX 活性。APX 活性增加使 ASA 循环可以稳定胞内 ASA 含量。但总 ASA 含量在培养的第 7～14 天仍然减少，说明存在胞外 ASA 降解途径。而体胚发生后期 APX 活性有所升高且维持在较高水平上，说明 APX 在水曲柳体胚发生过程中与体胚诱导有密切的联系（图 12-9）。

12.3.5 外源 ASA 对外植体细胞内活性氧代谢的影响

过氧化氢（H_2O_2）是活性氧（ROS）重要的组成部分，生物、非生物如温度等胁迫和激素等信号均可诱导组织细胞内 H_2O_2 的产生和积累。H_2O_2 作为非常重要的信号转导分子介导植物生命正常活动时保持在一定的动态平衡，在胁迫反应

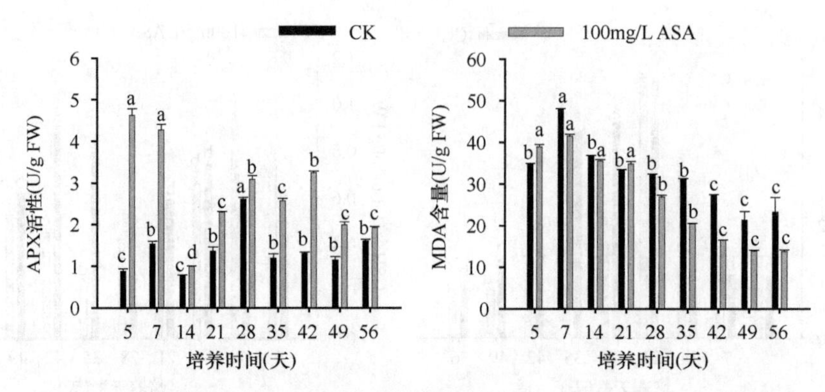

图 12-9　培养基中添加 ASA 对水曲柳外植体 APX 活性和 MDA 含量的影响

同一测定指标上不同字母表示在 0.05 水平差异显著

下 H_2O_2 在植物体内会大量增加（Gallie et al.，2012），与 ROS 有关的代谢酶会因底物的刺激而发生活性的变化。在水曲柳体胚诱导过程中，外源 ASA 处理和对照中，水曲柳外植体组织内 H_2O_2 含量、SOD 活性、CAT 活性均表现出先上升后下降的趋势（图 12-8，图 12-10）。各处理间外植体内 H_2O_2 含量以 21 天为界限，在培养 5～21 天时 ASA 处理的 H_2O_2 含量大于对照；培养 21～56 天时对照的 H_2O_2 含量大于外源 ASA 处理的（图 12-8）。在外源 ASA 处理中，水曲柳体胚诱导前期外植体细胞内的 ASA 未起到清除 H_2O_2 的作用，而是起到促进其积累的作用。这验证了 ASA 此时在外植体中主要为胞外降解，在降解过程中 ASA 释放 5 个 H_2O_2，使外植体内 H_2O_2 含量升高；而体胚发生期（21～56 天），外源 ASA 作为抗氧化剂清除了 H_2O_2，因此外植体内 H_2O_2 含量低于对照。同时 H_2O_2 减少也降低了 SOD 和 CAT 的活性。SOD 和 CAT 通过活性变化调节应答，在 ASA 处理和对照中其活性变化同 H_2O_2 含量一样呈先升高后降低的趋势（图 12-8，图 12-10）。外源 ASA

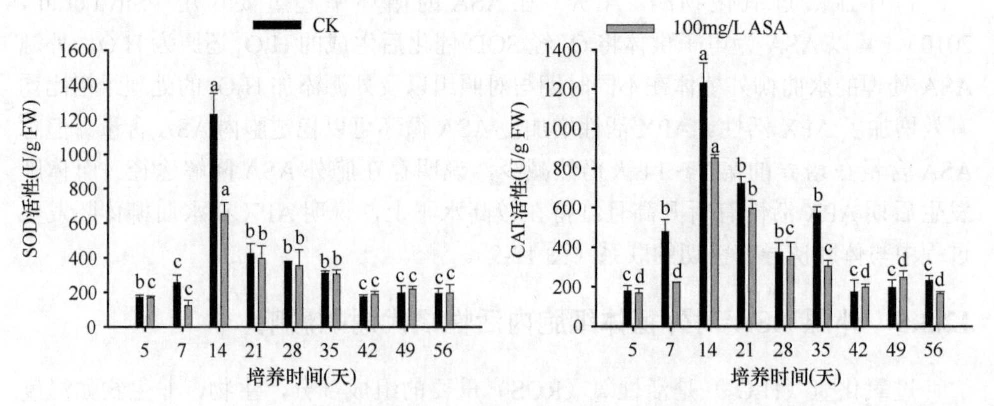

图 12-10　培养基中添加 ASA 对水曲柳外植体 SOD 和 CAT 活性的影响

同一测定指标上不同字母表示在 0.05 水平差异显著

处理的 SOD 活性和 CAT 活性在诱导前期低于对照，这与大豆（*Glycine max*）愈伤组织胁迫响应规律相一致（常云霞等，2013）。

12.3.6 外源 ASA 对外植体细胞内 MDA 含量的影响

活性氧平衡被破坏会导致植物组织内脂质过氧化从而使细胞受到氧化伤害，破坏细胞膜结构功能。丙二醛（MDA）可作为膜质损伤程度的衡量指标（Silva et al., 2010）。在各处理和对照中，MDA 含量均表现出先升高后降低的趋势。在培养 21 天时，处理与对照之间 MDA 含量差异显著（$P>0.05$）。体胚诱导期 MDA 含量增加可能是体胚诱导前期活性氧代谢失衡后使脂质过氧化程度加剧，导致 MDA 含量升高（图 12-9）；体胚发生期 MDA 含量稳定下降说明外植体内活性氧平衡，膜质代谢稳定。在处理和对照培养基中水曲柳外植体 MDA 含量增加与对向日葵（*Helianthus annuus*；Zhang and Kirkham，1994）和豌豆（*Pisum sativum*；Moran et al.，1994）的研究结论相似。在烟草（*Nicotiana tabacum*）细胞分裂过程中，外源添加 ASA 可以增加细胞内可溶性蛋白含量、降低细胞膜透性、降低 MDA 含量，使烟草细胞分裂速率加快，起到稳定细胞膜结构、保护细胞的作用（Kerk and Feldman，1995），水曲柳体胚发生中外源 ASA 处理使外植体细胞内 MAD 含量小于对照，说明 ASA 对细胞膜结构起到了保护作用。

12.3.7 外源 ASA 对外植体细胞内 NO 合成的影响

一氧化氮（NO）在植物中起到抗氧化剂的作用，可以提高抗氧化酶活性，减少活性氧（ROS）对植株的氧化胁迫。外源 NO 通过提高氯化钠胁迫下黄瓜（*Cucumis sativus*）幼苗（Low and Merida，1996）叶片抗氧化酶活性来缓解盐胁迫导致的 ROS 积累，从而起到保护作用。无论是外源 ASA 处理还是对照，NO 含量均在培养的第 5 天达到最大，然后降低（图 12-11）。说明 NO 在逆境胁迫下迅速增加得到应答，随后下降（与 H_2O_2 呈现相反的趋势），其可能作为 H_2O_2 上游信

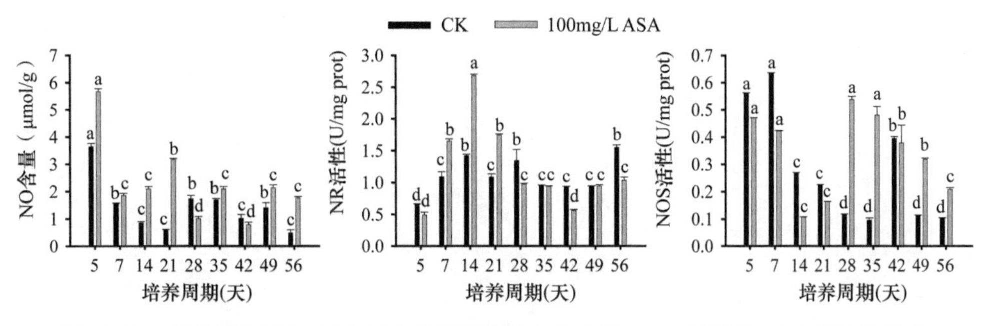

图 12-11 培养基中添加 ASA 对水曲柳外植体 NO 含量、NR 活性和 NOS 活性的影响

同一测定指标上不同字母表示在 0.05 水平差异显著

号与其协同起作用。NO的产生会促进APX活性的提高。外源添加NO可以提高ASA含量以及ASA-GSH循环效率。在水曲柳中，在外源ASA添加的培养基上，水曲柳外植体细胞内一氧化氮合酶（NOS）活性与DHA含量呈显著负相关关系，但与APX活性呈极显著正相关关系。这与Wang等（2013）研究内容一致。综合来看，NO在水曲柳体胚发生过程中可能通过一氧化氮合酶（NOS）和硝酸还原酶（NR）共同调控其合成，作为H_2O_2的上游，与ASA共同调控H_2O_2的含量。

12.4 结　论

抗褐化剂的添加在降低多酚含量和多酚氧化酶活性的同时并没有改善水曲柳外植体褐化现象，因此单一的多酚氧化酶活性和多酚含量并不能说明褐化的机理，多酚和多酚氧化酶在细胞内区域化分布的膜系统才是褐化发生的关键。水曲柳外植体褐化与体胚发生存在正相关关系。在水曲柳体胚发生过程中，ASA作为双向调节剂起关键作用。外植体内ASA在体胚诱导初期以胞外降解为主，作为前氧化物释放H_2O_2，促进外植体褐化死亡；在体胚发生期则以胞内ASA-GSH循环为主，ASA作为抗氧化物清除H_2O_2，为体胚发生提供正向保护作用。在水曲柳体胚诱导过程中，细胞内H_2O_2含量先升高后降低，与其相关的酶促（SOD、POD和CAT）和非酶促（ASA-GSH循环）反应共同调节细胞内H_2O_2的动态平衡。细胞内NO可能作为H_2O_2上游调控分子在体胚发生过程中起重要调控作用。

13 水曲柳体胚发生伴随外植体褐化的生理机制及差异蛋白

蛋白质双向电泳（two-dimensional electrophoresis，2-DE）是分子生物学领域中常用的技术之一，它对于蛋白质的分离和分析极为精细和有效。聚丙烯酰胺凝胶双向电泳（two-dimensional polyacrylamide gel electrophoresis，2D-PAGE）的原理是利用蛋白质不同组分之间的等电点差异和分子质量差异对复杂的蛋白质组分进行分离与分析。利用这种方法，样品经过电荷和分子质量两次分离后，可以使蛋白质呈点状分布于一块胶上。最常用的方法是固相 pH 梯度等电聚焦（immobilized pH gradients isoelectric focusing，IPG-IEF）技术。

植物胚胎发育是一个非常复杂而有序的生理过程，包括受精作用、合子不均等分裂、细胞分化、器官的形态建成等一系列细胞学和发育生物学问题。利用双向电泳技术可以检测植物发育过程中蛋白质组成和数量上的差异，为研究者提供不同发育阶段基因表达和调控的信息。

13.1 材料与方法

13.1.1 材料采集与体胚诱导

于 7 月中旬采集水曲柳未成熟种子，在室内将种子去翅，将胚乳包被物置于蒸馏水中浸泡 12h 后，在流水下冲洗 2h；在超净工作台中用 70%（*v*/*v*）乙醇处理 10s，2%（*v*/*v*）次氯酸钠消毒 10min，最后用无菌水冲洗 4～5 次。用无菌解剖刀切去未成熟种子的胚根端 1/3～1/2，用镊子挤出幼胚，切取单片子叶接种到诱导培养基上（子叶内侧附于培养基上），每一培养皿接种 10 个外植体。

选用 MS1/2（将 MS 培养基中所有成分都减半）为基本培养基。添加 400mg/L 水解酪蛋白（CH）、70g/L 蔗糖、0.5mg/L 6-BA、1.5mg/L NAA 和 6g/L 琼脂，将培养基 pH 调节至 5.8 后高温高压灭菌。

采用暗培养，接种后将培养皿放入纸箱中置于培养室中，培养室的温度控制在（25±2）℃，湿度 60%～70%。

13.1.2 蛋白样品制备

采用三氯乙酸（TCA）-丙酮法制备水曲柳子叶外植体及培养物的蛋白样品，具体步骤如下。

1）取样品约 0.5g，置于预冷的研钵中，加 0.05g PVP，液氮研磨。

2）研磨后的粉末转移至 10mL 离心管中，加入 5mL 预冷的 12.5% TCA-丙酮提取液［含 20mmol 二硫苏糖醇（DTT）］，–20℃沉淀 1h（中间翻转振荡 2 次）。

3）4℃、40 000g 离心 15min，振荡混匀。

4）弃上清，沉淀悬浮于 5mL 冷丙酮沉淀液（含 20mmol DTT）中，–20℃静止 2h（间歇翻转振荡）。

5）4℃、40 000*g* 离心 15min。

6）重复步骤 4）、5）3～4 次，直至有机相呈无色。

7）弃上清，沉淀自然干燥，即为丙酮粉，转移至 2mL 离心管中（此时可置于–20℃保存）。

8）每毫克丙酮粉中加入 15μL 的蛋白裂解液｛7mol 尿素，2mol 硫脲，4% 3-[3-(胆酰胺丙基)二甲氨基]-1-丙磺酸（CHAPS），40mmol DTT，2% 两性载体 4-7｝进行溶解。

9）4℃搅拌摇床摇匀 1h，冰浴超声处理 15min（重复两次），4℃、40 000*g* 离心 20min。

10）去上清，即为蛋白样品，分装，–80℃冻存。

11）以牛血清蛋白（BSA）做标准曲线，测样品蛋白浓度。

13.1.3 蛋白质的分离

13.1.3.1 一向等电聚焦

1）–80℃取出蛋白样品，体温融化。

2）按照 24cm IPG 胶条上样量（1mg）吸取蛋白样品，加入再水化液（7mol 尿素，2mol 硫脲，2% CHAPS，0.5% IPG 缓冲液 4-7，0.002% 溴酚蓝，用前按 2.8mg/L 浓度加入 DTT），将溶液补齐至 450μL。

3）4℃、40 000*g* 离心 1h，上样，上胶条、覆盖油。

4）电泳条件：30V 8h → 50V 4h → 100V 1h → 300V 1h → 500V 1h → 1000V 1h → 8000V 12h。

5）一向电泳结束后，取出胶条，在平衡液［50mmol Tris-HCl pH 8.8，6mol 尿素，30% 甘油，2% 十二烷基硫酸钠（SDS），0.002% 溴酚蓝，1%DTT 或 2.5% 碘乙酰胺］中平衡，每步 20min。

13.1.3.2　二向 SDS-PAGE

1）SDS 聚丙烯酰胺凝胶的配制（按照 6 块 24cm 胶配制）：140mL H_2O，188mL 30% 丙烯酰胺（含 0.8% 甲叉丙烯酰胺），113mL 1.5mol/L Tris-HCl（pH 8.8），5mL10% SDS，4.5mL 10% 过硫氨酸，500mL 1,2-双 (二甲基氨基) 乙烷（TEMED），用封闭液（将 0.5% 琼脂糖、0.002% 溴酚蓝溶于 SDS 电泳缓冲液中）封胶。

2）胶条用 2×SDS 电泳缓冲液冲洗，上到二向胶中（注意使胶条与胶面紧密接触，不能有气泡）。

3）向电泳槽中加入电泳缓冲液，开始二向 SDS-PAGE。

13.1.3.3　凝胶染色、脱色及图像采集与分析

1）二向电泳结束后，将凝胶取出，注意不要弄碎凝胶。

2）置于固定液（40% 乙醇，10% 冰醋酸，50%Milli Q）中固定 30min 后，再放置 20min（10% 冰醋酸，90%Milli Q）。

3）用煮沸的染色液（冰醋酸，考马斯亮蓝 R-350）染色 10min，然后用 10% 冰醋酸脱色过夜。

4）脱色后的凝胶经扫描仪扫描后，可保存于 4℃冰箱中。

5）凝胶图像经过 Image Master 2D platinum 5.0 程序分析，获得蛋白质斑点的等电点、分子质量、相对表达丰度以及凝胶之间蛋白质斑点匹配的信息。

13.1.3.4　蛋白质胶内酶切

1）经图像分析之后，找出不同样品间的差异及特异表达蛋白点，将这些蛋白点从胶上切取下来，装入 PCR 管或 96 孔板。

2）加入 100μL 的 25mmol/L 碳酸氢铵/50% 乙腈，冰浴超声脱色 30min（2～3 次）。

3）加入 50% 乙腈脱水 15min，吸除液体，然后加入 100% 乙腈脱水至胶粒呈白色。

4）吸除乙腈，加入 10mmol DTT/25mmol/L 碳酸氢铵，56℃水浴 1h。

5）吸除液体，加入 55mmol 碘乙酰胺/25mmol/L 碳酸氢铵，黑暗 45min。

6）吸除液体，加入 25mmol 碳酸氢铵，静置 15min。

7）吸除液体，加入 50% 乙腈 15min，吸除液体，加入 100% 乙腈脱水至胶粒呈白色。

8）吸除乙腈，使胶粒自然干燥。

9）向胶粒中加入 5μL 胰蛋白酶溶液，冰浴 30min。

10）吸除酶液，加入 5mL 25mmol/L 碳酸氢铵，37℃水浴 12～14h。

11）如果胶内的蛋白质含量较低，在酶解后可以向酶解液中（含胶粒）加入约 80mL 5% 三氟乙酸（TFA），40℃提取 1h，吸出提取液，加入约 80μL 2.5%TFA，1mL 50% 乙腈，30℃提取 1h。合并两次提取液，置于真空离心蒸发仪中干燥，保存。

13.2 结果与分析

13.2.1 蛋白质的分离

将三种外植体蛋白质样品用 pH 4～7 IPG 进行等电聚焦，然后用 12.5% SDS-PAGE 进行分离，双向电泳结果如图 13-1 所示。对每种样品的两张凝胶图像进行重

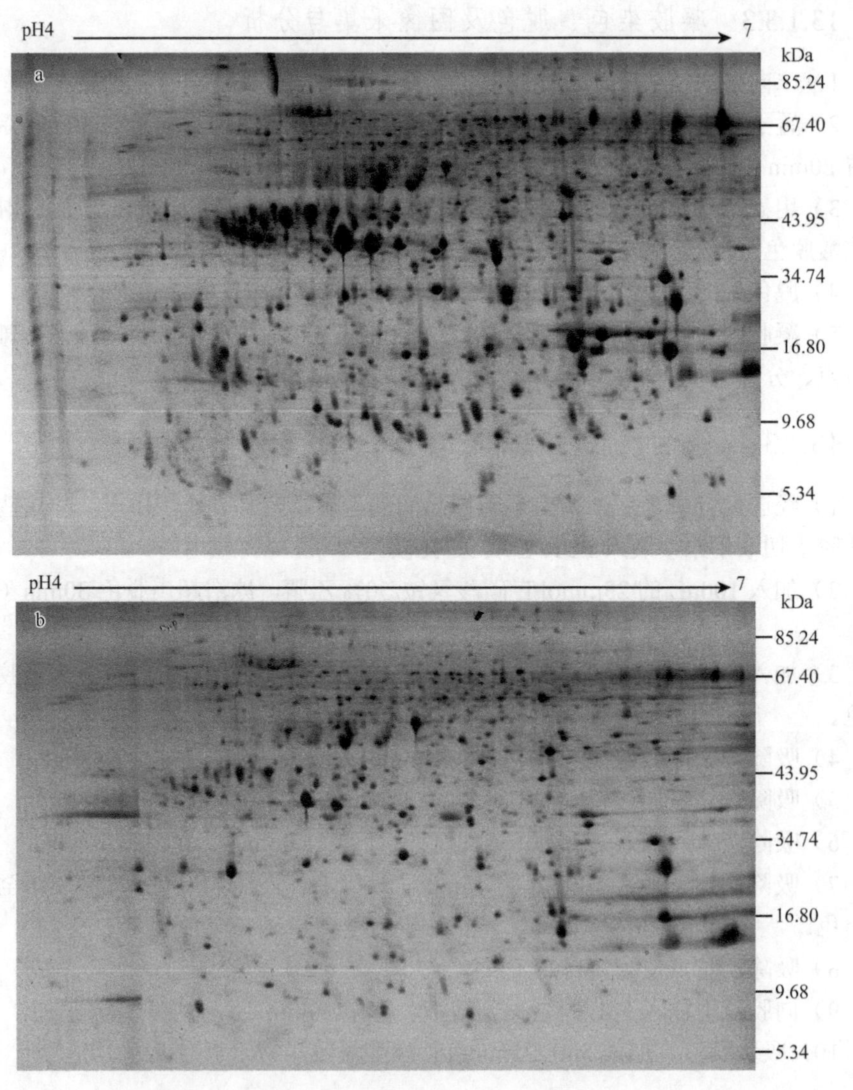

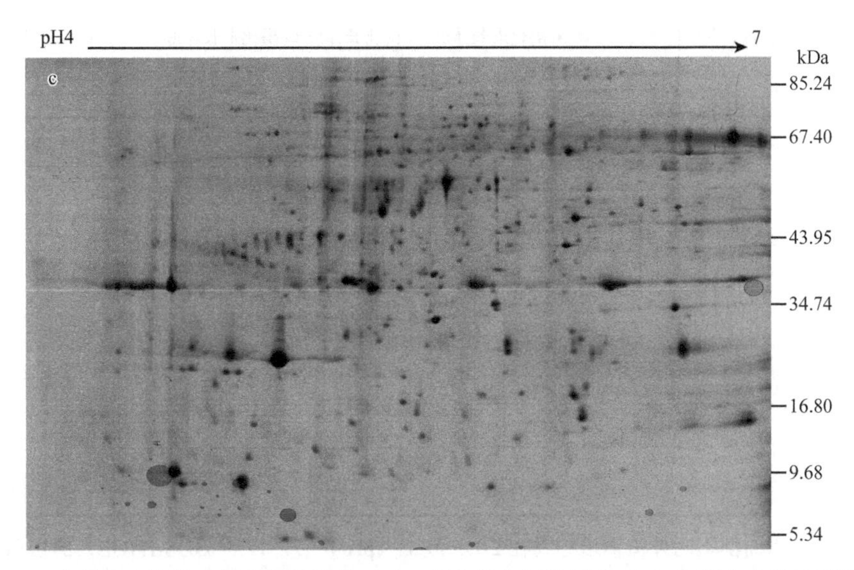

图 13-1　水曲柳未褐化未长体胚外植体（a）、褐化长体胚外植体（b）和褐化未长体胚外植体（c）的双向电泳图谱

复性匹配后，从未褐化未长体胚外植体的 2-DE 胶上得到 642 个蛋白点（图 13-1a），从褐化长体胚外植体的胶上得到 628 个蛋白点（图 13-1b），从褐化未长体胚外植体的胶上得到 435 个蛋白点（图 13-1c）。

未褐化未长体胚外植体的 2-DE 胶上蛋白点最多，染色较深，说明其蛋白质种类较多，含量较丰富；褐化长体胚外植体次之，褐化未长体胚外植体蛋白质种类较少，含量相对也较低（图 13-1），这与可溶性蛋白含量测定结果相符。

13.2.2　实际等电点与分子质量分析

13.2.2.1　等电点分析

从三种外植体在各等电点范围（每 0.5 个 pI 范围为 1 个区间）的分布情况来看，在 pI 4.0～5.0，未褐化未长体胚外植体、褐化长体胚外植体和褐化未长体胚外植体蛋白点呈高—低—高的谷状分布；在 pI 5.0～6.0 为低—高—低的峰状分布；在 pI 6.0～7.0 的分布则为下降趋势（图 13-2）。与未产生体胚的外植体相比，产生体胚外植体的蛋白点在 pI 5.0～6.0 内分布较多，在 pI 4.0～5.0 内分布较少；而未褐化的外植体的蛋白点在 pI 4.0～5.0 及 pI 6.0～7.0 内分布较褐化外植体多，在 pI 5.5～6.5 内差别不大。从总体上看，三个样品的蛋白点在 pI 4.0～7.0 的分布情况基本一致，都呈抛物线趋势，只是未产生体胚的两种外植体在 pI 5.0～5.5 内蛋白点最多，而产生体胚的外植体则在 pI 5.0～6.0 内蛋白点最多。

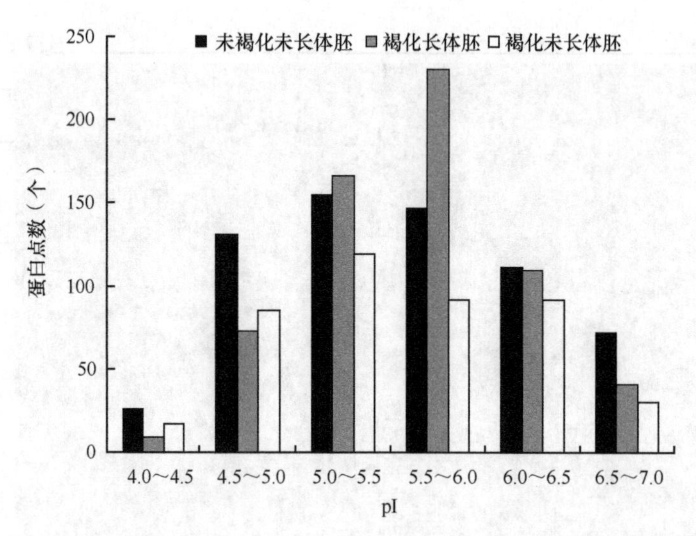

图 13-2 水曲柳不同外植体培养物在 2-DE 胶上（pH 4～7，12.5%SDS-PAGE）的蛋白点在各等电点范围的分布

13.2.2.2 分子质量分析

从三种外植体在各分子质量范围（每 10kDa 为 1 个区间）的分布来看，未褐化外植体蛋白点在 10～20kDa 内分布最多，其次是 40～50kDa、60～70kDa，产生体胚的外植体在 50～70kDa 内分布最多，三种外植体在超过 80kDa 的范围内分布较少，超过 90kDa 几乎没有。对两种褐化的外植体进行比较，发现在 10kDa 以下及 30～70kDa 内，产生体胚的外植体蛋白点分布较多（图 13-3）。

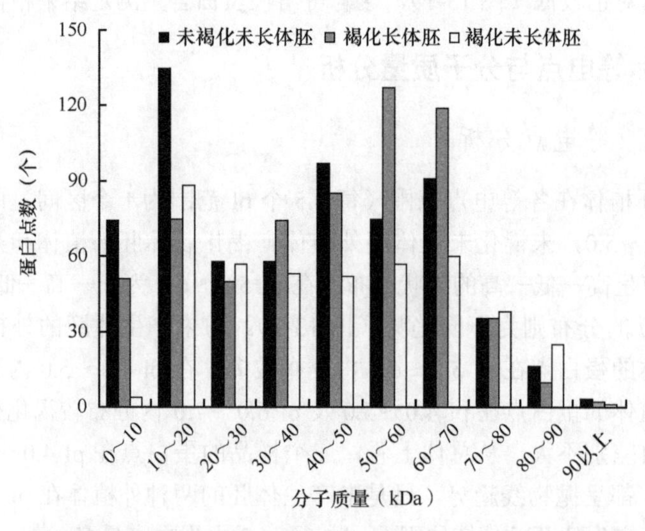

图 13-3 水曲柳不同外植体培养物在 2-DE 胶上（pH 4～7，12.5%SDS-PAGE）蛋白点在各分子质量范围的分布

未褐化未长体胚外植体的蛋白点数量在三个分子质量内（10～20kDa、40～50kDa 和 60～70kDa）表现出峰值，长体胚的外植体的蛋白点数量在两个分子质量（10～20kDa、50～70kDa）内表现出峰值，而褐化未长体胚外植体的蛋白点只有在 10～20kDa 内出现峰值。

13.2.3 不同样品蛋白点表达比较分析

13.2.3.1 外植体褐化相关蛋白分析

对三种样品蛋白点［未褐化未长体胚外植体（A）：642 个蛋白点；褐化长体胚外植体（B）：628 个蛋白点；褐化未长体胚外植体（C）435 个蛋白点］进行重复性匹配，发现三种样品均具有的蛋白点为 118 个；对未褐化未长体胚外植体（A）与褐化未长体胚外植体（C）进行匹配，共有 180 个点匹配成功，其中，差异表达（表达丰度差异在 2 倍以上）的蛋白点有 49 个，差异点中褐化外植体上调表达的有 35 个，下调表达的有 14 个，推测这 49 个点可能与外植体的褐化有关，此外，二者的特异点也可能与外植体褐化有关。另外，对褐化的两种外植体进行匹配，发现二者重复的蛋白点有 214 个，将匹配上的 214 个点与未褐化外植体进行匹配，其中特异表达的蛋白点为 96 个，推测这 96 个特异表达蛋白点中也可能存在与外植体的褐化有关的蛋白。

将部分差异较大的蛋白点和特异表达丰度较高的蛋白点在双向电泳图谱上作出标注，如图 13-4a～c 所示。在图 13-4a 中，1～18 为其与图 13-4c 之间的特异点，19～31 为其与图 13-4c 的差异点，差异点中 19～23 在图 13-4a 中上调表达，24～31 为下调表达；在图 13-4b 中，16～20 为其与图 13-4a 之间的差异点，其中

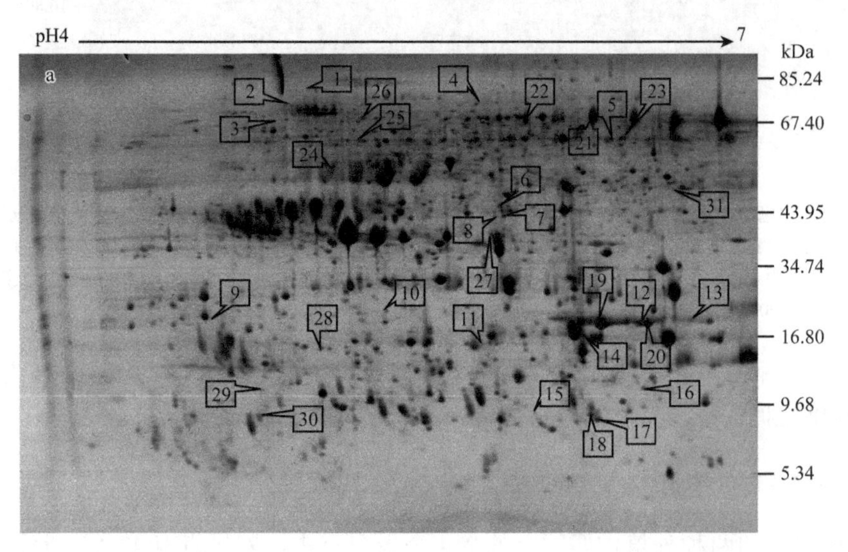

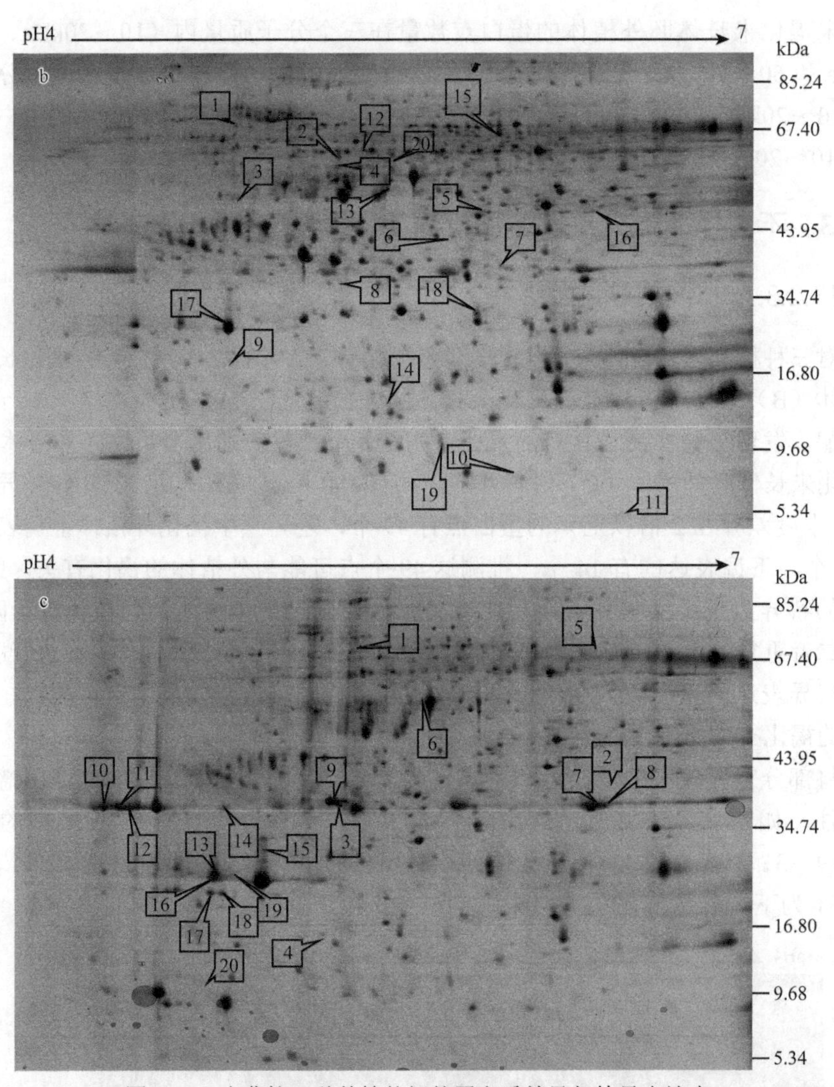

图 13-4 水曲柳三种外植体间的蛋白质差异与特异表达点

a、b、c 含义同图 13-1；图 a 中 1～18 为其与图 c 之间的特异点，19～31 为其与图 c 的差异点，差异点中 19～23 在图 a 中上调表达，24～31 为下调表达；图 b 中 1～11 为图 b 与图 c 之间的特异点；12～15 为其与图 c 的差异点，其中 12 在图 b 中上调表达，13～15 为下调表达，16～20 为其与图 a 之间的差异点，其中 16～18 在图 b 中上调表达，19～20 为下调表达；图 c 中 1～4 为其与图 b 之间的特异点，5～20 为其与图 a 之间的特异点

16～18 在图 13-4b 中上调表达，19～20 为下调表达；在图 13-4c 中，1～4 为其与图 13-4b 之间的特异点，5～20 为其与图 13-4a 之间的特异点。

13.2.3.2 体胚发生相关蛋白分析

在褐化的两种外植体匹配上的 214 个蛋白点中，差异点有 42 个，差异点中长体胚外植体上调表达的有 9 个，下调表达的有 33 个，推测这些差异表达的蛋白点与褐化外植体的体胚发生有关，部分差异表达点已在双向电泳图谱上做了标注（图 13-4b），其中 1～11 为图 13-4b 与图 13-4c 之间的特异点，12～15 为其与图 13-4c 的差异点（12 为上调表达，13～15 为下调表达）。

13.2.4　蛋白点质谱鉴定结果

13.2.4.1　等电点和分子质量的鉴定

三种外植体蛋白样品的 2-DE 电泳图谱经过 Image Master 2D 2002.01 软件处理后，计算出蛋白点的相对表达丰度。根据表达丰度的高低，切取部分蛋白点，经过酶切后用于二级质谱（MS/MS）鉴定。为了分析鉴定蛋白质理论与实际功能状态下等电点、分子质量的差别，我们对鉴定蛋白质的理论等电点、分子质量与对应的 2-DE 电泳图谱上检测到的等电点、分子质量进行了比较（表 13-1）。

表 13-1　鉴定蛋白点分子质量、等电点理论值与实际值的比较

编号	分子质量（Da）		pI	
	实际值	理论值	实际值	理论值
1	25 500	66 323	5.95	6.53
2	22 444	26 624	5.02	7.41
3	8 546	52 943	5.81	10.11
4	63 252	49 286	5.62	5.43
5	56 087	38 224	5.24	6.15
6	49 269	40 923	6.67	7.21
7	18 684	16 945	6.57	8.04
8	18 384	16 945	6.33	8.04
9	13 206	19 728	5.16	5.33
10	7 645	72 148	4.89	4.87
11	73 662	71 076	5.38	6.10
12	67 310	66 323	6.07	6.53
13	63 038	54 007	5.59	5.31
14	52 873	47 150	5.68	5.95

由表 13-1 可知，鉴定蛋白质的理论与实际分子质量之间差异极大。这可能来自以下两方面的原因：①有些蛋白质的实际分子质量大于理论分子质量，这可能是蛋白质翻译后经过糖基化等修饰后分子质量增加；②有些蛋白质实际分子质量

明显小于理论分子质量，有可能是蛋白质翻译时被截短造成的。

部分鉴定蛋白质的理论等电点和实际等电点之间也有显著差异。这可能是由于存在蛋白质翻译后修饰和折叠等，在实际功能状态下部分蛋白质的等电点与理论推测的相比要发生变化。

13.2.4.2 蛋白点鉴定信息

在对不同样品双向电泳图谱进行分析后，从表达丰度差异明显的蛋白点中选择了16个差异蛋白点进行二级质谱鉴定，成功鉴定的蛋白点有14个，列为1～14号。其中1～4号蛋白点分别为图13-4b中的18、17、19、20；5～11号蛋白点分别为图13-4a中的24、31、20、19、28、30、26，12～14号蛋白点分别为图13-4b中的15、12、13。有2个蛋白点未鉴定出结果，为图13-4a中的29号和图13-4b中的14号。在成功鉴定的14个蛋白点中，有6个鉴定结果的序列覆盖率在16%及以上，3个鉴定结果的序列覆盖率在5%及以上，具体鉴定结果见表13-2。

表13-2 蛋白点鉴定信息

编号	蛋白名称	Gi号	物种	分值	序列覆盖率（%）	匹配查询
1	7S球蛋白（7S globulin）	13507023	油棕 *Elaeis guineensis*	82	1	4
2	渗调类似蛋白（osmotin-like protein）	33340043	陆地棉 *Gossypium hirsutum*	63	4	1
3	低温蛋白（low-temperature protein）	147779485	葡萄 *Vitis vinifera*	46	3	3
4	DEAD BOX RNA解旋酶RH15类似蛋白（DEAD BOX RNA helicase RH15-like protein）	8953379	拟南芥 *Arabidopsis thaliana*	273	16	6
5	过氧化物酶（peroxidase）	1781326	菠菜 *Spinacia oleracea*	212	7	3
6	三磷酸甘油醛脱氢酶（GADPH）（383 AA）	22240	玉米 *Zea mays*	950	39	18
7	脱水蛋白（dehydrin）	18964	玉米 *Zea mays*	64	5	1
8	脱水蛋白（dehydrin）	18964	玉米 *Zea mays*	49	5	1
9	ATP合酶D链（ATP synthase D chain）	223530804	蓖麻 *Ricinus communis*	339	31	8
10	假定蛋白（putative protein）	4469015	拟南芥 *Arabidopsis thaliana*	56	1	1
11	热激蛋白（heat shock protein）	223542544	蓖麻 *Ricinus communis*	684	23	17
12	7S球蛋白（7S globulin）	13507023	油棕 *Elaeis guineensis*	74	1	2

续表

编号	蛋白名称	Gi 号	物种	分值	序列覆盖率（%）	匹配查询
13	ATP 合酶 CF_1 β 亚基（ATP synthase CF_1 beta subunit）	11467199	玉米 *Zea mays*	730	34	13
14	未知蛋白（unknown protein）	194688752	玉米 *Zea mays*	361	20	8

鉴定出的蛋白包括 7S 球蛋白、渗调类似蛋白、脱水蛋白、ATP 合酶、三磷酸甘油醛脱氢酶等共 8 种，此外，还有三种假定/未知蛋白（表 13-2）。其中 1 号与 12 号、7 号与 8 号蛋白点被鉴定为同一种蛋白，它们在双向电泳凝胶上的位置分别为图 13-4b 中的 18、15 号蛋白点及图 13-4a 中的 20、19 号蛋白点。图 13-4a 中的 20、19 号蛋白点分子质量相同，只是等电点有差异，可能是蛋白质被修饰所致；9 号与 13 号同属于 ATP 合酶，其在双向电泳凝胶上的位置分别为图 13-4a 中的 28 号与图 13-4b 中的 12 号蛋白点。在三种假定/未知蛋白中，10 号蛋白点通过 NCBI 数据库的结构域分析，被确认为具有输入蛋白 β-N 端（importin-beta N-terminal）结构域，14 号蛋白点被认为具有三磷酸甘油醛脱氢酶的结构域，第 3 号蛋白点通过 NCBI 数据库的结构域分析未找到匹配的功能结构域，被认为是未知蛋白，其功能有待于进一步研究。

13.2.4.3 鉴定蛋白点功能分析

（1）7S 球蛋白

由表 13-2 可知，鉴定出第 1 个与第 12 个蛋白点与油棕（*Elaeis guineensis*）中的 7S 球蛋白（7S globulin）相似度较高。其中第 1 号蛋白点在未褐化未长体胚与褐化长体胚外植体之间表达有差异，在褐化长体胚外植体中表达下调；而 12 号蛋白点在褐化长体胚与褐化未长体胚外植体之间表达有差异，在褐化长体胚外植体中表达上调，证明其可能与水曲柳体胚发生有关。

7S 球蛋白是单子叶植物胚胎中最主要的储存蛋白（Burgess and Shewry，1986），尤其是在油棕中（Morcillo et al.，1997）。油棕中的 7S 球蛋白由 *GLO7A* 基因编码，*GLO7A* cDNA 的核苷酸序列表明它编码一个含 572 个氨基酸（66kDa）的多肽，与多种双子叶和单子叶植物的豌豆球蛋白类似物具有相似序列（Morcillo et al.，2001）。体胚 7S 球蛋白的含量是合子胚中的 1/80，这与体胚中 *GLO7A* mRNA 水平较低有关（Morcillo et al.，1998），而这可能也是导致体胚苗活力较低的原因（Morcillo et al.，1999）。离体培养产物 7S 球蛋白的含量可以通过在培养基中添加精氨酸、蔗糖和 ABA 来提高（Morcillo et al.，2001）。

Aberlenc-Bertossi 等（2008）对合子胚与体胚发生和萌发过程中储存蛋白的沉

积和降解的平衡进行了比较，发现合子胚发生的中晚期储存蛋白的积累和*GLO7A*基因的转录被检测到，然而没有检测到蛋白酶和半胱氨酸蛋白酶活性；而在体胚发生和随后的萌发过程中，只有少数储存蛋白的积累，但是仍然检测到了*GLO7A*基因的转录，在体胚发生和随后的萌发过程中，2/3的半胱氨酸蛋白酶基因表达，在体胚发育的几个时期内，均检测到了蛋白酶活性和半胱氨酸类似蛋白酶活性。同时，还认为体胚中7S球蛋白的积累和随后的转移是伴随着体胚发生而进行的，可能是体胚中储存蛋白含量低的原因。

（2）渗调类似蛋白

在水曲柳的子叶中检测到了一种渗调类似蛋白（osmotin-like protein），在未褐化未长体胚外植体与两种褐化外植体中差异表达，并且在褐化的外植体中均上调表达。因此，可以认为此蛋白与水曲柳子叶外植体的褐化有关。渗调类似蛋白在褐化长体胚外植体中上调表达，可能是由于外植体的褐化为细胞提供了一种逆境，诱导了渗调蛋白的表达。

渗调蛋白首先在烟草（*Nicotiana tabacum*）悬浮细胞中分离出来，在根、茎的外围组织，以及花冠和未成熟花芽中含量丰富，而在髓部组织检测不到渗调蛋白的合成。渗调蛋白受干旱、盐渍、病原侵染、ABA、水杨酸（SA）等因子的诱导，与植物的抗旱、耐盐和抗病性等有关，是一种逆境适应蛋白，伴随植物对各种胁迫的适应而产生，并大量积累（何宝坤和李德全，2002）。

此外，在菊苣（*Cichorium intybus*）的体胚发生过程中也检测到了一种25kDa的渗调类似蛋白，并且随着时间的延长，此蛋白的表达量有增加趋势，由此看来渗调类似蛋白似乎与体胚的发生也有关系。

（3）DEAD BOX RNA 解旋酶 RH15 类似蛋白

解旋酶是一种利用NTP水解获得能量促进双链DNA或RNA解链的驱动蛋白。RNA解旋酶的主要功能是利用水解NTP产生的能量修饰RNA的结构，它参与了所有涉及RNA的生物化学过程，包括RNA转录，mRNA剪切、成熟、转运，蛋白质翻译和RNA降解，核糖体发生和组装，配子发生，胚胎发生，以及细胞生长和分化等生命活动（Abdelhaleem，2005；Linder et al.，2001）。

在水曲柳的子叶外植体中检测到了一种DEAD BOX RNA解旋酶RH15类似蛋白（DEAD BOX RNA helicase RH15-like protein），其在未褐化未长体胚外植体与褐化长体胚外植体中差异表达，并且在褐化长体胚外植体中上调表达，这可能与RNA解旋酶参与胚胎发生有关。

（4）过氧化物酶

过氧化物酶（peroxidase）在未褐化未长体胚外植体与褐化未长体胚外植体中

差异表达，其中在褐化外植体中上调表达，推测其与外植体褐化有关；而其在两种未褐化外植体中的活性较低，说明其也可能与水曲柳体胚发生有关。在对大豆进行微序列研究时发现，在体胚发生过程中有许多过氧化物酶和PR蛋白被诱导，推测其对发育的早期胚胎细胞壁的形成起作用（Takeda et al.，2003）。

（5）三磷酸甘油醛脱氢酶

三磷酸甘油醛脱氢酶（GADPH）参与生物体内糖酵解过程，将甘油醛-3-磷酸转化为1,3-二磷酸甘油酸，释放出能量，维持细胞的代谢活动。*GAPDH*基因在细胞中高量且持续稳定地表达，所以也被当作持家基因（housekeeping gene），持家基因是细胞结构维持和基本代谢所必需的，所以其表达水平在各种环境下基本保持一致，但实际上很多持家基因随着环境改变其表达也有所改变（Czechowski et al.，2005；Lee et al.，2002）。第6号蛋白点鉴定出的三磷酸甘油醛脱氢酶序列在未褐化未长体胚外植体与褐化未长体胚外植体中差异表达，在褐化未长体胚外植体中上调表达；第14号蛋白点通过NCBI进行结构域匹配发现其与三磷酸甘油醛脱氢酶的匹配率较高。

（6）脱水蛋白

植物在干旱胁迫下会产生许多逆境响应蛋白，其中最常见的是脱水蛋白（dehydrin）。脱水蛋白是具有高度热稳定性的亲水性蛋白，属于胚胎发生晚期丰富蛋白（LEA protein）D-Ⅱ族，能够在植物胚胎发育后期以及逆境下大量表达。

在第7号和第8号蛋白点中鉴定出的脱水蛋白序列均在未褐化未长体胚外植体与褐化未长体胚外植体之间差异表达，且二者均在褐化未长体胚外植体中下调表达。作为一种逆境响应蛋白，脱水蛋白理论上应该在受到“褐化胁迫”的外植体中上调表达，然而本研究的结果却相反。这或许与脱水蛋白的表达具有组织器官特异性有关。

胡萝卜体胚发生过程中，在胚性细胞和体胚中，通过免疫沉淀反应均能检测到一种类似于脱水蛋白的磷酸化蛋白（phosphoprotein，ECPP），在非胚性细胞中这种蛋白虽然也存在，但是检测不到。该蛋白在胚性诱导和维持中起作用（Ko et al.，2006）。

（7）ATP合酶

第9号和第13号蛋白点的鉴定结果均与ATP合酶（ATP synthase）匹配率较高，分别与ATP合酶D链（线粒体）和ATP合酶$CF_1\beta$亚基（叶绿体）相匹配。其中第9号蛋白点在未产生体胚的两种外植体中差异表达，并在褐化外植体中上调表达；而第13号蛋白点在两种褐化的外植体中差异表达，在产生体胚外植体中上调表达。ATP合酶广泛存在于叶绿体、线粒体和细菌中，由F_0和F_1两部分组成，在叶绿体中分别称 CF_0、CF_1（倪张林和魏家绵，2003）。叶绿体 ATP 合酶的 CF_0 有 4 种亚基：亚基Ⅰ、Ⅱ、Ⅲ和Ⅳ，其数量比是 1∶1∶（9～14）∶1。ATP 合酶合成或水解 ATP 在 CF_1 部分进行，CF_1 有 6 个核苷酸结合位点，其中 3 个在 β 亚基上，是催化位点，另 3 个在 α 亚基上，为非催化位点，主要起调节作用（Bottina and Graber，2000）。有关线粒体 ATP 合酶 D 链的信息，目前还没有找到相关文献。

（8）热激蛋白

第 11 号蛋白点被鉴定出与热激蛋白（heat shock protein，HSP）序列匹配率较高。其在两种未产生体胚外植体中差异表达，并在褐化外植体中上调表达，推测其与外植体褐化有关。HSP 是细胞或生物体在一定时间内遭受高于其正常生长温度 8～12℃时新合成的或含量增加的一类蛋白质，是一种逆境响应蛋白，它广泛分布于各种生物体内。热激蛋白具有序列保守性、合成短时性及种类多样性等特点（王建义和慈忠玲，2008）。

DnaJ 是存在于大肠杆菌中的一种热激蛋白，与真核生物热激蛋白 HSP40 家族具有序列和功能同源性（Cheetham and Caplan，1998）。从胡萝卜中分离得到的 DnaJ 蛋白同源基因 *DcJ1*，其表达活性与胡萝卜体胚根的早期发育之间存在着明显的相关性（杨志攀等，2003）。Dong 和 Dunstan（1996）鉴定并克隆了白云杉体胚发生中的 3 个热激蛋白基因 cDNA，有两种热激蛋白基因的表达与体胚的发生发育有关。

（9）输入蛋白 β-N 端结构域

第 10 号蛋白点为假定蛋白（putative protein），在未产生体胚的外植体中表达，且在褐化外植体中上调表达。经 NCBI 数据库进行结构域检索，发现其具有输入蛋白 β-N 端结构域。核定位信号的受体蛋白存在于胞质溶胶中，可与核定位信号结合，帮助核蛋白进入细胞核，这种受体称为输入蛋白。它们作为一种穿梭受体（shuttling receptor）在细胞质内与核蛋白的核定位信号结合，然后一起穿过核，在核内与亲核蛋白分离后再返回到细胞质中。输入蛋白有 α 和 β 两种亚基。蛋白质向核内运输需要输入蛋白的 α、β 亚基和一个低分子量 GTP 酶（Ran）参与。由上述三个蛋白组成的复合物停靠在核孔处，依靠 GTP 酶水解 GTP 提供的能量进入细胞核，α 和 β 亚基解离，核蛋白与 α 亚基解离，α 和 β 亚基分别通过核孔复合体回到细胞质中，起始新一轮的蛋白质运转。细菌同样能通过定位于蛋白质 N 端的信号肽将新合成的多肽运转到其内膜、外膜、双层膜之间或细胞外等不同部位。

13.3 结　论

水曲柳未产生体胚的两种外植体在 10～20kDa 内蛋白点数量最多，产生体胚外植体在 50～70kDa 内蛋白点数量较多，说明这一分子质量范围内的蛋白质与体胚发生有关。水曲柳合子胚子叶外植体在体胚发生过程中有许多蛋白质在翻译过程中被过多地修饰。与水曲柳外植体褐化有关的蛋白质为渗调类似蛋白、过氧化物酶；与体胚发生有关的蛋白质有 7S 球蛋白、渗调类似蛋白等；其他蛋白质只是参与了细胞正常代谢或者是细胞中正常的组成成分。

14 不同取材时期水曲柳合子胚DNA甲基化及体胚发生状态

DNA 甲基化是基因组 DNA 的一种最重要的表观遗传修饰方式，是调节基因组功能的重要手段，可以引起 DNA 高级结构的变化，从而引发一系列的生物学功能。它是在 DNA 甲基转移酶（DNA methyltransferase，DMT）的作用下，将 *S*-腺苷甲硫氨酸上的甲基基团转移到 DNA 分子的胞嘧啶碱基上（黄禄君等，2009；李新玲和徐香玲，2008）。

在植物发育中，DNA 甲基化主要参与植物基因表达的调控，从而调节植物的生长发育。DNA 甲基化通过两种方式影响基因的表达：一是直接影响，这种方式不是抑制基因表达的主要方式，即 DNA 甲基化直接干扰了转录活化因子与 DNA 的结合，从而使转录无法正常进行；二是间接影响，在发生甲基化的 DNA 上结合能与转录因子竞争甲基化 DNA 结合位点的特异蛋白质，结合蛋白质将在发生甲基化的 DNA 上形成一个多蛋白质复合体而引起染色体组蛋白乙酰化的改变，从而导致转录的抑制（Curradi et al.，2002；Razin，1998）。对组织培养过程中总甲基化的改变研究发现，再生植株及其后代的 DNA 甲基化模式变异很大。表型与基因组成分的甲基化模式的改变有着密切的关系，DNA 甲基化变异在组织诱导的体细胞无性系变异中起重要作用（Kubis et al.，2003）。

取材时期是水曲柳合子胚体胚发生的关键影响因素之一，最佳的取材时期是 7 月中旬（授粉后 9 周）。通过对不同取材时期的水曲柳合子胚子叶进行体胚诱导，同时使用甲基化敏感扩增多态性（MSAP）技术测定不同取材时期的水曲柳合子胚子叶以及外植体的基因组 DNA 甲基化状态来研究其与水曲柳体胚发生的关系，可为深入解析水曲柳体胚发生与外植体基因组 DNA 甲基化状态的关系奠定基础，为水曲柳体胚发生精细调控提供科学依据。

14.1 材料与方法

14.1.1 不同取材时期水曲柳合子胚子叶诱导体胚发生

14.1.1.1 实验材料

以不同取材时期的水曲柳种子为材料。材料采自发育良好的8棵水曲柳成年母树，于7月上旬（授粉后8周）、7月中旬（授粉后9周）、7月下旬（授粉后10～11周）、8月上旬（授粉后12周）、8月中旬（授粉后13周）、8月下旬（授粉后14～15周）、9月上旬（授粉后16周）、9月中旬（授粉后17周）8个时期分别采集水曲柳种子。

14.1.1.2 实验方法

7月上旬至9月上旬的合子胚：将不同取材时期的水曲柳未成熟种子去翅后置于蒸馏水中浸泡12h后，再在流水下冲洗1～2h；在超净工作台中先用75%（*v*/*v*）乙醇处理30s，再根据不同取材时期用不同浓度的次氯酸钠处理（表14-1），最后用无菌水冲洗4～5次。

表14-1 不同取材时期水曲柳种子使用消毒剂的浓度和处理时间

取材时期	次氯酸钠浓度（%）	处理时间（min）
7月上旬（授粉后8周）	2	10
7月中旬（授粉后9周）	2	25
7月下旬（授粉后10～11周）	5	15
8月上旬（授粉后12周）	5	30
8月中旬（授粉后13周）	10	30
8月下旬（授粉后14～15周）	10	30
9月上旬（授粉后16周）	10	30
9月中旬（授粉后17周）	10	30

9月中旬的合子胚：将成熟水曲柳种子室内去翅，自来水浸泡3天，每隔2～4h换一次水，然后流水冲洗1h；在超净工作台中先用75%（*v*/*v*）乙醇处理1min，再用10%（*v*/*v*）次氯酸钠处理30min，最后用无菌水清洗4～5次，备用。

外植体的制备：用无菌解剖刀在未成熟种子的胚根端切去1/3～1/2，用镊子挤出合子胚子叶，切取单片子叶接种到诱导培养基上（子叶内贴面附于培养基上），每一培养皿接种10个外植体。

14.1.1.3 诱导培养基

以MS1/2（将MS培养基中所有成分都减半）为基本培养基。添加水解酪蛋白（CH）400mg/L、蔗糖70g/L、6-BA 0.5mg/L、NAA 1.5mg/L、琼脂6g/L，调节pH至5.8，高温高压灭菌。在初次培养4周后，用诱导培养基（MS1/2+CH 400mg/L+蔗糖70g/L+6-BA 0.5mg/L+NAA 1.5mg/L+琼脂6mg/L）继代。

14.1.1.4 培养条件

体胚诱导采用暗培养，接种后将培养皿放入纸箱中置于培养室，培养室的温度控制在（25±2）℃，湿度60%～70%。培养4周后继代，将外植体转入新鲜的相同组分的培养基中。采用上述培养条件继续培养，诱导45天后观察、统计数据。

14.1.1.5 数据统计

褐化外植体体胚发生率、未褐化外植体体胚发生率、褐化外植体愈伤组织诱导率、未褐化外植体愈伤组织诱导率、褐化外植体增大比率、未褐化外植体增大比率、褐化外植体未增长比率、未褐化外植体未增大比率等数据用Excel 2003进行处理，并将结果用SPSS17.0进行单因素方差分析和多重比较（LSD法），用SigmaPlot 10.0进行作图。

14.1.2 不同取材时期水曲柳合子胚子叶基因组DNA甲基化

14.1.2.1 实验材料

按不同时期采集水曲柳种子，共采集8次，从7月上旬开始采集，每次间隔时间为10天，采集的种子带回实验室后去翅，剥去种皮，在冰上切去胚轴和胚根，仅留子叶，液氮冷冻后放入–80℃冰箱内保存。

14.1.2.2 实验方法

1. 水曲柳合子胚子叶基因组DNA提取方法

1）取100～500mg水曲柳合子胚子叶，加入液氮并研磨成粉末。

2）将研磨的粉末加到装有700μL 2%十六烷基三甲基溴化铵（CTAB）抽提液的离心管中，加入少量聚乙烯吡咯烷酮（约为加样量的2%）和15μL β-巯基乙醇，迅速混匀，摇床振荡时间为5min。

3）向离心管中加入350μL的苯酚和350μL的氯仿/异戊醇（24∶1，*v*/*v*），将离心管放在摇床上振荡5min，4℃下12 000r/min离心10min。

4）吸取上清液，向上清液中加入350μL的苯酚和350μL的氯仿/异戊醇（24∶1，*v/v*），并将离心管放在摇床上振荡5min，4℃下12 000r/min离心10min。

5）吸取上清液，并向上清液中加入700μL氯仿/异戊醇（24∶1，*v/v*），将离心管放在摇床上振荡5min，4℃下12 000r/min离心10min。

6）吸取上清液，并加入含700μL氯仿/异戊醇（24∶1，*v/v*）的离心管中，摇床振荡5min，4℃下12 000r/min离心10min。

7）吸取上清液后，加入相同体积的异丙醇，放在冰上静置沉淀30min，然后，在4℃下12 000r/min离心10min，倒掉上清液。

8）向离心管中加入1mL 75%乙醇进行洗涤沉淀，在4℃下12 000r/min离心5min。

9）弃掉上清液，空气中自然干燥，再加入30μL无菌去离子水溶解DNA。

10）用1μL（10g/L）的核糖核酸酶在37℃下对DNA消化1h去除DNA中的RNA。

11）用0.8%琼脂糖凝胶电泳进行检测，得DNA的质量。

2. 琼脂糖凝胶电泳检测方法

将提取的DNA用0.8%琼脂糖凝胶电泳检测。

胶板的配制：称取0.16g琼脂糖溶解在20mL TAE的溶液中，60%微波火力，沸腾3～5次，轻摇，将三角瓶壁上颗粒溶解下来。至透明无颗粒为最佳。待胶晾至60℃左右，加1μL的EB替代品染料，倒在已插好梳子的胶板上（要迅速，防止凝胶），凝胶时间为20～30min。

电泳时，上样量为1μL DNA，电压为80～100V，电泳时间为20～30min。

3. 水曲柳合子胚子叶MSAP体系的建立

甲基化敏感扩增多态性（MSAP）分子标记技术的操作步骤有：酶切、连接、预扩增、选择性扩增、变性聚丙烯酰胺凝胶电泳、银染检测。

（1）限制性酶切

水曲柳MSAP限制性酶切体系如下。

H酶切：加入500ng DNA、5μL 5×R/L缓冲液、1μL *Eco*RⅠ（10U）、1μL *Hpa*Ⅱ（10U），再加入ddH_2O补充体积至25μL。

M酶切：加入500ng DNA、5μL 5×R/L缓冲液、1μL *Eco*RⅠ（10U）、1μL *Msp*Ⅰ（10U），再加入ddH_2O补充体积至25μL。

25μL的酶切体系在37℃下酶切5h。酶切结果用琼脂糖凝胶电泳检测，最佳的酶切效果为样品呈完全弥散的状态。

（2）连接体系

接头的处理：分别取 50μL *Eco*RⅠ衔接子（adapter）上下游各 10pmol/μL，混合于同一管中；分别取 50μL *Hpa*Ⅱ/*Msp*Ⅰ衔接子上下游各 100pmol/μL 混合于同一管中。在 65℃、10min 退火后，冷却至室温。

水曲柳合子胚子叶 MSAP 连接体系如下：加入 0.5μL *Eco*RⅠ衔接子（5pmol/μL）、0.5μL *Hpa*Ⅱ/*Msp*Ⅰ衔接子（50pmol/μL）、1μL rATP（100mmol/L）、1μL 5×R/L 缓冲液、1.5μL ddH_2O、0.5μL T4DNA 连接酶（1U/μL）以及 5μL 酶切产物。在 16℃乙醇浴中过夜连接，12h 以上，4℃保存。

（3）预扩增体系

水曲柳合子胚子叶基因组 MSAP 预扩增体系如下：加入 2.5μL DNA（稀释 10 倍后连接产物）、2.5μL 10× 缓冲液、2.5μL dNTP（2.5mmol/L）、1μL 引物 F（8.3μmol/L）、1μL 引物 R（8.3μmol/L）、0.25μL *Taq* DNA 聚合酶（2.5μmol/L）以及 15.25μL ddH_2O。

预 PCR 程序：

过程 1：94℃　　2min
过程 2：94℃　　30s
　　　　56℃　　60s
　　　　72℃　　1min
运行 21 个循环
过程 3：72℃　　7min
过程 4：15℃　　保温

最佳的预扩增效果为经过 0.8% 琼脂糖凝胶电泳，在 200～1000bp 内 DNA 呈弥散状分布。根据 DNA 弥散带的亮度，用 ddH_2O 稀释预扩增产物 10～20 倍，作为 PCR 选择性扩增的 DNA 模板。

（4）选择性扩增

取预 PCR 产物 5μL 检测，剩下的 20μL 直接加入 180μL 去离子水稀释 10 倍。水曲柳合子胚外植体 MSAP 选择性扩增体系为 1μL DNA（稀释后连接产物）、2.5μL 10× 缓冲液、2.5μL dNTP（2.5mmol/L）、0.5μL 引物 F（20μmol/L）、0.5μL 引物 R（20μmol/L）、0.25μL *Taq* DNA 聚合酶（2.5μmol/L）以及 17.75μL ddH_2O。

PCR 程序：

过程 1：94℃　　5min
过程 2：94℃　　45s

65℃　　30s（每循环降0.7℃）

72℃　　1.2min

运行12个循环（降落PCR）

过程3：94℃　　45s

56℃　　30s

72℃　　1min

运行30个循环

过程4：72℃　　5min

过程5：4℃　　保温

（5）变性聚丙烯酰胺凝胶电泳

A. Bio-Rad平板组装

为了避免BIND SLIANCE（硅烷）污染IPC（短玻璃板）和SIGMACOTE（剥离硅烷，亦称硅酮）污染长玻璃板，实验过程中需要注意勤换手套。

1）用吸水纸蘸95%乙醇全面擦拭长玻璃板三遍，注意用力擦拭，以确保玻璃干净。再用镜头纸擦干玻璃。

2）向离心管中加入1500mL 95%乙醇，再加入100μL亲和硅烷混匀。分三次均匀涂抹于长玻璃板上，确保长玻璃板的每个角落都涂有亲和硅烷。

3）换手套，用吸水纸蘸95%乙醇全面擦拭短玻璃板三遍，注意用力擦拭，以确保玻璃干净。再用镜头纸擦干玻璃。

4）向离心管中加入1500mL的95%乙醇，再加入300μL剥离硅烷混匀。分三次均匀涂抹于短玻璃板上（速度要快，否则会蒸发）。等5min后即可干燥。

5）换手套，然后用吸水纸蘸2mL 95%乙醇轻轻擦洗外部的玻璃板。

6）将胶条洗干净、晾干后，在压条的两面均匀涂抹一层薄薄的凡士林，凡士林的作用是使得压条与玻璃板之间密封，不漏胶液。

7）组装：将涂抹凡士林的压条水平放置在短玻璃板上，保证它的边与短玻璃板的底边齐平。把长玻璃板放到上面，压条使得长玻璃板的表面不能与短玻璃板的表面接触。垂直竖起两个玻璃板组合，把夹子夹到两边。并通过扭曲夹子的杆调整张力，压下杆后可以固定住夹子，使夹子的底部与玻璃边缘保持齐平。安上夹子之后的组合称为“组合个体”，把组合个体滑进底座，插入栓子，同时固定住栓子。需要注意的是，玻璃板与底座的孔要对应；保证橡皮垫在底座的底部；确定梳子能顺利插入玻璃板间，如果不能，则调整栓子。

B. 丙烯酰胺凝胶溶液（6%）

1）10% APS液现配现用：在离心管中加入0.1g过硫酸铵（AP）和1mL去离子水，振荡摇匀使之迅速溶解。溶液中过硫酸铵的量是控制胶聚合速度的，所以在称量时过硫酸铵最好低于 0.1g。

2）将 60mL 6% 丙烯酰胺混合液注入大口烧杯中，在灌胶之前加入 60μL *N*,*N*,*N'*,*N'*-四甲基乙二胺（TEMED）和 300μL 10% 新配制的 APS（注：在三者加到一起的时候反应才会发生，应先加入 TEMED 再加入 APS。且三者的反应与温度有关，温度越高反应越快）。

3）加入 APS 后立刻倒入 150mL 的注射器中，保证注射器针管处没有气泡。如果有气泡，则将注射器的头堵住，敲打注射器，达到驱逐气泡的目的。

4）把注射器连接管插入底座的接口中，缓缓匀速推出注射器中的胶液，如果出现气泡，则轻敲玻璃板，使气泡跑到玻璃板之外。

5）灌完胶之后，把梳子下端插入（齿向上），保证造成一个够深的井，使得上样孔足够大，电泳时的样品量足够。

6）胶凝固需要 1h 以上，如果过夜凝固的话就需要用封口膜封好。

C. 电泳

1）配 2L 1×TBE（200mL 10×TBE+1800mL 去离子水），微波加热 5min，然后跳到第六步。

2）将 1×TBE 注入底盘中，约 3cm 高。

3）从底盘中拿出组合个体，移走梳子，冲洗胶面，将许多残留的胶冲洗干净。

4）把组合个体插入凹槽中，在凹槽中固定住。

5）组合好后，在组合体上方灌入约 1L 的 1×TBE，用针孔注射器吸取 1×TBE 冲洗胶槽。

6）在 85W 恒功率条件下运行仪器预热胶 1h，使胶的介质均匀。

7）预电泳之后，要用注射器再次冲洗胶孔，使胶孔干净没有任何残渣。因为任何残渣都会影响 DNA 的移动。

8）把梳子齿向下插入，以轻轻刺破胶来确保每个井都隔离得很好。

9）样品处理：将 PCR 产物在 95℃的金属浴中变性 5min，然后立刻放到冰上，并向管中加 4μL 的甲酰胺缓冲液（假设每管的样品量为 20μL）。

10）上样：每个样品上样 6μL。

11）以 55W 恒功率运行，电泳运行 10min 后拿走梳子，以免梳子过度受热而减少梳子的寿命。

12）电泳运行直到蓝色到达底部一定位置。

13）关闭电源，将组合体中的 TBE 溶液倒出。

14）揭开胶板。

（6）银染

相关溶液的配制如下。

固定液/终止液（10%）的配制：量取200mL冰醋酸，再用ddH$_2$O补足至2000mL。

染色液的配制：称取2g硝酸银于250mL的烧杯中，加入少量预冷的ddH$_2$O，使其溶解，银染前用ddH$_2$O定容至2000mL，并加入3mL甲醛。

显影液的配制：在已冷却至10℃的碳酸钠溶液中，加入37%甲醛（3mL）和60mg/mL的硫代硫酸钠溶液（400μL）。往染色盘中倒入预冷的反应液1L，放在一边，其余反应液仍放在冰浴中。

1）电泳完毕后小心地分开两板，凝胶应该牢固地附着在长玻璃板上。

2）固定：将凝胶（连玻璃板）放入盛有固定液的塑料盘中，充分振荡20min或至样品中染料完全消失，胶可在固定液中静置浸泡保存过夜。保留固定液，用于终止显影反应。

3）洗胶：用超纯水振荡洗胶，每次3min，共洗3次。从水中取出胶板，并转移到下一溶液时拿着胶板边缘静止10～20s，使胶板面的水流尽，再进行下一次洗涤。

4）染色：把胶板移至盛有染色液的塑料盒子中充分摇动30min。

5）显影：从染色液中取出胶，迅速放入盛有超纯水的塑料盒子中，5～10s后（浸泡时间过长会导致信号微弱或丧失信号，如果浸泡时间过长，可以重复用染色液进行浸泡），沥干水，迅速把胶板放入盛有1L预冷显影液的塑料盒子中，进行充分振荡染色，当模板带开始显影时，再倒入1L显影液继续显影，直到所有条带出现。

6）终止显色反应：倒掉显影液，加入1L终止溶液，摇床振荡2～3min，从而停止显影反应，使凝胶固定。

7）洗胶：在超纯水中每次浸洗2min，浸洗2次，注意操作时戴手套拿着胶板边缘避免在胶上印上指纹，使得扫描胶板时图像不清晰。

8）干胶：将凝胶放在室温干燥或者用抽气加热法对胶板进行干燥。统计条带时在可见光灯箱或者亮白、黄色背景上观察凝胶，若需要永久保存记录，则可以用EDF胶片来保留实验结果。

9）照相。

4. 筛选MSAP选择性扩增的引物组合

采用*Eco*RⅠ和*Hpa*Ⅱ/*Msp*Ⅰ引物组合来检测基因组DNA甲基化变异，实验室中有10条*Eco*RⅠ引物、9条*Hpa*Ⅱ/*Msp*Ⅰ引物，可组成90对组合。随机选取样本DNA中2个材料的DNA作模板，并进行2次独立重复实验，从这些引物组合中选取条带清晰、重复性好、分布均匀的引物组合进行选择性扩增，记录条带的分布规律。

5. MSAP 选择性扩增

利用筛选的引物组合对 8 个不同取材时期的合子胚子叶进行选择性扩增，条带结果与引物组合筛选时条带清晰度一致，条带 95% 重复性的引物组合为有效扩增，对其进行下一步分析研究。

6. 数据处理

统计条带清晰，并与引物组合筛选时一致（2 次独立的实验）的条带。对一个样本来说，在胶板上的每个位点，有条带的记为“1”，没有条带的记为“0”，获得 MSAP 的条带数，从而得出水曲柳合子胚子叶 DNA 的甲基化水平。将结果用 Excel 2003 软件进行处理分析，并用 SigmaPlot 10.0 进行作图。

14.2 结果与分析

14.2.1 不同取材时期水曲柳合子胚体胚发生状态

14.2.1.1 不同取材时期水曲柳合子胚外植体褐化且产生体胚的比率

水曲柳体胚发生多数为直接发生，并且伴随着外植体的褐化。水曲柳种子从胚胎形成到种子完全成熟，褐化外植体体胚发生率出现两个峰值（图 14-1），第一个峰值出现在 7 月下旬，即授粉后 10～11 周，体胚发生率高达 22.79%。在 9 月上旬有个小的峰值，体胚发生率达到 1.33%，但与其相邻发育时期的差异不显著。在 8 月中旬、8 月下旬以及 9 月中旬，体胚发生率为 0。这显示一个总体的趋势，随着水曲柳合子胚逐渐成熟，水曲柳体胚发生率先升高后降低。每年的物候不同，会影响水曲柳合子胚的发育从而影响水曲柳体胚发生率。

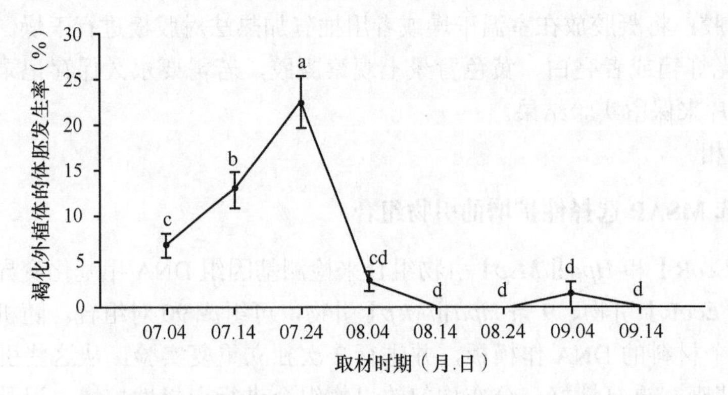

图 14-1 不同取材时期的水曲柳合子胚外植体褐化且产生体胚的比率

图中不含有相同小写字母的表示在 0.05 水平差异显著，本章下同

14.2.1.2 不同取材时期水曲柳合子胚外植体未褐化但产生体胚的比率

在水曲柳体胚发生过程中伴随着外植体的褐化，而未褐化的外植体诱导出体胚的比率很低。不同取材时期的水曲柳外植体的体胚发生率不同（图 14-2）。在 7 月下旬（授粉后 10～11 周），体胚发生率达到最大值，为 5.24%，并与其他时期（8 月初除外）相比差异显著（$P<0.05$）。与外植体褐化且产生体胚的峰值出现的时期相同。在 8 月中旬、8 月下旬及 9 月上旬外植体未褐化但产生体胚的比率为 0，在 9 月中旬体胚发生率有所上升。说明不同取材时期水曲柳体胚发生率在 7 月下旬出现最高值，这与取材时期以及取材当年的气候相关，一定幼嫩程度的合子胚子叶容易诱导出体胚。

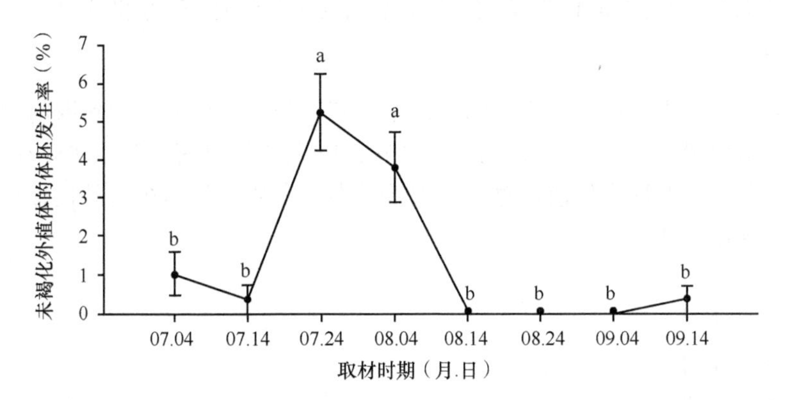

图 14-2 不同取材时期的水曲柳合子胚外植体未褐化但产生体胚的比率

14.2.1.3 不同取材时期水曲柳合子胚外植体褐化且产生愈伤组织的比率

将不同取材时期的水曲柳合子胚子叶接种到 MS1/2 培养基上，在子叶的边缘和切口部位培养 10 天左右有愈伤组织出现。但是由于合子胚的发育时期不同，愈伤组织诱导率也不同。外植体褐化并诱导出愈伤组织的比率最高为 50.71%（图 14-3），其出现在 7 月中旬，且与其他发育时期差异显著（$P<0.05$）。之后，随着合子胚的成熟，愈伤组织诱导率逐渐下降，到 8 月中旬和 8 月下旬外植体褐化的愈伤组织诱导率达到最低。从 9 月初开始，愈伤组织诱导率又开始上升。水曲柳体胚发生以直接发生为主，愈伤组织的诱导与体胚的诱导没有必然的联系。

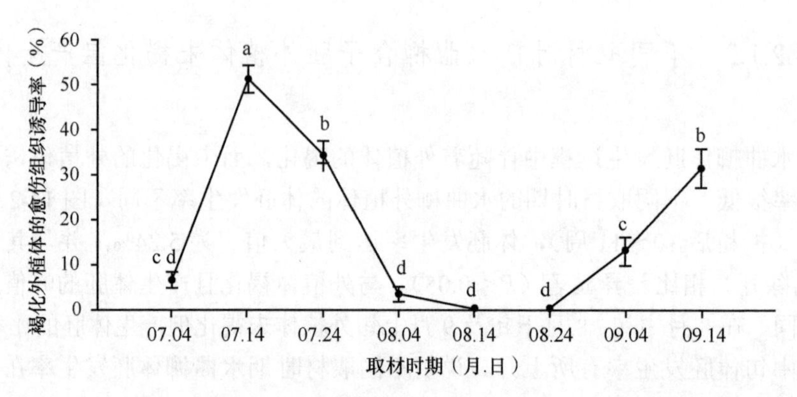

图 14-3　不同取材时期的水曲柳合子胚外植体褐化且产生愈伤组织的比率

14.2.1.4　不同取材时期水曲柳合子胚外植体未褐化但产生愈伤组织的比率

外植体未褐化但产生愈伤组织的比率一直很低，直到 9 月中旬取材的愈伤组织诱导率出现最高值，为 13.67%，并与其他时期差异显著（$P<0.05$；图 14-4）。取材时期不同，未褐化外植体愈伤组织诱导率的变化趋势与褐化外植体愈伤组织诱导率的趋势不同。

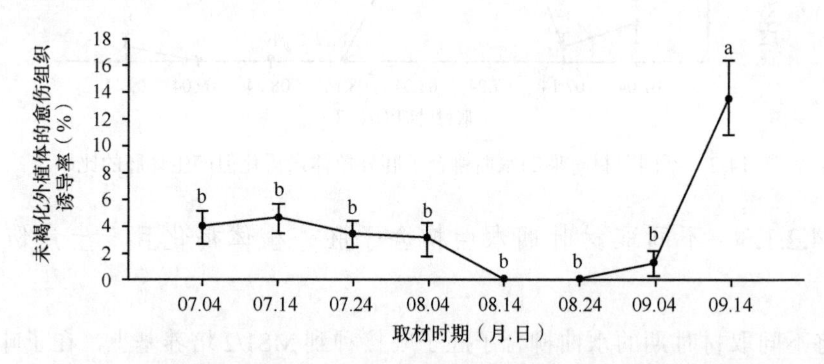

图 14-4　不同取材时期的水曲柳合子胚外植体未褐化但产生愈伤组织的比率

14.2.1.5　不同取材时期的水曲柳合子胚外植体褐化且增大的比率

不同取材时期水曲柳外植体褐化且增大的比率出现两个高峰，分别为 8 月上旬和 9 月上旬，均近似 30%。说明合子胚成熟度不同，外植体褐化且增大的比率不同（图 14-5）。

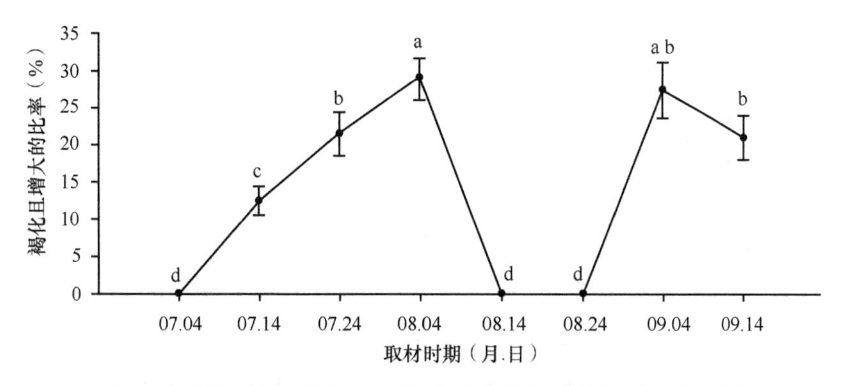

图 14-5　不同取材时期的水曲柳合子胚外植体褐化且增大的比率

14.2.1.6　不同取材时期的水曲柳合子胚外植体未褐化但增大的比率

在水曲柳体胚发生过程中，外植体未褐化但增大的比率的变化趋势与外植体褐化且增大的比率几乎一致。外植体未褐化但增大的比率高峰同样出现在 8 月上旬和 9 月上旬（56.21% 和 55.48%），并与其他取材时期差异显著（$P<0.05$）（图 14-6）。综合图 14-5 和图 14-6 可知，在 8 月上旬外植体增大的比率很高，但这个取材时期的水曲柳体胚发生率很低，不是水曲柳体胚诱导的最佳时期。

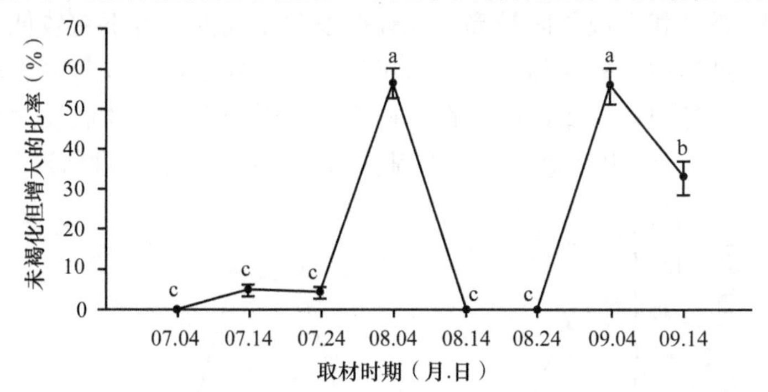

图 14-6　不同取材时期的水曲柳合子胚外植体未褐化但增大的比率

14.2.1.7　不同取材时期的水曲柳合子胚外植体褐化但无其他变化的比率

外植体褐化但无其他变化的比率在 8 月中旬出现最高值，为 8.89%，并与其他大部分时期差异显著（$P<0.05$；图 14-7），但是 7 月上旬外植体褐化但无其他变化的比率与 8 月中旬的无显著差异。说明不同取材时期的外植体褐化但无其他变化的比率很低。

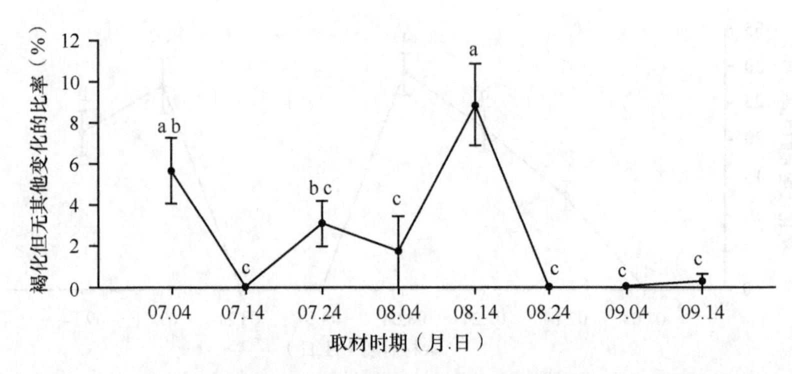

图 14-7 不同取材时期的水曲柳合子胚外植体褐化但无其他变化的比率

14.2.1.8 不同取材时期的水曲柳合子胚外植体未褐化亦无其他变化的比率

在诱导水曲柳体胚发生过程中，外植体没有任何变化的比率很高。无变化的合子胚子叶经过培养后与接种前的状态完全相同。8 月下旬外植体无变化的比率达到了 99.67%，8 月中旬为 91.67%，与其他取材时期差异显著（$P<0.05$；图 14-8）。而 8 月上旬、9 月上旬和 9 月中旬的外植体无变化的比率最低。外植体无变化的比率在合子胚幼嫩时和近成熟时较高，在体胚发生率高的 7 月下旬较低。在诱导水曲柳体胚发生过程中，外植体的状态与母树的合子胚生理状况有关，母树来源对水曲柳体胚的诱导也有显著影响。在本研究中，诱导水曲柳体胚发生用的是混合种子，出现外植体无变化的状态可能与某些母树的基因型、生理状况等不同有关。

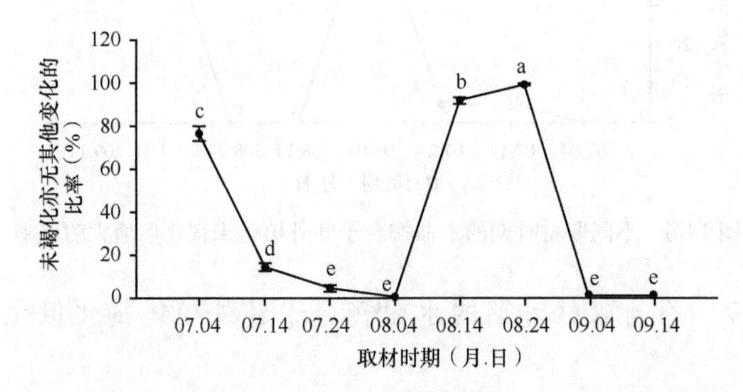

图 14-8 不同取材时期的水曲柳合子胚外植体未褐化亦无其他变化的比率

外植体的不同取材时期影响着植物的体胚发生。生长年龄和生理年龄的不同，导致细胞分化程度的差异，使得同一植物的不同组织或者同一组织在不同发育时期对离体培养的反应不同，其再生能力差异很大（黄健秋，1994）。当合子胚发育到一定时期时才敏感地感受外界刺激（Lelu-Walter et al.，1994）。在松杉类植物的研究中发现，最适于诱导体胚发生的是子叶前期的种胚，而云杉属中则以子叶期的种胚较好，不同时期的外植体诱导体胚和愈伤组织的能力以及外植体褐化死亡的能力直接相关（Liao and Amerson，1995）。在许多树种体胚发生的研究中发现，与成熟种子的胚或幼苗相比，未成熟种子的胚具有更高的诱导潜能。Williams 和 Maheshwaran（1986）认为，随着胚的成熟和萌发，胚性细胞的数量逐渐减少，因而体胚发生能力也逐渐降低，因为幼胚中许多细胞是处于胚发生“决定态的”。当合子胚发育到一定时期时，体内受体具有较强的亲和性，激素等物质的合成及代谢、运输比较旺盛，对外源激素的刺激敏感性增强，体胚发生率较高，而合子胚发育的后期，胚内物质不断积累，使得受体蛋白的数目增加，从而降低了细胞对激素的敏感性（王忠，2000）。合子胚在发育过程中胚体内富集了大量的蛋白质、多糖、生长素、细胞分裂素等物质，这些物质为合子胚作为诱导体胚的外植体提供能量和激素，为体胚发育提供良好的条件。水曲柳体胚发生的最佳取材时期为7月下旬，这时的体胚发生率最高。

水曲柳体胚发生通常伴随着外植体褐化现象，并多以直接发生为主。不同取材时期水曲柳伴随着外植体褐化的体胚发生率远远高于外植体未褐化但产生体胚的比率，体胚发生率的峰值出现在7月下旬。而愈伤组织诱导率的峰值却出现在7月中旬，与体胚发生率的高峰差一个时期。外植体褐化与否与愈伤组织的诱导没有必然联系，外植体褐化且产生愈伤组织的比率远高于外植体未褐化但产生愈伤组织的比率。无论是外植体褐化还是未褐化，体胚发生率的低谷期都出现在8月的中下旬，褐化外植体愈伤组织诱导率的低谷均与其出现在同一取材时期。褐化且增大的外植体比率与未褐化但增大的外植体比率变化趋势一致，并二者高峰值出现在同一取材时期（8月上旬）。无任何变化的外植体比率最高出现在8月下旬，高达99.67%，而外植体褐化但无其他变化的比率最高出现在8月中旬，比率比未褐化亦无其他变化的外植体小很多。总之，在体胚发生中，外植体的筛选是培养成功的重要前提，应以一定发育阶段的合子胚为首选材料。

14.2.2 不同取材时期水曲柳合子胚 DNA 甲基化

14.2.2.1 DNA 提取

PCR 扩增成功的关键之一是基因组 DNA 的提取。影响 PCR 扩增的 DNA 杂质一般是多糖类和酚类等小分子物质，而不单是蛋白质这些大分子物质。水曲柳合子胚子叶中除含有大量蛋白质、油脂外，还含有较多的多糖和酚类物质。因此，预实验中进行抗氧化、抗酚类物质浓度梯度筛选的同时，还应适当地提高抗氧化、抗酚类物质的浓度，本研究使用的是 2% β-巯基乙醇和 10% PVP，用 CTAB 法提取水曲柳合子胚子叶基因组 DNA，DNA 提取结果见图 14-9，在 0.8% 的琼脂糖凝胶电泳上检测到1条亮带。提取的基因组DNA透明无色，易溶于重蒸水。

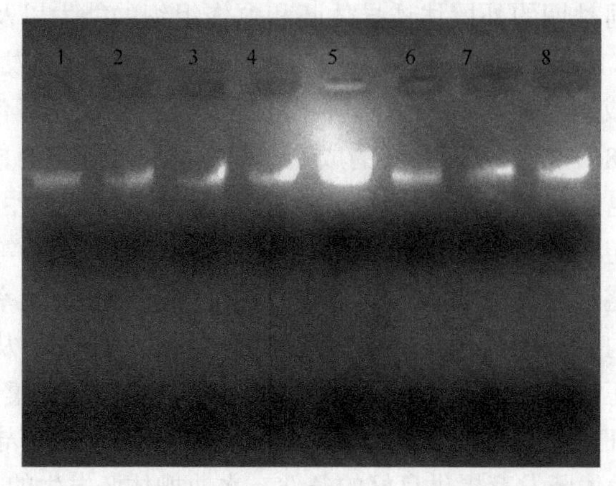

图14-9　水曲柳合子胚子叶DNA琼脂糖凝胶电泳图

当OD_{260}/OD_{280}值在1.5以上时，说明各样品的蛋白质等杂质均较少，DNA纯度较高，即可以进行PCR分析，如果OD_{260}/OD_{280}值在1.7～1.9，表明RNA消化比较充分，蛋白质含量比较少，这说明DNA的纯度比较高，可为PCR稳定扩增奠定基础。

用紫外分光光度计检测DNA纯度与浓度（表14-2）。各种样品的OD_{260}/OD_{280}在1.8～2.0。OD_{260}/OD_{280}在1.8～2.0能够满足要求，可以进行下一步实验。以7月上旬材料的DNA为模板，从90对引物组合中筛选出37条扩增谱带清楚、多态性较好、重复性较高的引物用于PCR扩增。

表14-2　水曲柳合子胚子叶DNA浓度检测

样品	OD_{260}	OD_{280}	OD_{260}/OD_{280}	DNA浓度（μg/μL）
7月上旬	0.6972	0.3681	1.8941	6.972
7月中旬	0.6688	0.3471	1.9268	6.688
7月下旬	0.7532	0.4062	1.8543	7.532
8月上旬	0.7147	0.3710	1.9264	7.147
8月中旬	0.6782	0.3617	1.8750	7.147
8月下旬	0.6567	0.3480	1.8871	6.567
9月上旬	0.7470	0.3920	1.9056	7.470
9月中旬	0.7450	0.4120	1.8083	7.450

14.2.2.2　双酶切检测

取1μg基因组DNA作为酶切模板，双酶切效果见图14-10。两组材料经两组酶切后均呈弥散状态，说明两组酶切完全，可以进行下一步实验。

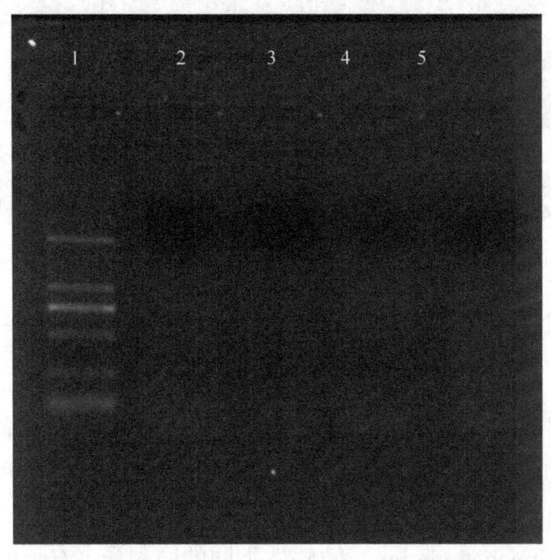

图 14-10　水曲柳合子胚子叶 DNA 酶切琼脂糖凝胶电泳图

14.2.2.3　预扩增和选择性扩增产物的琼脂糖凝胶电泳检测

预扩增产物经琼脂糖凝胶电泳检测结果见图 14-11，检测结果为 8 个取材时期的材料预扩增效果，多数泳道在 250～500bp 有亮带，其他部位有弥散带，只有 8 月上旬、8 月中旬和 8 月下旬材料的 H 酶切产物的预扩增亮带靠上，亮带出现在 500～750bp。选择性扩增产物经过琼脂糖凝胶电泳检测（图 14-12），各个泳道的亮带在 100～1000bp，与预期结果一致。

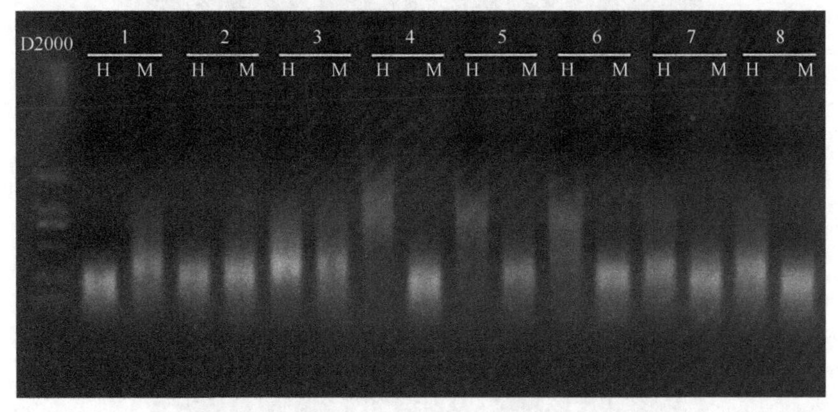

图 14-11　水曲柳合子胚子叶 DNA 甲基化预扩增产物琼脂糖凝胶电泳检测图

H 代表 *Hpa* Ⅱ酶切产物；M 代表 *Msp* Ⅰ酶切产物；下同

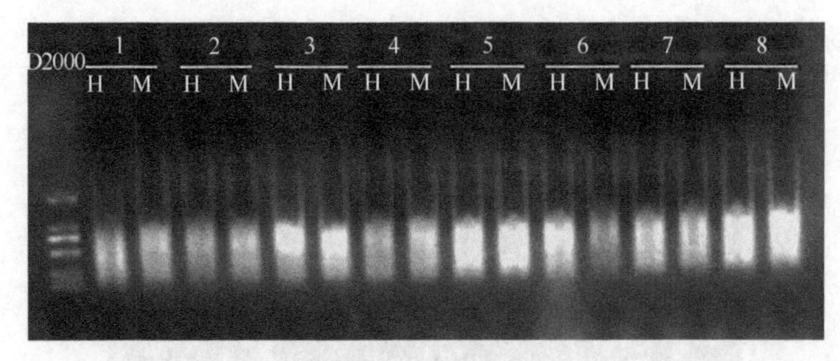

图 14-12　水曲柳合子胚子叶 DNA 甲基化选择性扩增产物琼脂糖凝胶电泳检测图

14.2.2.4　DNA 的胞嘧啶甲基化相对水平

甲基化敏感扩增多态性（methylation-sensitive amplified polymorphism，MSAP）是指改良标准的扩增片段长度多态性（AFLP）指纹技术之后能够检测全基因组范围甲基化水平的技术，可以分析基因组位点 5′-CCGG-3′ 的甲基化水平和变化。MSAP 技术的特点是利用能够识别两种对相同限制性酶切位点（5′-CCGG-3′）胞嘧啶甲基化（cytosine methylation）敏感性不同的同裂酶（*Hpa*Ⅱ和 *Msp*Ⅰ）进行酶切，经过连接相应的连接接头和两次 PCR 扩增，并通过聚丙烯酰胺凝胶电泳把扩增的酶切片段展现在聚丙烯酰胺凝胶上。

在 8 个不同取材时期取材，利用 MSAP 分析水曲柳合子胚子叶 DNA，采用筛选出的 37 对 *Eco*RⅠ+*Hpa*Ⅱ/*Msp*Ⅰ 选择性扩增引物组合，研究分析 8 个取材时期合子胚子叶的 DNA 甲基化变化。通过图谱统计，每个时期基因组 DNA 获得 933～939 条清晰可辨的 PAGE 谱带（图 14-13）。

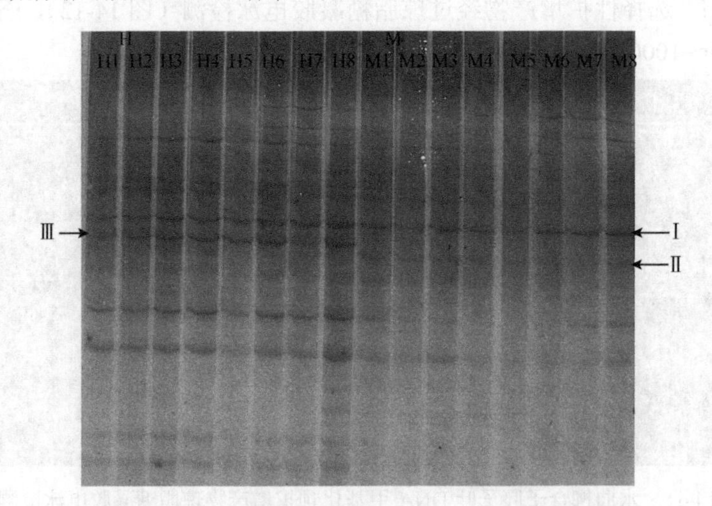

图 14-13　水曲柳合子胚子叶 DNA 甲基化电泳图

箭头所示为基因组限制性酶切位点（5′-CCGG-3′）；罗马字母代表的是不同的酶切产物 PCR 扩增中会出现的不同类型条带，Ⅰ代表 H、M 均有的条带类型，Ⅱ代表仅 M 酶切后仅有的条带类型，Ⅲ代表 H 酶切后仅有的条带类型

由于 *Hpa*Ⅱ和 *Msp*Ⅰ两个酶对于 5′-CCGG-3′ 位点甲基化的敏感程度不同，所以在变性聚丙烯酰胺凝胶上，任何一个特定 5′-CCGG-3′ 位点，任意一种材料经过 E+H 和 E+M 两种酶切都可能出现以下 4 种谱带情况：① E+H 和 E+M 两种酶切中均有带（H^+M^+），出现这样的位点说明 5′-CCGG-3′ 位点为非甲基化位点；② E+H 无带，E+M 有带（H^-M^+），说明该 5′-CCGG-3′ 位点内侧胞嘧啶甲基化；③ E+H 有带，E+M 无带（H^+M^-），说明该 5′-CCGG-3′ 位点单链外侧胞嘧啶半甲基化或是单链内外胞嘧啶均甲基化；④ E+H 和 E+M 两种酶切中均无带（H^-M^-），这种情况较复杂，有几种可能性，即不存在 5′-CCGG-3′ 位点、5′-CCGG-3′ 位点外侧胞嘧啶甲基化、5′-CCGG-3′ 位点外侧和内侧胞嘧啶同时甲基化。因此 *Hpa*Ⅱ和 *Msp*Ⅰ这两种酶只能准确地识别前三种情况，不能识别图谱中出现的第四种情况，因此也使我们得到的甲基化水平比实际的要低。一些资料表明，两种酶所不能识别的前述甲基化类型出现的频率很低。另外，*Hpa*Ⅱ和 *Msp*Ⅰ不能区分 5′-CCGG-3′ 位点之外的甲基化修饰形式，因此通过 MSAP 的方法估测，低估了基因组 5′-CCGG-3′ 位点胞嘧啶甲基化修饰水平。并且，如果扩增的片段内部含有甲基化的 5′-CCGG-3′ 位点，就会进一步低估甲基化程度。采用 MSAP 的方法对于区分不同基因组 5′-CCGG-3′ 位点内侧胞嘧啶完全甲基化和外侧胞嘧啶的半甲基化的情况有效，即使会低估整体甲基化水平。

14.2.2.5　不同取材时期水曲柳合子胚子叶基因组 DNA 在 5′-CCGG-3′ 位点的胞嘧啶甲基化水平

从不同取材时期水曲柳合子胚子叶基因组 DNA 中获得 933～939 条清晰可辨的 PAGE 谱带（表 14-3）。从 7 月上旬到 9 月中旬，从各个时期的材料基因组 DNA 中获得未甲基化的条带数为 770～785 条，甲基化条带数为 151～163 条。各个时期的甲基化差异不显著。从 7 月上旬的材料中获得的甲基化条带数最多，所占比例为 17.5%，而 7 月下旬甲基化条带数最少，所占比例为 16.1%。

表 14-3　不同取材时期水曲柳合子胚子叶基因组 DNA 在 5′-CCGG-3′ 位点胞嘧啶甲基化水平

不同取材时期	MSAP 扩增总条带数（条）	未甲基化条带数（条）	甲基化条带数（条）	甲基化条带数所占的比例（%）
7 月上旬	933	770	163	17.5
7 月中旬	933	780	153	16.4
7 月下旬	936	785	151	16.1
8 月上旬	934	781	153	16.4
8 月中旬	936	783	153	16.3
8 月下旬	935	780	155	16.6

续表

不同取材时期	MSAP扩增总条带数（条）	未甲基化条带数（条）	甲基化条带数（条）	甲基化条带数所占的比例（%）
9月上旬	936	781	155	16.6
9月中旬	939	785	154	16.4

不同取材时期，基因组DNA的甲基化水平是不同的。7月上旬是水曲柳胚胎初步形成的时期，高比例的DNA甲基化水平会在胚胎形成的初期出现。7月上旬水曲柳合子胚子叶基因组DNA的甲基化水平最高（17.5%），而7月下旬DNA甲基化水平最低（16.1%）。7月下旬水曲柳体胚发生率最高，而其DNA甲基化水平却是最低的。说明水曲柳体胚发生与外植体DNA甲基化水平有关。

在植物发育中，基因表达状况受基因组DNA甲基化水平影响。因此，植物控制基因有序表达的有效方式之一就是发生甲基化及去甲基化事件。根据植物发育的组织特异性和发育阶段的依赖方式，植物主要以胞嘧啶甲基化来调控基因表达（Gehring et al.，2009）。水曲柳体胚发生过程中出现的外植体状态，根据表观遗传学原理，这些特殊现象可能与基因组DNA甲基化水平有关。DNA甲基化在基因表达调控中起着重要的作用（Klimaszewska et al.，2009）。DNA甲基化是植物正常生长发育所必需的，甲基化水平不足或过高，均会导致植物形态结构和生长发育不正常（聂丽娟和王子成，2007）。DNA甲基化程度越低，基因表达活性越高；反之，DNA甲基化程度越高，基因表达活性越低（李双龙等，2009）。在植物不同取材时期和不同环境下，DNA甲基化能够有效调控基因的时空表达，实现其重要的表观遗传作用。

植物生长的不同时期的不同发育反应不是由某一基因的变异或突变引起的，而是由内源基因的转录来调节的。而这一类调节的主要方式正是DNA甲基化（Richards，1997）。在脊椎动物细胞和高等植物的基因组中分别有2%～7%、6%～25%的胞嘧啶发生甲基化修饰（赵云雷等，2009）。不同组织、不同时期DNA甲基化的水平差异较大，如未成熟组织和原生质体的胞嘧啶甲基化水平平均为20%，成熟组织平均为25%，成熟的花粉为22%，种子的甲基化水平最高，能够达到27%（Messegure et al.，1991）；在拟南芥中，种子DNA甲基化水平高于成熟叶片，而成熟叶片的DNA甲基化水平比幼苗高20%，但种子在发芽时由于DNA发生去甲基化事件，甲基化水平又下降（Finnegan et al.，1998）。在不同发育阶段，水曲柳合子胚子叶基因组的DNA甲基化水平差异不显著，7月上旬水曲柳基因组DNA甲基化水平最高，随着生长发育，DNA甲基化水平逐渐降低，到7月下旬，基因组DNA甲基化水平降到了最低，之后逐渐升高，但没有超过7月上旬DNA甲基化水平。

体胚发生是通过调控获得大量的再生植株，不是简单的一个器官或者细胞的再生（Bhattacharya et al.，2010）。胚性愈伤组织的DNA甲基化水平明显比非胚性愈伤组织低。具有体胚发生能力的愈伤组织的DNA甲基化程度低于丧失体胚发生能力的愈伤组织（孟海军，2006）。在水曲柳体胚发生中，7月下旬水曲柳合子胚子叶基因组DNA的甲基化水平最低，而此时期的体胚发生率最高。另外，水曲柳体胚发生过程中愈伤组织诱导率及外植体褐化的比率在7月中下旬均处于高峰阶段，而外植体的DNA甲基化水平在此时期处于低谷。综合来看，体胚发生率高的外植体DNA甲基化水平较低。

14.3 结　论

7月下旬为水曲柳体胚发生的最佳时期，此时体胚发生率最高，而愈伤组织诱导率的最高值出现在7月中下旬。不同取材时期水曲柳合子胚子叶基因组DNA在5′-CCGG-3′位点的胞嘧啶甲基化水平不同，每个时期基因组DNA获得933～939条清晰可辨的PAGE谱带。7月下旬甲基化条带最少，DNA甲基化水平最低，其体胚发生率最高。外植体基因组DNA甲基化水平影响水曲柳体胚发生，DNA甲基化水平越低，其基因表达活性越强，体胚发生率越高。

15 水曲柳体胚成熟及萌发促进研究

体胚的成熟与萌发是植物体胚发生技术中植株转化的重要环节。体胚的成熟培养直接影响萌发生根的效果，而影响体胚成熟的主要因素有培养基渗透压、碳源、活性炭、植物生长调节剂等。体胚的萌发是植株再生的关键，其中体胚的萌发生根培养是指根的产生和延长，其主要与培养基类型、激素浓度、体胚的成熟情况及光照条件等有关。随着继代次数的增加，体胚的再生植株转化能力会下降或者丧失。成苗是指萌发后的体胚根系逐渐生长，茎伸长形成体胚苗，最终移栽成活形成完整植株的过程。

水曲柳的合子胚通过进行直接体胚发生和间接体胚发生，可获得高频植株再生体系。以水曲柳直接体胚发生和间接体胚发生产生的子叶胚为培养材料，进行体胚的成熟和植株再生培养，通过研究不同培养材料、培养条件、继代次数对水曲柳体胚植株再生的影响，分析了体胚萌发的影响条件，建立了适合水曲柳体胚高效萌发的技术。

15.1 材料与方法

15.1.1 水曲柳直接体胚发生中的体胚成熟培养

在超净工作台上将直接体胚发生培养获得的发育完成的子叶胚从外植体上剥落进行体胚成熟培养。体胚成熟培养基为MS1/2（MS 培养基中所有成分都减半）中添加 1mg/L ABA、400mg/L 水解酪蛋白、20g/L 蔗糖、1g/L 活性炭以及 7.5g/L 琼脂。高温高压蒸汽灭菌前调整培养基 pH 为 5.8。于（25±2）℃暗培养 30 天后将培养材料移至光照下（光照强度 1000～2000lx，每天光照 16h）培养 2 周。后转入添加 400mg/L 水解酪蛋白、20g/L 蔗糖及 7.5g/L 琼脂的 MS1/2 培养基上继续暗培养 30 天。

15.1.2 水曲柳间接体胚发生中的愈伤组织分化培养

以经过增殖培养的愈伤组织为材料，在超净工作台内取米黄色、半透明、颗粒状、松散的愈伤组织（胚性愈伤组织）进行分化培养。愈伤组织分化培养基为MS1/2中添加1mg/L 6-BA、400mg/L水解酪蛋白、20g/L蔗糖以及7.5g/L琼脂。高温高压蒸汽灭菌前调整培养基pH为5.8。(25±2）℃暗培养。每30天继代一次，至大部分愈伤组织分化完成再进行成熟培养。

15.1.3 水曲柳间接体胚发生中的体胚成熟培养

干燥处理：在超净工作台内称取3g来自同一细胞系的体胚团，放入30mL液体培养基（MS1/2+20g/L蔗糖）中摇晃均匀，然后取3mL混合物倒入布氏漏斗中灭过菌的滤纸上（布氏漏斗置于抽滤瓶上)。将布氏漏斗与抽滤瓶紧密连接，用泵连接抽滤瓶抽去多余液体后将滤纸铺在培养基表面（滤纸表面无明显水流时)。

体胚成熟培养基为MS1/2中添加1mg/L ABA、400mg/L水解酪蛋白、20g/L蔗糖、1g/L活性炭以及7.5g/L琼脂。高温高压蒸汽灭菌前调整培养基pH为5.8。于（25±2）℃暗培养30天后将培养材料移至光照下（光照强度1000～2000lx，每天光照16h）培养2周。后转入MS1/2培养基上继续暗培养30天。

15.1.4 水曲柳体胚萌发生根培养

以成熟培养获得的白色、长度为4～8mm的子叶胚为材料进行萌发生根培养。萌发生根培养基为1/3MS（大量元素为MS培养基中大量元素的1/3）中添加0.01mg/L NAA、20 g/L蔗糖、1g/L活性炭以及7.5g/L琼脂。高温高压蒸汽灭菌前调整培养基pH为5.8。于（25±2）℃、光照强度1000～2000lx、每天光照16h的条件下培养，每30天继代一次。

15.1.5 水曲柳植株移栽成苗

将已经生根且发育良好的体胚苗移栽到装有基质（草炭土∶蛭石∶珍珠岩=5∶3∶2，*v/v/v*）的塑料钵里。基质拌匀MS液体营养基后经高温高压蒸汽灭菌放凉。移栽前将体胚苗根部的培养基洗掉。移栽后立即用保鲜膜覆盖，于培养室内（25±2）℃、自然光下培养。每天浇水以保持较高的空气湿度。培养15天后逐渐撤掉保鲜膜，转移至（25±2）℃、光照强度1000～2000lx下培养。移栽驯化期间每天浇水进行水分管理。

15.2 结果与分析

15.2.1 水曲柳直接体胚发生中的体胚成熟培养

15.2.1.1 不同外源添加物质对水曲柳体胚成熟的影响

以直接体胚发生培养出球形胚的外植体为材料，在基本培养基中添加不同浓度蔗糖（20g/L、50g/L、70g/L 和 100g/L）、琼脂（6g/L、7g/L 和 8g/L）、聚乙二醇（10g/L、30g/L、50g/L、70g/L 和 100g/L）、活性炭（2g/L 和 5g/L）进行单因素控制变量实验。

（1）蔗糖浓度对水曲柳体胚成熟的影响

蔗糖在植物离体培养中一方面作为碳源为培养物的生长和代谢提供所需的能量，另一方面影响着培养基的渗透压。在球形胚时期，由于体胚发育需要大量能量，所以较高浓度的蔗糖有利于水曲柳体胚的发育（表 15-1，表 15-2）。体胚成熟率随着蔗糖浓度的升高而升高。体胚颜色由嫩黄色逐渐变为象牙白或乳白色，且不透明。体胚明显增大，胚轴粗壮并伸长。当蔗糖浓度达到 100g/L 时，体胚成熟率为 20%，其中成熟的体胚多是具有多片子叶的畸形胚。高糖培养下还会产生一些簇生在一起类似于单子叶体胚的黄色胚状体，它们由共同的下胚轴相连。这些单子叶状的胚状体不能进一步发育，一般会逐渐褐化死亡。在低浓度蔗糖（20g/L）条件下，出现了体胚由嫩黄色到透明进而转化成水渍状态的现象。体胚生活力下降，并且逐渐褐化死亡。蔗糖浓度为 70g/L 时，体胚颜色为乳白色，不透明，胚轴粗壮且明显伸长，体胚成熟率为 17%。由此可知，较高浓度的蔗糖有利于水曲柳体胚成熟培养。蔗糖浓度过高或过低都会影响体胚的正常发育。

表 15-1 不同外源添加物质对水曲柳体胚成熟的影响

外源添加物质	浓度（g/L）	体胚成熟率（%）
蔗糖	20	0b
蔗糖	50	13±0.09b
蔗糖	70	17±0.03ab
蔗糖	100	20±0.06ab
琼脂	6	17±0.03ab
琼脂	7	33±0.12a
琼脂	8	7±0.03b
聚乙二醇	10	17±0.09ab

续表

外源添加物质	浓度（g/L）	体胚成熟率（%）
聚乙二醇	30	30±0.12ab
聚乙二醇	50	13±0.03b
聚乙二醇	70	10±0.06b
聚乙二醇	100	0b
活性炭	2	27±0.03ab
活性炭	5	0b

注：同列不含有相同小写字母的表示在 0.05 水平差异显著

表 15-2　不同浓度蔗糖对水曲柳体胚成熟的影响

蔗糖浓度（g/L）	水曲柳体胚发育情况
20	体胚嫩黄色，透明，逐渐褐化死亡
50	体胚黄白色，不透明，略带一些黄褐色，胚轴明显伸长
70	体胚乳白色，不透明，略带些黄褐色，体积明显增大，胚轴粗壮并明显伸长
100	体胚象牙白或乳白色，不透明，体积增大，胚轴粗壮并伸长但畸形胚较多

在党参（*Codonopsis pilosula*）、龙眼（*Dimocarpus longan*）体胚研究中都发现，低浓度的蔗糖培养产生两个子叶的正常体胚较多（Salajova and Salaj，1999），而在高浓度下则易形成畸形的多子叶胚状体。蔗糖浓度增加有利于次生物质的合成与积累，只是不同目的产物的适宜浓度不同（梁燕等，2003），所以蔗糖浓度不宜过高，以最高 100g/L 为宜。这与针叶树中体胚成熟需要较高的渗透压一致。在经济作物玉米培养中，也需要提高蔗糖浓度来提高培养基内的渗透压；在大豆组织培养中也发现，1.5% 蔗糖可促进体胚的成熟（曲桂芹等，2002）；组织培养小麦（*Triticum aestivum*）、胡萝卜（*Daucus carota* var. *sativa*）等植物时发现，适当高浓度的蔗糖可以提高体胚发生率，因为高浓度的蔗糖可改变培养基的渗透压，使细胞失水，细胞内含物浓度升高，从而直接影响体胚的成熟（黄绍兴等，1995；冯丹丹等，2006）。

（2）琼脂浓度对水曲柳体胚成熟的影响

琼脂是培养基的固化剂，起支撑培养物的作用。梅传生等（1993）研究发现琼脂能提高水稻幼胚愈伤组织分化率。在水曲柳中，在添加 7g/L 琼脂的培养基中体胚成熟率最高（33%），畸形胚率仅为 13.7%，体胚由半透明或透明逐渐转化成乳白色或浅黄绿色不透明、下胚轴延伸的成熟体胚。添加 6g/L 琼脂的培养基固化不好，不能起到固定、支撑外植体的作用。外植体缺乏氧气与养分，导致体胚很难生长发育从而影响体胚成熟。添加 8g/L 的琼脂体胚成熟率最低，接种到培养基内的体胚经过一段时间培养从体胚的顶端开始逐渐褐化死亡。可能是高浓度的琼脂导致培养基过硬，渗透压增大，外植体难以从培养基中吸收养分支持体胚的生长发育，从而导致体胚死亡。因此，在培养基中添加 7g/L 的琼脂最适合水曲柳体胚的成熟培养。

（3）PEG 浓度对水曲柳体胚成熟的影响

聚乙二醇（PEG）作为渗透剂能引起水分胁迫，使细胞内正常的蛋白质合成受到抑制，抑制愈伤组织细胞分裂，加速胚的发育。在添加 PEG 的 MS1/2 培养基中，水曲柳体胚会分别向产生次生胚及体胚成熟两个方向发育（图 15-1）。当 PEG 浓度为 30g/L 时，水曲柳体胚成熟率是对照的 1 倍，且均是畸形胚。当 PEG 浓度为 10g/L 时，水曲柳成熟体胚中畸形胚低于对照，体胚多为浅黄色，少量乳白色，大多数体胚向产生次生胚方向发展。当 PEG 浓度为 50g/L 时，水曲柳体胚成熟率低于对照，体胚多数再次产生次生胚而不向体胚成熟方向发展。成熟体胚颜色为象牙白，但胚轴端有轻微褐化现象，体胚发育迟缓。虽然 PEG 浓度为 70g/L 时体胚成熟率最低（仅为 10%），但均是正常的双子叶体胚，成熟体胚多为浅黄色，胚轴粗壮。接种到含 PEG 100g/L 的培养基中，体胚严重褐化并全部死亡。PEG 产生的高渗透压可促进体胚成熟，在基本培养基中添加 70g/L 的 PEG 对水曲柳的体胚成熟有明显的促进作用。可能是 PEG 的高渗透压引起水分胁迫，使细胞内正常的蛋白质合成受到抑制，相应地诱导一些胁迫蛋白合成，调节代谢，抑制愈伤组织的细胞分裂，加速胚的发育，使体胚早熟并抑制成熟胚的萌发（高述民，2001）。在 PEG 促进胡萝卜体胚的成熟过程中，高渗透压导致内源 ABA 的增加，通过 ABA 的作用来影响体胚的发育。添加 3.7%PEG 最有利于欧洲云杉（*Picea abies*）体胚的成熟，使其体胚提前 2 周成熟，这与水曲柳的结果相似。所以在水曲柳体胚的成熟发育中添加一定浓度的 PEG 有利于其成熟。

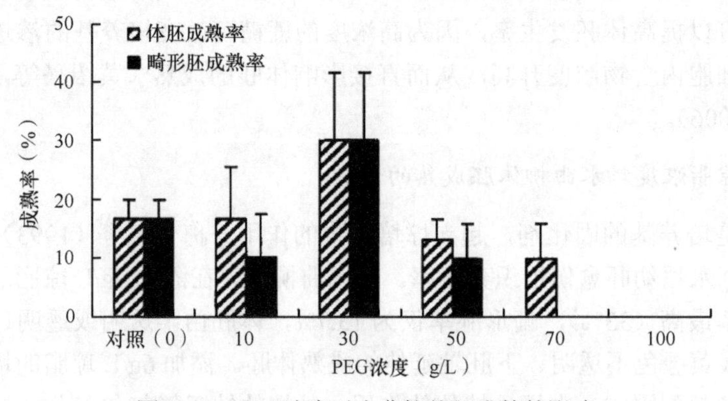

图 15-1　PEG 浓度对水曲柳体胚成熟的影响

（4）活性炭浓度对水曲柳体胚成熟的影响

活性炭能吸附培养物在培养过程中分泌的酚类、醌类物质，防止导致褐化的有害物质积累，降低不利影响。活性炭有利于水曲柳体胚的成熟（图 15-2），在添加 2g/L 活性炭的基本培养基中培养的体胚，其成熟率明显高于对照（不添加活性炭）。水曲柳成熟体胚是正常的双子叶体胚，次生胚再生率明显降低，正常成熟的体胚子叶颜色为黄绿色，胚轴白色、粗壮。在添加 5g/L 活性炭的基本培养基中培养的体胚发育迟缓，几乎无变化，体胚浅黄色且透明，随着培养时间的延长，体胚表面逐渐粗糙并褐化，逐渐死亡。分析原因，活性炭浓度过高，吸附了培养基内的营养成分，使得体胚吸收不到足够的养分，随着培养时间的延长，体胚无法继续生长发育，逐渐粗糙、褐化、失水直至死亡。

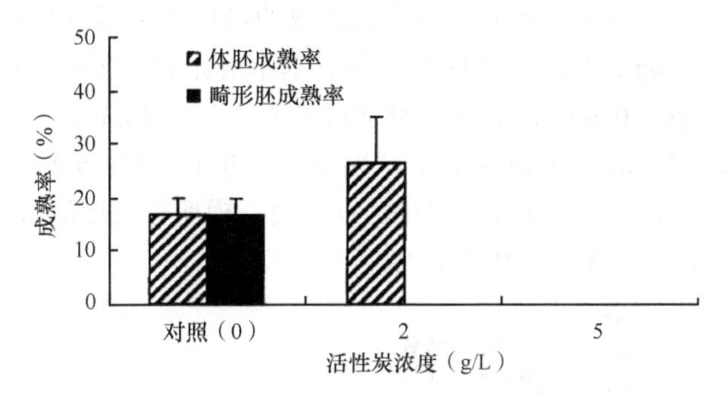

图 15-2　活性炭浓度对水曲柳体胚成熟的影响

活性炭被认为有防止培养物褐化、吸附细胞培养过程中产生的有毒代谢废物和多余生长调节物质的功能，常与 ABA 同时使用。ABA 和活性炭同时使用可使体胚产生与合子胚更加类似的顶端优势，有利于形成健康的子叶胚。而在半夏（*Pinellia ternata*）组织培养（刘庆等，2007）过程中加入适当的活性炭，能明显地促进外植体形成近似完整的再生植株。研究发现，在水曲柳体胚成熟的过程中，在添加适当浓度活性炭的培养皿中体胚的褐化率很低，且为健康的成熟子叶胚。因此认为添加 2g/L 活性炭有利于促进水曲柳体胚成熟。

15.2.1.2　不同植物生长调节剂对水曲柳体胚成熟的影响

以直接体胚发生培养出的带球形胚的外植体为材料，在基本培养基中添加不同浓度的赤霉素（1.0mg/L、2.0mg/L 和 5.0mg/L），或不同浓度的 ABA（0.2mg/L、0.5mg/L、1.0mg/L、2.0mg/L 和 5.0mg/L），或不同配比的 NAA 与 6-BA（表 15-3）进行体胚成熟培养。

表 15-3 水曲柳体胚成熟培养基中 6-BA 和 NAA 配比设计表 （激素单位：mg/L）

6-BA	NAA			
	0	0.5	1.0	1.5
0	1	2	3	4
0.2	5	6	7	8
0.5	9	10	11	12

注：表中数字为各种处理的编号

（1）ABA 浓度对水曲柳体胚成熟的影响

体胚的成熟需要多种激素的共同作用，而在促进体胚成熟中应用最多的是脱落酸（ABA），但也有生长素及细胞分裂素促进体胚成熟及萌发的先例。使用不同的植物生长调节剂探究适宜水曲柳体胚成熟的最佳生长调节剂种类和浓度。在添加 0.2mg/L、0.5mg/L ABA 的 MS 基本培养基中培养的体胚成熟率明显高于对照（图 15-3）。其中添加 0.5mg/L ABA 的体胚成熟率达到了 43.3%，是对照的 3 倍多。而添加 1.0mg/L、2.0mg/L ABA 的体胚成熟率明显低于对照。5.0mg/L ABA 不能促进体胚的成熟，体胚会向产生次生胚的方向发育。说明低浓度的 ABA 能够促进水曲柳体胚的成熟，高浓度抑制体胚成熟。

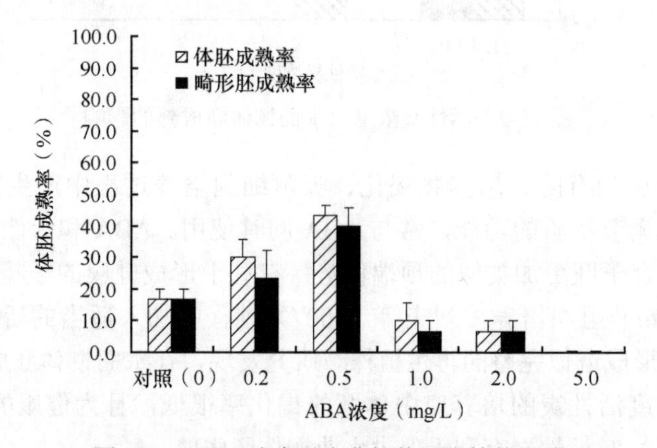

图 15-3 ABA 浓度对水曲柳体胚成熟的影响

ABA 在胚胎晚期发育中起重要的作用（Chandler et al.，1994）。在体胚分化培养中加入适当浓度的 ABA 可明显促进体胚成熟，抑制体胚的过早萌发，并可抑制畸形胚的产生。ABA 能显著抑制云杉体胚提前萌发，促进子叶胚中储藏蛋白的积累。ABA 抑制畸形胚与次生胚的形成与处理浓度以及胚的发育时期有关。0.2mg/L ABA 处理下当归（*Aralia cordata*）的鱼雷形胚和子叶胚分别出现 65.9% 和 73.0% 的次生胚；ABA 浓度提高后，次生胚形成急剧减少，而其处理的球形胚和心形胚则无次生胚的形成（Lee et al.，1998；Robert，1991）。在水曲柳球形胚时期，在基本培养基中添加低浓度的ABA可有效促进体胚的成熟，而添加高浓度（大于1.0mg/L）ABA培养的体胚则会产生次生胚。外源ABA能阻止种子发芽以及体胚的早萌，一些不能合成ABA或者对ABA不敏感的突变体通常提早萌发。同时ABA在胚性转换中起到极其重要的作用，植物通过控制ABA的合成及其自身对ABA的敏感性来调节胚胎后期发育。Nishiwaki等（2000）将ABA作为唯一的生长调节剂诱导胡萝卜幼苗体胚发生时，发现体胚发生量与ABA浓度有关，ABA浓度为4～10mol/L时，体胚发生量最大。2.5～5μmol/L ABA则可诱导椰子（*Cocos nucifera*）未成熟胚产生大量体胚，体胚可萌发形成茎尖继而形成完整的植株（Fernando and Gamage，2000）。

（2）赤霉素浓度对水曲柳体胚成熟的影响

赤霉素及一些生长延缓剂（如矮壮素、PP333等）对某些植物的胚胎发育起促进作用。通过添加赤霉素（GA_3）对水曲柳的体胚成熟进行研究发现（图15-4），随着赤霉素浓度的升高，水曲柳的体胚成熟率增大。在赤霉素为5.0mg/L的基本培养基中有70.0%体胚向成熟方向发育。但是成熟体胚在形态上多表现为多子叶、单子叶和联体。子叶颜色随着赤霉素浓度的升高而变白，胚轴粗壮且略微有些褐化。由此可见，高浓度赤霉素能大大提高其畸形胚的成熟率。在印度娃儿藤（*Tylophora indica*）的早期体胚中发现，GA_3大于10μmol/L和低于10μmol/L会导致体胚的数量略微减少。在含有GA_3的培养基上虽然能诱导获得棉花体胚并使其发育到鱼雷形胚，但是会抑制棉花体胚的进一步发育（王清连等，2004）。

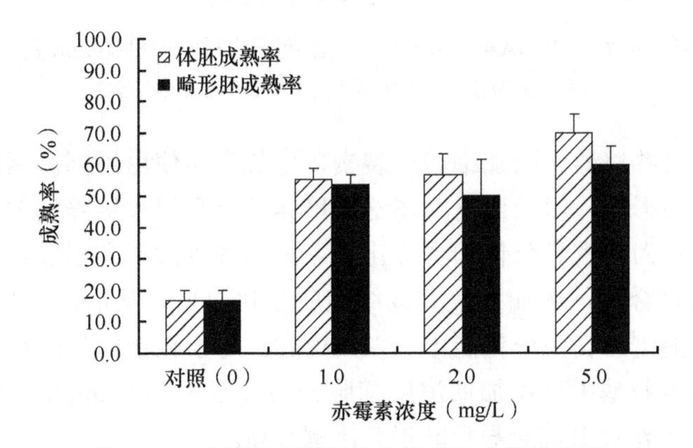

图15-4　赤霉素浓度对水曲柳体胚成熟的影响

（3）NAA与6-BA不同配比浓度对水曲柳体胚成熟的影响

生长素NAA和细胞分裂素6-BA能促进水曲柳直接体胚的发生。处理5（0.2mg/L 6-BA与不添加NAA）的体胚成熟率最高，为50%，其中畸形胚只占成熟体胚的12.7%（图15-5），成熟体胚颜色多为黄绿色，不透明，子叶的边缘微微变绿，胚轴伸长。成熟畸形胚中有多子叶、联体的体胚，有少数体胚表现为玻璃化。不添加 6-BA，仅添加 NAA 时，随着 NAA 浓度的升高，体胚成熟率和畸形胚成熟率均逐渐升高，但是不添加 NAA 和 6-BA 的处理中体胚成熟率为 0，说明生长素 NAA 和细胞分裂素 6-BA 是水曲柳体胚成熟的必要物质，随着 NAA 浓度升高，虽然水曲柳体胚成熟率升高，但是畸形胚率同样升高。当 6-BA 浓度为 0.2mg/L 时，随着 NAA 浓度的升高，水曲柳体胚成熟率下降，当 NAA 浓度为 1.5mg/L 时，体胚成熟率仅为 3.3%，且成熟的体胚均为畸形胚。说明较高浓度的 NAA 对水曲柳体胚成熟有抑制作用。当不添加 NAA 时，随着 6-BA 浓度的升高，水曲柳体胚成熟率先升高再降低，但是畸形胚成熟率逐渐升高。当 6-BA 浓度为 0.5mg/L 且不添加 NAA 时，体胚成熟率为 30.0%，但是畸形胚成熟率为 21.7%。说明适当浓度的 6-BA 有利于水曲柳体胚的成熟，但是过高浓度可能导致畸形胚成熟率升高。

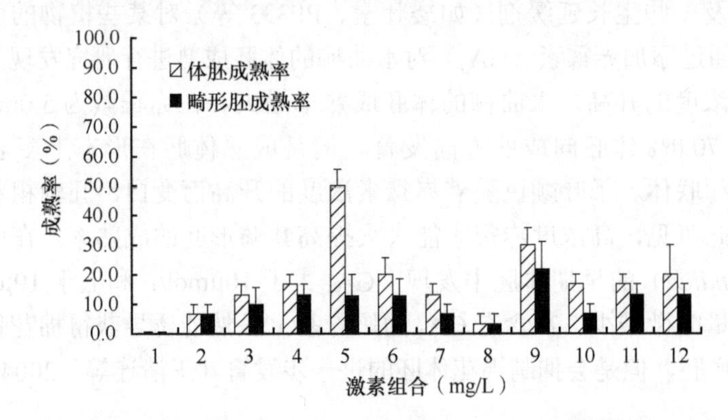

图 15-5 培养基中 NAA 与 6-BA 不同浓度配比对水曲柳体胚成熟的影响

不同激素组合对应的 NAA 与 6-BA 浓度配比见表 15-3

在体胚的成熟培养中附加细胞分裂素、生长素和使用不同激素配比等对体胚的成熟有一定的影响，但长期培养在这种培养基上会导致培养物的褐化。植物细胞在离体培养时为了诱导分化和再分化必须加入各种激素和附加物，而这些多为富含氧化源的化合物，增加了培养物细胞的氧化胁迫，从而产生更多的活性氧，造成愈伤组织褐化而丧失分化能力，以致死亡。对于直接产生的水曲柳球形胚的成熟培养，在培养基中只添加低浓度细胞分裂素 6-BA（0.2mg/L）时更有利于体胚的成熟，NAA 浓度升高会导致畸形胚比例升高。

15.2.1.3 水曲柳直接体胚发生中畸形胚的成熟

在许多植物体胚发生中均出现了畸形胚，一般认为产生畸形胚的原因可能是死亡或解体小孢子产生的某些有毒物质抑制了体胚的发育。也可能与营养物质的积累和激素的使用有关（薛美凤等，2002；桑庆亮和赖钟雄，2000）。体胚成熟过程中高频率畸形胚的发生，严重影响了植株再生率，是限制组织培养技术应用于生产和实践的巨大障碍。由外源植物生长调节剂导致的畸形胚可通过适当调整外源植物生长调节剂的种类、浓度及比例使体胚恢复到正常的生理状态。除了外源植物生长调节剂是体胚畸形的直接诱因以外，也有可能是体胚虽然能充分成熟却由于外界环境适宜而提前萌发，还有可能是遗传变异引起的，需进一步研究。

水曲柳成熟体胚中畸形胚所占的比例较大，形态多表现为联体胚、多子叶胚、单子叶胚和无极性胚。其中多子叶胚数量较多，且在后期的萌发培养中多数表现为多余的子叶逐渐不发育并褐化或是发育到一定阶段枯萎凋落，仅有两片子叶萌发。单子叶的成熟胚数目也较多，萌发时仅见单片子叶萌发。分析原因可能是从球形胚开始成熟培养时间过早，体胚还未发育完全，可尝试在水曲柳体胚完全生长成子叶形后进行成熟培养。

15.2.2 水曲柳间接体胚发生中的愈伤组织分化培养

在间接体胚发生过程中，产生大量同步化率高的体胚是胚性愈伤组织分化培养关键的一步。以经过增殖培养的愈伤组织为材料，在超净工作台内取米黄色、半透明、颗粒状、松散的愈伤组织（胚性愈伤组织）进行分化培养。以 MS1/2 培养基为基本培养基，添加不同浓度的 NAA 和 6-BA，于（25±2）℃暗培养，每隔 30 天继代一次。愈伤组织分化过程见图 15-6。6-BA 对水曲柳愈伤组织分化具有重要的作用，而 NAA 则不利于愈伤组织分化（表 15-4）。愈伤组织分化形成体胚

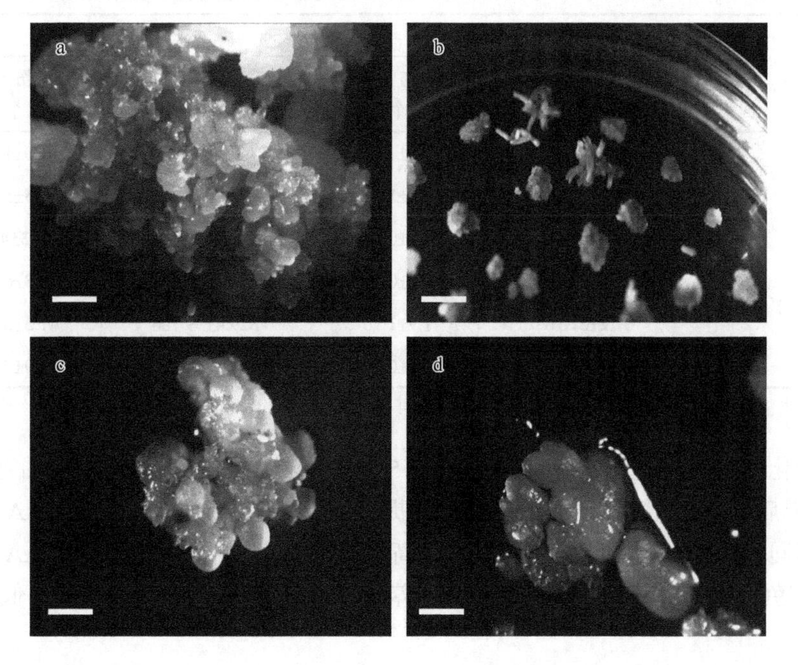

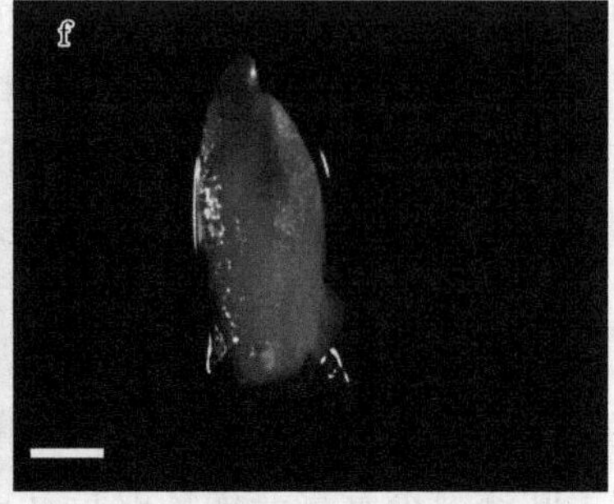

图 15-6 水曲柳愈伤组织分化过程

a. 愈伤组织分化初期；b. 愈伤组织分化后期；c. 愈伤组织分化出的球形胚；d. 愈伤组织分化出的心形胚；e. 愈伤组织分化出的心形胚和鱼雷形胚；f. 愈伤组织分化出的子叶胚。比例尺分别为 1mm（a）、1cm（b）、1.2mm（c～f）

的诱导率随着 6-BA 浓度增加表现出先升高再降低的趋势。培养 30 天时，仅添加 1mg/L 6-BA 的培养基中体胚数量最多，为 118.8 个/g FW，单块愈伤体胚数量为 5.9 个，与其他处理差异显著（$P<0.05$）；不添加 6-BA，仅添加 1mg/L NAA 的处理体胚数量最少，为 17.7 个/g FW，单块愈伤体胚数量最少（0.9 个）。培养 90 天时，仅添加 1mg/L 6-BA 培养基的体胚数量和单块愈伤体胚数量最多，分别为 1020.5 个/g FW 和 51.0 个，其与 2mg/L NAA+1mg/L 6-BA 处理的结果差异显著（$P<0.05$）。

表 15-4 培养基中不同 NAA 和 6-BA 配比对水曲柳愈伤组织分化的影响

NAA（mg/L）	6-BA（mg/L）	培养 30 天		培养 90 天	
		体胚数量（个/g FW）	单块愈伤体胚数量（个）	体胚数量（个/g FW）	单块愈伤体胚数量（个）
0	1	118.8±26.5a	5.9±1.3a	1020.5±231.4a	51.0±11.6a
1	1	37.2±21.1b	1.9±1.1b	829.4±99.7ab	41.5±5.0ab
2	1	32.3±10.6b	1.6±0.5b	366.6±80.0b	18.3±4.0b
1	0	17.7±7.4b	0.9±0.4b	616.7±123.7ab	30.8±6.2ab
1	1	37.2±21.1b	1.9±1.1b	829.4±99.7ab	41.5±5.0ab
1	2	22.3±7.6b	1.1±0.4b	758.7±158.3ab	37.9±7.9ab

注：表中数据为平均值±标准差，同列数字后不含有相同小写字母的表示在 0.05 水平差异显著，下同

分化培养的初期球形胚率最高（表 15-5），为 73.2%。随着培养时间的延长，培养 90 天后，心形胚率和子叶胚率均有所提高；培养基中仅添加 1mg/L NAA 时，体胚发育同步化较好，子叶胚率达到其最高值；当培养基中添加 2mg/L NAA+1mg/L 6-BA，鱼雷形胚率和子叶胚率均低于培养 30 天时的相应处理，子叶胚率低于其他处理。

表 15-5 培养基中植物生长调节剂对水曲柳体胚发育的影响

NAA (mg/L)	6-BA (mg/L)	培养 30 天的各阶段体胚比例（%）				培养 90 天的各阶段体胚比例（%）			
		球形胚	心形胚	鱼雷形胚	子叶胚	球形胚	心形胚	鱼雷形胚	子叶胚
0	1	73.2±3.1	8.4±1.7a	10.4±2.0	8.0±2.8ab	61.9±4.2	11.7±1.6ab	12.7±1.8	13.7±2.2b
1	1	76.4±6.7	3.9±1.5b	15.5±5.5	4.2±3.0ab	54.6±7.8	14.5±2.2a	13.6±3.7	17.2±3.8ab
2	1	65.6±8.3	2.4±1.2b	16.1±4.5	15.9±6.6a	66.4±5.6	10.1±1.9ab	14.0±2.3	9.5±3.0b
1	0	65.4±10.9	0.2±0.2b	26.3±10.6	8.1±6.6ab	47.3±4.3	13.6±1.2ab	13.0±1.0	26.1±4.9a
1	1	76.4±6.7	3.9±1.5b	15.5±5.5	4.2±3.0ab	54.6±7.8	14.5±2.2a	13.6±3.7	17.2±3.8ab
1	2	69.7±8.7	3.6±1.5b	25.0±8.8	1.8±1.0b	63.1±9.6	8.9±1.4b	12.8±4.4	15.2±4.6ab

生长素对诱导愈伤组织和愈伤组织分化至关重要（Von Arnold et al.，2002）。在体胚发生过程中，细胞分裂素与生长素共同作用促进细胞增殖。在对无患子（*Sapindus mukorossi*）愈伤组织的分化试验中发现，将愈伤组织转移到含有8.88μmol/L 6-BA 的 MS 培养基中，体胚发生率最高（Singh et al.，2015）。利用细胞分裂素诱导体胚发生在结缕草（*Zoysia japonica*；Asano et al.，1996）、秋海棠（*Begonia grandis*；Castillo and Smith，1997）和文心兰（*Oncidium hybridum*；Chen and Chang，2001）中也有报道。在水曲柳中，适量的6-BA有利于愈伤组织的分化。在愈伤组织分化早期，不加 NAA 有利于分化，不添加 6-BA 会抑制分化；到水曲柳愈伤组织分化的后期时，高浓度的 NAA 明显抑制愈伤组织的分化，抑制体胚的发育。体胚形成过程分为两个阶段：第一阶段生长素可以诱导胚性细胞的生长和发育，第二阶段降低生长素浓度或者去除生长素有利于体胚的发育（Feher et al.，2003）。这是因为发育中的胚性细胞会产生一些信使 RNA 和蛋白质，当胚性细胞处于含有生长素的培养基中时，这些信使 RNA 和蛋白质会抑制体胚的进一步发育（Yang and Zhang，2010；Zimmerman，1993）。过高浓度 IAA 不利于胚性细胞形成（郭敏敏等，2009）。

15.2.3 水曲柳间接体胚发生中的体胚成熟培养

体胚成熟是影响体胚发生系统中植物转化的关键因素（Ammirato，1987）。在成熟阶段，体胚经历形态和生化变化，如储藏产物沉积，这对随后的植物发育至关重要。鉴于直接体胚发生中使用球形胚进行成熟培养产生畸形胚过多的情况，本研究采用已经发育成子叶胚的水曲柳体胚进行成熟培养。把白色不透明的外观作为水曲柳体胚的成熟标准。ABA 对水曲柳体胚成熟的影响见图 15-7a～e 和表 15-6。未干燥处理的子叶胚在不添加 ABA 的成熟培养基上培养 30 天时（图 15-7a），子叶胚数量较多（320.7 个/g FW），但子叶呈半透明状，卷曲不舒展，畸形胚率高，还有褐化现象。经过干燥处理后培养 30 天，1mg/L ABA 处理的子叶胚（图 15-7c）数量最多（397.0 个/g FW），子叶发育良好，子叶占胚长比例为 51.0%，体胚平均长度最长（4.7mm），子叶呈健康的乳白色、舒展伸长、大小一致，畸形胚率低。ABA 浓度为 2mg/L 时（图 15-7e），子叶胚数量最少（189.6 个/g FW），体胚平均长度较短（3.3mm），子叶呈半透明状、不舒展，畸形胚率高。

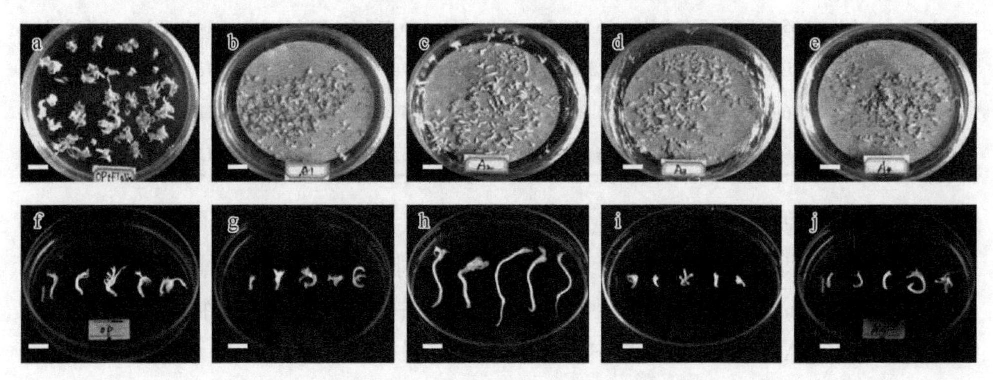

图 15-7　水曲柳体胚成熟过程

a～e. CK 处理以及 ABA 浓度为 0mg/L、1mg/L、1.5mg/L 和 2mg/L 处理培养 30 天时的状态；f～j. CK 处理以及 ABA 浓度为 0mg/L、1mg/L、1.5mg/L、2mg/L 处理 30 天后转入基础培养基暗培养 30 天时的子叶胚。比例尺为 1cm

表 15-6　水曲柳体胚经过干燥与 ABA 处理 30 天的观测结果

ABA（mg/L）	子叶胚数量（个/g FW）	子叶占胚长的比例（%）	体胚平均长度（mm）	畸形胚率（%）	发育形态
0	248.2±16.0b	32.2±1.5b	3.7±0.2b	70.0	子叶胚呈半透明状、未舒展、大小不一
1	397.0±27.7a	51.0±1.8a	4.7±0.2a	20.0	子叶呈乳白色、舒展伸长、大小一致
1.5	225.7±16.3bc	35.0±2.2b	3.4±0.2b	60.0	子叶呈半透明状、不舒展
2	189.6±32.7c	46.3±2.6a	3.3±0.2b	80.0	子叶呈半透明状、不舒展
CK	320.7±72.1ab	52.0±7.4a	3.2±0.3b	80.0	子叶呈半透明状、卷曲、个别有褐化现象

注：畸形胚指多子叶胚和子叶分化不完全的体胚

将材料转移到基础培养基上暗培养 30 天发现，随着培养时间延长，较高浓度 ABA 对水曲柳体胚成熟的抑制作用明显（图 15-7f～j，表 15-7）。干燥处理下添加 1mg/L ABA 处理的子叶胚（图 15-7h）数量最多，为 624.0 个/g（是之前的 1.57 倍），体胚平均长度为 9.6mm（高于其他处理），子叶占胚长比例与对照相比下降了 6%（低于其他处理），褐化率最低（0.2%），生根率高于其他处理（38.0%，$P<0.05$），畸形胚率最低（10%）。而当将 ABA 浓度增加 1 倍（2mg/L）时（图 15-7j），子叶胚数量降为 176.7 个/g（大约降为 1mg/L ABA 处理的 1/4），子叶占胚长比例增大（74.0%），生根率最低（8.2%），畸形胚率最高（85%）。未干燥处理的子叶胚在不

添加ABA（CK）的培养基上（图15-7f），子叶胚数量虽然很多（961.7个/g），但是褐化率（24.9%）显著高于其他处理，且体胚卷曲未伸展，不利于体胚后期发育。

表15-7 水曲柳体胚经过干燥与ABA处理后转入基础培养基中培养30天的结果

ABA（mg/L）	子叶胚数量（个/g）	子叶占胚长比例（%）	体胚平均长度（mm）	体胚褐化率（%）	体胚生根率（%）	畸形胚率（%）
0	558.0±78.0b	46.0±2.5bc	6.0±0.3b	3.0±0.9b	18.5±3.8b	30
1	624.0±113.8b	40.0±4.5c	9.6±0.8a	0.2±0.2b	38.0±5.1a	10
1.5	269.3±31.5c	52.0±3.7b	5.6±0.4c	0.9±0.5b	16.6±5.3b	60
2	176.7±8.5c	74.0±2.5a	7.2±0.9ab	3.1±0.9b	8.2±2.8b	85
CK	961.7±123.7a	66.7±4.2a	7.8±0.8ab	24.9±3.8a	12.8±4.8b	30

注：表中畸形胚率一般指多子叶胚率

储藏产物的积累会导致胚胎从半透明到白色不透明的颜色转化（Cailloux et al.，1996）。白色不透明的外观被用作不同物种的胚胎成熟标准（Garin et al.，2000；Nørgaard，1997；Cailloux et al.，1996）。ABA已被报道用来提高许多物种的体胚质量，通过阻止早熟发芽和增加体胚脱水耐性，从而提高发芽率和转化率（Capuana and Debergh，1997；Lecouteux et al.，1993；Senaratna et al.，1989；Ammirato，1977）。在日本落叶松（*Larix kaempferi*）的体胚诱导中一旦早期体胚形成，它们就需要ABA进一步发育成成熟的形式（Filonova et al.，2000）。当ABA从分化培养基中去除时，胚性愈伤团在第8天发生褐化，并逐渐死亡。最终，只有少数畸形胚在42天内发育，并且没有生殖能力（Zhang et al.，2013）。体胚与其环境之间的水分关系在胚胎发育过程中起着调节作用，特别是在体胚成熟阶段（Bradford，1994；Adams and Rinne，1980）。在针叶树的体胚发生中，有效地降低水分可以刺激体胚的发育，使其完成从胚性细胞和早期体胚向成熟体胚的转化（Klimaszewska et al.，2000）。在水曲柳中，将幼嫩的体胚放入添加1mg/L ABA的MS1/2培养基且干燥处理后，水曲柳体胚成熟状态最好，子叶舒展，且为乳白色。

15.2.4 适宜水曲柳萌发培养的材料

萌发生根培养是体胚发生体系中重要的一步，决定体胚苗能否进行工厂化和商业化生产。水曲柳未变绿体胚的萌发率大于变绿体胚，并且未变绿体胚中体胚发育成熟度越高，其萌发率越大。体胚发育程度不同，萌发过程中的生根率也有所不同。水曲柳未变绿体胚和变绿体胚中，随着发育程度的增高，其体胚褐化死亡率逐渐升高，并且变绿体胚比未变绿体胚的褐化死亡率高。随着培养时间的延长，体胚褐化死亡率也呈现升高的状态。未变绿体胚中，体胚发育成熟度越高，其萌发率越大，说明体胚越成熟，越容易萌发。适用于进行水曲柳体胚萌发实验的最佳体胚发育阶段为4～8mm未变绿体胚。

15.2.5 继代次数与水曲柳体胚萌发培养的关系

随着继代次数的增加，体胚再生植株的能力会下降或者消失。在水曲柳体胚继代成熟的过程中，出现了一些已经成熟但还没有萌发的体胚，在继代的时候可以直接挑选出来进行萌发培养。体胚进行萌发培养的第2天开始变绿（图15-8a）。不同继代次数的体胚萌发培养10天时的萌发率均在90%以上（图15-8b）。不同继代次数的体胚萌发率随培养时间的延长而下降，主要是由体胚发生褐化死亡导致的。在萌发培养第20天（图15-8c）和第30天（图15-8d）时，不同继代次数对体胚萌发率的影响有极显著差异（$P<0.01$），随着继代次数的增加，体胚萌发率大体呈下降趋势，其中继代1次的体胚萌发率显著高于其他继代次数的体胚。说明随着培养时间和继代次数的增加，体胚萌发率呈现下降的趋势。继代次数不同，体胚生根率有所不同（图15-8e）。继代1次以后的体胚生根率最高，其次是继代8次的体胚。随着培养时间和继代次数的增加，体胚褐化死亡率也有不同程度的增加。

图15-8 水曲柳体胚萌发过程

a. 萌发培养2天的体胚；b. 萌发培养10天的体胚；c. 萌发培养20天的体胚；d. 萌发培养30天的未生根体胚；e. 萌发培养30天的生根体胚。比例尺=1cm

15.2.6 继代次数与水曲柳体胚生根培养的关系

在水曲柳体胚继代萌发的过程中，出现了一些已经萌发但还没有生根的体胚，继代的时候可以挑选出来直接进行生根培养。生根培养基为1/3MS（大量元素为MS培养基中大量元素的1/3）培养基中添加0.01mg/L NAA、20g/L蔗糖和7.5g/L琼脂粉（Yang et al.，2013）。随着继代次数的增加，水曲柳体胚直接进行生根培养的生根率呈现先升高后降低的趋势。继代4次体胚生根率最高。

继代次数不同，体胚植株再生率也不同。生根培养10天时继代次数对体胚植株再生率影响显著，继代4次后的体胚植株再生率最高。培养20天和30天时，继代1次后体胚植株再生率最高。不同继代次数的体胚在生根培养过程中出现不同程度的褐化死亡现象。随着生根培养时间的延长，体胚褐化死亡率逐渐增加。随着继代次数的增加，水曲柳体胚直接进行萌发培养的萌发率呈现下降的趋势，而直接进行生根培养的生根率呈现先升高后降低的趋势。在棉花（*Gossypium* spp.；薛美凤等，2002）和水稻（*Oryza sativa*；高振宇和黄大年，1999）胚性愈伤组织培养过程中均发现，随着继代次数的增加和培养时间的延长，细胞再生能力逐渐下降。

15.2.7 外源添加物质对水曲柳体胚生根的影响

体胚植株再生受培养条件、外源添加物质、体胚的发育状态以及继代次数等多种因素影响。以成熟培养获得的白色、形态舒展、长度为4～8mm的子叶胚为材料，采用不同基本培养基，其中添加不同浓度的NAA、IBA和IAA进行萌发生根培养。不同培养条件对水曲柳成熟子叶胚的萌发生根培养有很大的影响，其差异达到显著水平（$P<0.05$；表15-8）。在1/3MS+0.01mg/L NAA培养基上的体胚生根率和萌芽率最高，分别为37.50%和26.39%，大部分体胚苗正常生长。1/3MS+1.0mg/L IBA+1.0mg/L IAA培养基上的体胚生根率和萌芽率最低，分别为0和5.56%，体胚苗不生根，但胚轴伸长，体胚苗几乎不能生长。在WPM+1.0mg/L IBA+1.0mg/L IAA培养基上，生根率较高，为36.11%，但萌芽率太低，多数体胚苗只生根，很少萌芽。因此，适宜的水曲柳萌发生根培养基为1/3MS+0.01mg/L NAA。

表15-8 水曲柳体胚萌发生根培养结果

培养基	体胚生根率（%）	体胚萌芽率（%）
MS1/2	27.78±5.56a	11.11±5.56ab
1/3MS+0.01mg/L NAA	37.50±7.22a	26.39±6.05a
1/3MS+0.01mg/ NAA+2g/L活性炭	25.00±4.81a	13.89±7.35ab
1/3MS+1.0mg/L IBA+1.0mg/L IAA	0b	5.56±5.56b
1/3MS+0.5mg/L IBA+0.5mg/L IAA	27.78±11.11a	16.67±0ab
WPM+1.0mg/L IBA+1.0mg/L IAA	36.11±7.35a	13.89±7.35ab
WPM+1.0mg/L IBA+1.0mg/L IAA+0.2%活性炭	16.67±0ab	11.11±5.56ab

通常情况下，WPM培养基、将大量元素和微量元素的含量减少1/2或者1/3的培养基，均可提高大多数植物的生根能力。Yang等（2013）研究发现，成熟萌发后的水曲柳子叶胚在添加0.01mg/L NAA的1/3MS培养基上，生根率为27.1%。

本章水曲柳子叶胚的生根率为37.50%，萌芽率为26.39%，大多数体胚苗正常生长，结果基本一致。基本培养基、蔗糖浓度和外源添加物质都是影响体胚苗生根的重要因素，适宜的培养条件都可促进体胚苗的正常萌发生根。

15.2.8 水曲柳植株移栽成苗

体胚苗（图15-9a）移栽前先在驯化室驯化3天（图15-9b）。将体胚苗移栽到装有基质（草炭土：蛭石：珍珠岩=5∶3∶2，*v/v/v*）的塑料钵中后覆膜，每天浇水保持培养湿度，移栽15天后体胚苗的成活率为100%。体胚苗生长良好，叶片伸展，有新的羽状复叶长出，平均苗高3.75cm。移栽30天将塑料膜撤除后，此时平均苗高6.29cm。移栽60天后，体胚苗完全适应外部空气环境，成活率为90.9%，平均苗高9.26cm（图15-9c）。

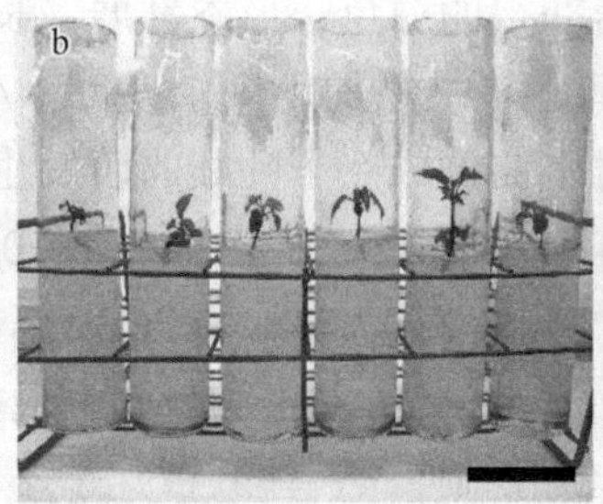

图15-9 水曲柳再生植株的移栽和驯化

a. 生根培养30天的再生植株，比例尺=1cm；b. 移栽前驯化的体胚苗，比例尺= 3cm；c. 移栽60天后的体胚苗，比例尺=10cm

15.3 结 论

在水曲柳直接体胚发生的成熟培养中，在MS1/2培养基中调节蔗糖浓度、琼脂浓度和添加不同浓度的PEG均不能明显提高水曲柳体胚的成熟（最高只有33%，对照为16.7%），且大多为畸形胚。但在PEG含量为70g/L时形成的成熟胚为正常胚（体胚成熟率10%）。在低蔗糖浓度下体胚不能继续生长和分化并且逐渐褐化死亡。在添加高浓度PEG的培养基中体胚会在短时间内褐化并死亡。添加0.5mg/L ABA、5.0mg/L GA_3、0.2mg/L 6-BA的培养基能显著促进体胚成熟，添加5.0mg/L GA_3时，体胚成熟率达到70.0%，但其中畸形胚率为59.9%。在水曲柳间接体胚发生中，对愈伤组织的分化培养中发现，只添加1mg/L 6-BA的MS1/2培养基中体胚数量最多，可达1020.5个/g FW。添加1mg/L ABA且干燥处理培养30天时，子叶胚数量可达397.0个/g FW，子叶胚为乳白色，大小均匀（体胚平均长度4.7mm）、多数形态正常（畸形率20.0%）。

不同发育状态的水曲柳体胚中 4～8mm 未变绿体胚的萌发效果最佳。水曲柳体胚在萌发培养基中培养，第 1 次继代的萌发率最高，随着培养时间和继代次数的增加，体胚萌发率呈现下降的趋势，主要是由体胚出现褐化死亡现象导致的。水曲柳体胚在生根培养基中培养，随着继代次数的增加，体胚生根率呈现先升高后降低的趋势，当继代 4 次时，体胚生根率最高；随着生根培养时间的延长，体胚褐化死亡率也逐渐增加。适宜水曲柳萌发生根的培养基为 1/3MS 培养基中添加 0.01mg/L NAA。生根培养后，体胚苗经过驯化移栽形成完整的再生植株。

16 结论与研究展望

16.1 主要结论

以我国东北地区经济和生态双重重要的珍贵阔叶树种水曲柳为对象，重点介绍了水曲柳组织培养技术和原理研究的进展和现状，包括水曲柳的无菌发芽与胚轴的离体再生、水曲柳不定芽和腋芽增殖途径的植株再生、水曲柳离体根培养体系的建立、水曲柳愈伤组织诱导和增殖影响因素分析、水曲柳体胚发生和植株再生，并对水曲柳合子胚和体胚发生发育的形态学、组织细胞学、生物化学、生理学和分子生物学的最新研究进展进行了阐述。

主要结论如下。

1. 建立了水曲柳无菌发芽、下胚轴和根的离体再生系统

通过切开处理打破了水曲柳成熟种子的休眠，并通过不定芽直接增生途径确立了一套较为完整的水曲柳组织培养再生系统，为水曲柳的无性繁殖提供了一个新的可能途径。

（1）水曲柳种子无菌发芽

水曲柳种子切开后培养可提高种子的发芽率。切开种子的平均发芽率达到了65.3%。6-BA 对水曲柳种子发芽有显著促进作用，1.0mg/L 和 5.0mg/L 6-BA 处理的幼苗生长更加正常，叶色更绿，但过量 6-BA（10mg/L）造成幼苗畸形和玻璃化。大量元素减半的 1/2MS 培养基的生根率优于 MS 培养基。15g/L 蔗糖处理的种胚发芽率、子叶长度和生根率均优于其他处理。在添加蔗糖而不含激素的 1/2MS 培养基中，其生根率达到 100%。幼苗很容易在人工控制条件下驯化成活。

（2）水曲柳下胚轴的离体再生

不同类型培养基对水曲柳下胚轴的不定芽诱导率、外植体死亡率和产生不定芽外植体存活率的影响差异显著。从不定芽的诱导率、长势和色泽上比较，MS 培养基好于其他培养基，其不定芽诱导率可达 83.0%；从产生不定芽外植体存活率上比较，WPM 培养基好于其他培养基，产生不定芽外植体存活率达到 77.48%。

WPM 培养基中，当添加 0.1mg/L 和 0.2mg/L TDZ 时，100% 的下胚轴外植体产生了不定芽。初代培养可获得大量不定芽，在继代培养中添加低浓度的细胞分裂素可使部分不定芽伸长成为幼茎。0.1mg/L TDZ 诱导伸长效果高于相应浓度的 6-BA，但最高伸长率仅为 36.4%。由下胚轴外植体不定芽产生的无根苗（微枝）较难生根，最高生根率仅为 19.1%。IBA 和 NAA 不能显著促进水曲柳无根苗（微枝）生根。生根苗很容易驯化成活。

（3）水曲柳根的离体再生

水曲柳实生苗根尖表面消毒采用二次消毒法可显著降低污染率。培养基中加入抗生素对根尖表面细菌具有一定的抑制作用。1/2MS 培养基添加 20g/L 蔗糖和 0.3mg/L NAA 对水曲柳无菌苗胚根诱导培养最有利。White 培养基添加 20g/L 蔗糖、0.5mg/L NAA、1.0mg/L 6-BA 对根尖生长和诱导最有利；暗培养有利于根尖生长；在液体培养基中，根尖生长较快且比较健康。以水曲柳根尖为外植体可以诱导愈伤组织产生和增殖。最佳培养基为 White 培养基。黄色、松散状态愈伤组织在根尖处产生。经初代培养 5 周后转到 MS 培养基，愈伤组织易发生增殖，且长势较好。

2. 建立了直接发生途径和间接发生途径的水曲柳体胚再生系统

（1）水曲柳直接发生途径的体胚再生系统

水曲柳体胚可从未成熟合子胚的子叶上获得。采用 1/2MS 基本培养基、添加 44.4μmol/L 6-BA 可使体胚发生率提高到 20%。7 月末或 8 月中旬收获种子的未成熟合子胚子叶外植体的体胚发生率为 30% 以上。利用蔗糖调节培养基渗透压得到较高的子叶胚同步化率（81.1%）。添加 0.5mg/L ABA、5.0mg/L GA_3、0.2mg/L 6-BA 的培养基可显著促进体胚成熟。培养基中添加 5.0mg/L GA_3 时，体胚成熟率达到 70.0%，但其中畸形胚率为 59.9%。对外植体低温预处理 20 天有利于提高正常体胚发生率。不同发育状态的体胚中，4～8mm 未变绿体胚的萌发效果最佳。适宜水曲柳萌发生根的培养基为 1/3MS 培养基中添加 0.01mg/L NAA。体胚干燥处理 10min 后萌发率可达 69.0%。干燥处理后的萌发体胚有 65.6% 转化为再生植株。将体胚苗移植到 2 蛭石∶1 泥炭土（*v/v*）基质中后成活率为 80.8%，再生植株形态正常。

（2）水曲柳间接发生途径的体胚再生系统

以水曲柳未成熟和成熟合子胚作为外植体均可诱导出胚性愈伤组织。未成熟合子胚的体胚发生率和愈伤组织诱导率均略高于成熟合子胚，但是差异不显著。6-BA 对水曲柳愈伤组织的诱导有抑制作用，而适当浓度的生长素对水曲柳愈伤组织的诱导有促进作用。基因型对愈伤组织的诱导和增殖至关重要。2,4-D 是水曲柳愈伤组织增殖的必需植物生长调节剂。WPM 基础培养基中添加 0.1mg/L 6-BA 和

0.15mg/L 2,4-D 培养 30 天时愈伤组织增殖系数为 240.5%。愈伤组织分化培养中，只添加 1mg/L 6-BA 的 MS1/2 培养基中体胚数量最多，可达 1020.5 个/g FW。添加 1mg/L ABA 且干燥处理培养 30 天时，子叶胚数量可达 397.0 个/g FW，子叶胚为乳白色，大小均匀（平均长度 4.7mm）、多数形态正常（畸形率 20.0%）。生根培养后，体胚经过驯化移栽形成完整的再生植株。

（3）阐述了影响水曲柳体胚发生的因素

水曲柳合子胚子叶外植体的最佳取材时期是 7 月中旬（授粉后 9 周）。水曲柳未成熟合子胚子叶外植体培养 60 天后的体胚发生率高于成熟合子胚子叶外植体。不同母树来源的合子胚子叶外植体的体胚诱导有不同的最适激素组合。未成熟合子胚子叶外植体的体胚诱导潜力高于成熟合子胚子叶。来源于哈尔滨实验林场、帽儿山实验林场的不同母树成熟合子胚子叶外植体的体胚发生率差异不显著，露水河林业局不同母树来源的成熟合子胚子叶外植体的体胚发生率差异显著。在较大的激素浓度范围内均能诱导水曲柳体胚和愈伤组织发生。在 6-BA 浓度为 0.5mg/L、NAA 浓度为 2mg/L 时，体胚发生率达最大值（54.00%）；当培养基中不添加 NAA 时，无论 6-BA 浓度如何，体胚以及愈伤组织的诱导率均很低甚至没有。

低浓度（0.1g/L 和 0.5g/L）PVP 和 100mg/L L-Glu 处理加剧了水曲柳外植体褐化，但显著促进了其体胚发生，体胚发生率达 60% 及以上；200mg/L L-Glu 处理有效降低了外植体褐化，褐化率为 68.11%（相比对照降低了 5.83%），但是体胚发生率较低，为 46.32%（相较于对照降低了 22.8%）；100mg/L ASA 处理下体胚发生率高达 73%，显著高于对照。

3. 阐述了水曲柳体胚的形态发生过程和调控机理

1）水曲柳体胚发生经历了与合子胚发生类似的历程，即均经历了球形胚、心形胚、鱼雷形胚和子叶胚 4 个典型发育时期，最后发育为成熟胚。体胚体积小于相同发育阶段的合子胚；体胚一般没有明显的胚柄，只是以胚柄状结构与原组织相连，而在合子胚发生中，原胚一形成便具有明显的胚柄结构，胚柄在球形胚阶段最为发达，到心形胚时期，胚柄开始退化，到子叶胚早期仍可见其残留；体胚在形态发生上不像合子胚那么精确而规范，畸形胚较多见。

2）在水曲柳体胚发生中外植体褐化率很高，体胚绝大多数产生于褐化外植体的表面。水曲柳褐化外植体的体胚发生能力较未褐化外植体高，与其褐化外植体中糖含量有关。水曲柳未褐化但产生体胚的外植体中可溶性蛋白含量明显高于未产生体胚的外植体。

3）通过蛋白质组学分析发现与外植体褐化有关的蛋白质为渗调类似蛋白、过氧化物酶；与体胚发生有关的蛋白质有 7S 球蛋白、渗调类似蛋白等。

4）通过检测不同取材时期水曲柳合子胚子叶基因组 DNA 在 5′-CCGG-3′ 位点的胞嘧啶甲基化水平，不同时期基因组 DNA 获得 933～939 条清晰可辨的 PAGE 谱带。7 月下旬甲基化条带最少，各个时期的 DNA 甲基化水平差异不显著。7 月下旬 DNA 甲基化水平最低，而此时的体胚发生率最高。说明外植体基因组 DNA 甲基化水平影响水曲柳体胚的发生，DNA 甲基化水平越低，其基因表达活性越强、体胚发生率越高。

16.2 研究展望

水曲柳组织培养技术和原理研究对水曲柳种质资源创新、优良种质资源保护和开发利用具有非常重要的理论意义和实践价值。水曲柳组织培养技术的建立和应用，一方面有利于水曲柳种质资源的保护，实现水曲柳优良种质资源的长期可持续利用；另一方面可实现水曲柳优良种质创新和扩大繁殖，最终建立水曲柳无性系林分，产生巨大的经济、生态和社会效益。

为充分实现水曲柳种质资源保护、优良种质资源创新和扩大繁殖，并最终实现水曲柳无性系林业走出实验室走向应用的目标，今后可从以下几方面努力。

（1）组织培养技术体系的完善和应用

目前已经建立了水曲柳无菌发芽、不定芽诱导、腋芽增殖和体胚发生途径的植株再生技术，但技术体系尚未得到生产应用。今后应该建立适合生产应用的水曲柳组织培养技术，并进行工厂化生产以获得更多数量的优质苗木。水曲柳腋芽增殖途径和体胚发生途径的植株再生技术的生产应用将成为下一个重要的研究目标，从而可以更好地实现对水曲柳现有优良种质资源的扩大繁殖，最终促进水曲柳优良无性系林分的形成。

（2）水曲柳优良种质资源的超低温保存

通过常规组织培养手段经过定期继代的方法可以把水曲柳优良种质资源保存两年以上。今后水曲柳体胚发生和愈伤组织增殖培养技术结合超低温保存技术可将水曲柳现有的优良种质资源长期保存，从而为更好地保存水曲柳遗传资源奠定基础。

（3）水曲柳体胚发生系统结合全基因组选择加速育种进程

我国温带珍贵用材树种对国家木材供给安全的保障具有不可或缺的重要价值，但是和南方速生树种相比，其常规育种存在的弊端尤甚。因此，利用全基因组选择与体胚发生结合开展水曲柳优良种质加速和精准创新与利用就显得尤为重要。

通过水曲柳体胚发生可以把育种过程中获得的优良种质材料直接大规模快速繁殖利用（省去建设种子园的过程或边建种子园边繁殖利用），同时通过胚性愈伤组织或其他繁殖材料的超低温保存与体胚苗子代群体的表型鉴定相结合而直接参与种质创新过程。利用育种群体获取优良或特异种质的基因组育种值（GEBV）阈值，通过体胚发生获得新种质细胞系并计算获取其 GEBV，与其阈值比较确定优良或目标细胞系，可以大大加快水曲柳育种进程。

参 考 文 献

曹俊梅, 窦秉德, 李生强, 等. 2005. 玉米幼胚和成熟胚愈伤组织分化反应性比较 [J]. 新疆农业大学学报, 28(2): 10-13.

常云霞, 徐克东, 李俐俐, 等. 2014. 抗坏血酸对大豆愈伤组织抗渗透胁迫的影响 [J]. 大豆科学, 33(1): 66-69.

常云霞, 徐克东, 周琳, 等. 2013. ASA 对盐胁迫下小麦幼苗生长抑制的缓解效应 [J]. 麦类作物学报, 33(1): 151-155.

陈爱萍, 冯维卫, 刘允康. 2017. 3 种豆科牧草愈伤组织继代培养抗褐化的研究 [J]. 中国农学通报, 33(22): 138-144.

陈发菊, 赵志刚, 梁宏伟, 等. 2007. 银鹊树胚性愈伤组织继代培养过程中的细胞染色体数目变异 [J]. 西北植物学报, 27(8): 1600-1604.

陈金慧. 2003. 杂交鹅掌楸体细胞胚胎发生研究 [D]. 南京: 南京林业大学博士学位论文.

陈金慧, 施季森. 2003. 杂交鹅掌楸体细胞胚胎发生研究 [J]. 林业科学, 39(4): 49-53.

迟吉娜, 马峙英, 张桂寅. 2005. 中国棉花体细胞植株再生的基因型分析 [J]. 分子植物育种, 3(1): 75-82.

丛建民, 沈海龙, 李玉花, 等. 2012. 水曲柳体胚发生过程中不同状态类型外植体的生理生化状态 [J]. 华南农业大学学报, 33(1): 48-52.

崔凯荣, 戴若兰. 2000. 植物体胚发生的分子生物学 [M]. 北京: 科学出版社.

崔凯荣, 任红旭, 邢更妹, 等. 1998a. 枸杞组织培养中抗氧化酶活性与体细胞胚发生相关性的研究 [J]. 兰州大学学报 (自然科学版), 34(3): 93-99.

崔凯荣, 邢更生, 秦琳, 等. 1998b. 利用 mRNA 差别显示技术分析枸杞体细胞胚发生早期基因的差别表达 [J]. 遗传, (5): 17-20.

崔凯荣, 邢更生, 周功克, 等. 2000. 植物激素对体细胞胚胎发生的诱导与调节 [J]. 遗传, 22(5): 349-354.

代琳, 徐媛媛, 熊博, 等. 2018. 黄果柑果实 ASA、谷胱甘肽和有机酸积累特性 [J]. 浙江农业学报, 30(8): 1341-1348.

冯丹丹, 王红梅, 张丽杰, 等. 2006. 光照、琼脂和碳源对离体培养中水曲柳根尖生长的影响 [J]. 植物研究, 26(4): 424-426.

高红兵, 杜凤国, 王欢. 2017. 抗褐化剂对天女木兰芽外植体褐化与酚酸氧化的影响 [J]. 林业科学研究, 30(3): 525-532.

高洁, 张萍, 薛璟祺, 等. 2019. 酚类物质及其对木本植物组织培养褐变影响的研究进展 [J]. 园艺学报, 46(5): 1645-1654.

高述民. 2001. ABA 和 PEG 对胡萝卜体细胞胚诱导和调控的影响 [J]. 西北农林科技大学学报 (自然科学版), 29(2): 3-16.

高永超, 薛红, 沙伟. 2003. 蔗糖对牛角藓愈伤组织悬浮细胞的生理学影响 [J]. 广西植物, 23(5): 464-469.

高振宇, 黄大年. 1999. 影响籼稻幼胚愈伤组织形成和植株再生的若干因素 (简报)[J]. 植物生理学通讯, (2): 113-115.

关正君, 郭斌, 尉亚辉. 2011. 樱桃番茄叶体细胞胚发生过程中抗氧化酶活性和生理参数的变化 [J]. 核农学报, 25(3): 594-601.

郭敏敏, 王清连, 胡根海. 2009. 利用高效液相色谱法分离和测定棉花组织培养过程中 4 种内源激素 [J]. 生物技术通讯, 20(2): 213-216.

何宝坤, 李德全. 2002. 植物渗调蛋白的研究进展 [J]. 生物技术通报, (2): 6-10.

黄健秋. 1994. 松属树种的组织培养和原生质培养 [J]. 植物学通报, 11(1): 34-42.

黄禄君, 李云, 付毓. 2009. DNA 甲基化及其植物生物学意义研究进展 [J]. 保定学院学报, 22(4): 70-72.

黄绍兴, 王慧中, 黄美娟. 1995. 蔗糖浓度对胡萝卜体细胞胚生长与发育的影响 [J]. 科技通报, 11(2): 111-115.

黄学林. 2012. 植物发育生物学 [M]. 北京: 科学出版社: 45-59.

黄学林, 李筱菊. 1995. 高等组织离体培养的形态建成及其调控 [M]. 北京: 科学出版社.

孔冬梅. 2003. 白蜡树属植物的组织培养和植株再生 [J]. 植物生理学通讯, 39(6): 677-680.

赖钟雄, 潘良镇, 陈振光. 1998. 龙眼体细胞胚胎的高频率萌发与植株再生 [J]. 福建农业大学学报, 1: 32-37.

赖钟雄, 桑庆亮. 2003. 荔枝胚性愈伤组织体胚发生系统的优化及转化抗性愈伤组织培养再生植株 [J]. 应用与环境生物学报, 9(2): 131-136.

李官德, 肖娟丽, 罗晓丽, 等. 2006. 不同棉花愈伤组织状态与胚胎发生及其植株再生的关系 [J]. 山西农业科学, 34(1): 29-31.

李惠华, 赖钟雄. 2006a. 龙眼体胚发生过程中 ASA 过氧化物酶活性的变化 [J]. 亚热带植物科学, 35(3): 9-11.

李惠华, 赖钟雄. 2006b. 植物抗坏血酸过氧化物酶研究进展 (综述)[J]. 亚热带植物科学, 35(2): 66-69.

李瑞美, 吴水金, 吴松海, 等. 2004. 不同基因型甘蔗愈伤组织培养研究 [J]. 甘蔗糖业, (5): 23-25.

李双龙, 吴代坤, 韩梅. 2009. 植物 DNA 甲基化的表观遗传作用研究进展 [J]. 河北林业科技, 57: 32-34.

李天珍, 李保堂, 王笑然. 2001. 糖和氮对白榆组织培养新梢生根的影响 [J]. 山西林业科技, 4: 9-13.

李新玲, 徐香玲. 2008. 植物 DNA 甲基化与表观遗传 [J]. 中国农学通报, 24(1): 123-126.

梁建萍, 梁小明, 寇元斌. 2001. 不同实验处理条件下水曲柳种子的生活力动态 [J]. 山西农业大学学报, (2): 138-140.

梁艳, 沈海龙, 李玉花, 等. 2012. 植物体细胞胚胎发生中乙烯和多胺作用的研究进展 [J]. 林业科学, 48(9): 145-153.

梁燕, 陈大明, 王鸣, 等. 2003. 培养基对胡萝卜悬浮系茄红素合成代谢活性的影响 [J]. 园艺学报, 30(5): 545-548.

林鹿, 傅家瑞. 1996. ABA 对花生胚离体发育的调节 [J]. 中国油料, 18(1): 4-7.

林扬栋, 余科, 汪汝浩, 等. 2017. 碱性条件下 L-ASA 自降解的非酶褐变研究 [J]. 化学研究与应用, 29(9): 1311-1319.

凌世瑜, 董愚得. 1983. 水曲柳种子休眠生理的研究 [J]. 林业科学, 19(4): 349-359.

刘庆, 张小玲, 唐征. 2007. 活性碳对旱半夏组织培养的影响研究 [J]. 温州农业科技, (2): 26-27.

刘香江, 杨丽, 吴红芝. 2018. 山葵组培中抗褐化剂的筛选及其对增殖和生长的影响 [J]. 江苏农业科学, 46(7): 33-36.

刘艳, 沈海龙, 丛建民. 2011. 5-氮胞苷对水曲柳合子胚外植体状态及体胚发生的影响 [J]. 东北林业大学学报, 39(8): 25-27.

毛春娜, 张爱民, 薛建平, 等. 2011. 低温处理对半夏悬浮培养细胞同步化的影响 [J]. 中国中药杂志, 36(8): 959-962.

梅传生, 张金渝, 汤口圣. 1993. 琼脂浓度对水稻愈伤组织植株再生率和内源激素含量的影响 [J]. 中国水稻科学, 7(3): 148-152.

孟海军. 2006. 柑橘胚胎发生过程中 DNA 甲基化/去甲基化研究及 SSR 标记开发 [D]. 武汉: 华中农业大学博士学位论文.

弭忠祥, 胡宝忠, 王学东, 等. 1998. 低温诱导小麦叶片细胞表面糖蛋白的变化 [J]. 植物研究, 18(2): 189-193.

倪张林, 魏家绵. 2003. ATP 合酶的结构与催化机理 [J]. 植物生理与分子生物学学报, 29(5): 367-374.

聂丽娟, 王子成. 2007. DNA 甲基化抑制剂作用机理及其在植物发育生物学研究中的应用 [J]. 核农学报, 21(4): 362-365.

潘瑞炽, 李玲. 1999. 植物生长发育的化学控制 [M]. 广州: 广东高等教育出版社.

裴东, 郑均宝, 凌艳, 等. 1997. 红富士苹果试管培养中器官分化及其中部分生理指标的研究 [J]. 园艺学报, 24(3): 229-234.

曲桂芹, 张贤泽, 霍俊伟. 2002. 大豆体细胞胚的成熟处理及植株再生 [J]. 东北农业大学学报, 33(1): 1-7.

饶慧云, 邵祖超, 柳海宁, 等. 2015. 抗褐化剂对葡萄愈伤组织继代培养过程中酚类物质、相关酶及其基因表达的影响 [J]. 植物生理学报, 51(8): 1322-1330.

桑庆亮, 赖钟雄. 2000. 荔枝体细胞胚发生的研究进程 [J]. 福建农业大学学报, 29(3): 311-315.

沈海龙. 2005. 植物组织培养 [M]. 北京: 中国林业出版社.

盛长忠, 王淑芳, 王沪宁, 等. 2001. 红豆杉愈伤组织培养中褐变现象的初探 [J]. 南开大学学报 (自然科学版), (4): 120-122.

苏江, 岑忠用, 奉艳兰, 等. 2015. 抗坏血酸对岩黄连愈伤组织褐化及抗氧化酶活性的影响 [J]. 北方园艺, (20): 138-142.

孙倩, 杨玲, 沈海龙, 等. 2012. PPO 处理对水曲柳合子胚子叶外植体褐化和体胚发生的影响 [J]. 东北林业大学学报, 40(11): 1-5, 9.

王继刚. 2001. 水曲柳最佳种源选择与种源区划 [D]. 哈尔滨: 东北林业大学硕士学位论文.

王建义, 慈忠玲. 2008. 热激蛋白的研究进展 [J]. 山西林业科技, (1): 27-32.

王清连, 王敏, 师海荣. 2004. 植物激素对棉花体细胞胚胎发生的诱导及调控作用 [J]. 生物技术通讯, 3(6): 577-579.

王义, 赵文君, 孙春玉, 等. 2008. 人参体细胞胚胎发生过程中的生理变化 [J]. 东北师大学报 (自然科学版), 40(2): 93-97.

王义强, 蒋舜村, 石明旺, 等. 2003. 不同抗氧化剂对银杏愈伤组织褐变影响的研究 [J]. 经济林研究, (4): 21-23.

王颖, 刘春朝, 陈秀兰. 2002. ABA 促进针叶树体细胞胚胎分化 [J]. 植物生理学通讯, 38(3): 273-278.

王忠. 2000. 植物生理学 [M]. 北京: 中国农业出版社: 274-285, 403-409.

夏亚男, 蒋建雄, 易自力, 等. 2014. 三种抗褐化剂对南荻外植体褐变及愈伤诱导率的影响 [J]. 北方园艺, (17): 93-96.

谢从华, 柳俊. 2004. 植物细胞工程 [M]. 北京: 高等教育出版社.

谢居清, 李国学, 王效科, 等. 2009. 外源抗坏血酸对臭氧胁迫下水稻光合及生长参数的影响 [J]. 中国生态农业学报, 17(6): 1176-1181.

谢运海. 2005. 东北地区水曲柳地理种源遗传多样性分析及优良种源选择 [D]. 哈尔滨: 东北林业大学硕士学位论文.

修景润, 朴炫春, 姚睿, 等. 2012. 培养基种类、BA 浓度和蔗糖浓度对春石斛组培苗增殖的影响 [J]. 北方园艺, (12): 143-145.

徐元红, 朱四易. 1998. 伊贝母与平贝母胚状体诱导条件的比较 [J]. 陕西师范大学学报 (自然科学版), 26(2): 119-120.

许传俊, 李玲. 2006. 蝴蝶兰外植体褐变发生与总酚含量、PPO、POD 和 PAL 的关系 [J]. 园艺学报, (3): 671-674.

许智宏, Sunderland N. 1986. 大麦花粉在低温预处理及培养中 DNA 含量的显微光度测定 [J]. 植物生理与分子生物学学报, (2): 34-41.

薛美凤, 郭余龙, 李名扬. 2002. 长期继代对棉花胚性愈伤组织体胚发生能力及再生植株变异的影响 [J]. 西南农业学报, 15(4): 19-21.

杨传平, 黄秦军, 肖国志, 等. 1996. 兴安落叶松生长变异及早期选择 [J]. 东北林业大学学报, 24(5): 6-11.

杨玲, 刘虹男, 张冬严, 等. 2017. 生长调节剂和渗透调节物质对水曲柳体胚发生的影响 [J]. 植物研究, 37(5): 682-689.

杨颖丽, 吕丽荣, 李晶, 等. 2018. 盐胁迫下 2 种小麦幼苗 ASA-谷胱甘肽循环的比较 [J]. 西北师范大学学报 (自然科学版), 54(3): 65-70.

杨映根, 桂耀林, 唐巍, 等. 1994. 青杆愈伤组织在继代培养中的分化能力及染色体稳定性研究 [J]. 植物学报, 36(12): 934-939.

杨志攀, 张雷, 刁丰秋. 2003. 胡萝卜体细胞胚 DnaJ 同源基因的分离及其表达特性分析 [J]. 自然科学进展, 13(2): 157-163.

姚洪军, 罗晓芳, 田砚亭. 1999. 植物组织培养外植体褐变的研究进展 [J]. 北京林业大学学报, 21(3): 7884.

叶睿华, 吕享, 李小兰, 等. 2018. 五种抗褐化剂对杜鹃兰原球茎增殖培养的作用效果 [J]. 植物生理学报, 54(6): 1103-1110.

云月, 胡道芬, 刘敏. 1994. 不同基因型冬小麦花药出愈率及其愈伤组织的蛋白质电泳分析 [J]. 华北农学报, 9(3): 34-38.

翟晓巧. 2003. 泡桐体外植株再生及反义 LFY 基因遗传转化研究 [D]. 哈尔滨: 东北林业大学博士学位论文.

詹园凤, 王广东. 2006. 大蒜体胚发生的组织学研究 [J]. 农业生物技术科学, 22(1): 46-48.

张英鹏, 林咸永, 章永松, 等. 2006. 不同氮素形态对菠菜生长及体内抗氧化酶活性的影响 [J]. 浙江大学学报 (农业与生命科学版), 32(2): 139-144.

张智俊, 金晓玲, 罗淑萍, 等. 2004. 油茶子叶体细胞胚形成的细胞学观察 [J]. 植物生理学通讯, 40(5): 570-572.

赵苏海, 周瑾, 李桂祥, 等. 2007. 植物组织培养中褐变的产生机理及控制措施 [J]. 河北农业科学, 11(5): 59-61.

赵云雷, 叶武威, 王俊娟, 等. 2009. DNA 甲基化与植物抗逆性研究进展 [J]. 西北植物学报, 29(7): 1479-1489.

周鸿凯, 蔡华斌, 郭荣发. 2004. 甘蔗主要性状基因型×环境互作的遗传分析 [J]. 亚热带农业研究, 11(2): 69-73.

周俊辉. 2000. 园艺植物组织培养中的褐化现象研究进展 [J]. 园艺学报, 7(增): 481-486.

周俊彦. 1981. 植物体细胞在组织培养中产生的胚状体 I: 胚状体的发生和发育 [J]. 植物生理学报, 7(4): 389-397.

周丽侬, 邝哲师. 1993. 荔枝幼胚培养及体细胞胚胎发生研究初报 [J]. 广东农业科学, (5): 14-15.

周丽侬, 邝哲师, 马雪筠. 1996. 影响荔枝幼胚体细胞胚胎发生因素的研究 [J]. 农业生物技术学报, 4(2): 161-165.

Abdelhaleem M. 2005. RNA helicases: Regulators of differentiation[J]. Clinical Biochemistry, 38(6): 499-503.

Aberlenc-Bertossi F, Chabrillange N, Duval Y, et al. 2008. Contrasting globulin and cysteine proteinase gene expression patterns reveal fundamental developmental differences between zygotic and somatic embryos of oil palm[J]. Tree Physiology, 28(8): 1157-1167.

Adams C A, Rinne R W. 1980. Moisture content as a controlling factor in seed development and germination[M] // Jeon K W. International Review of Cytology. Vol. 68. New York: Academic Press: 1-8.

Ammirato P V. 1977. Hormonal control of somatic embryo development from cultured cells of caraway[J]. Plant Physiology, 59(4): 579-586.

Ammirato P V. 1987. Organizational events during somatic embryogenesis[C] // Green C E. Plant Biology: Plant Cell, Tissue and Organ Culture. New York: Alan R. Liss: 57-81.

Asano Y, Katsumoto H, Inokuma C, et al. 1996. Cytokinin and thiamine requirements and stimulative effects of riboflavin and a-ketoglutaric acid on embryogenic callus induction from the seeds of *Zoysia japonica* Steud[J]. Journal of Plant Physiology, 149(3-4): 413-417.

Attree S M, Fowke L C. 1993. Embryogeny of gymnosperms: advances in synthetic seed technology of conifers[J]. Plant Cell, Tissue and Organ Culture, 35(1):1-35.

Bakhshaie M, Babalar M, Mirmasoumi M, et al. 2010. Somatic embryogenesis and plant regeneration of *Lilium ledebourii* (Baker) Boiss, an endangered species[J]. Plant Cell, Tissue and Organ Culture, 102(2): 229-235.

Bhattacharya S, Bandopadhyay T K, Ghosh P D. 2010. Somatic embryogenesis in *Cymbopogon pendulus* and evaluation of clonal fidelity of regenerants using ISSR marker[J]. Scientia Horticulturae, 123(4): 505-513.

Bonga J M, Von Aderkas P. 1992. *In vitro* Culture of Trees[M]. Dordrecht: Kluwer Academic Publishers: 95-107.

Bottina B, Graber P. 2000. The structure of the H^+-ATP synthase from chloroplast and its subcomplexes as revealed by electron microscopy[J]. Biochimica Biophysica Acta (BBA)-Bioenergetics, 1458(2-3): 404-416.

Bradford K J. 1994. Water stress and the water relations of seed development: a critical review[J]. Crop Science, 34(1): 1-11.

Burgess S R, Shewry P R. 1986. Identification of homologous globulins from embryos of wheat, barley, rye and oats[J]. Journal of Experimental Botany, 37(12): 1863-1871.

Bybordi A. 2012. Effect of ascorbic acid and silicium on photosynthesis, antioxidant enzyme activity, and fatty acid contents in canola exposure to salt stress[J]. Journal of Integrative Agriculture, 11(10): 1610-1620.

Cailloux F, Julien-Guerrier J, Linossier L, et al. 1996. Long-term somatic embryogenesis and maturation of somatic embryos in *Hevea brasiliensis*[J]. Plant Science, 120(2): 185-196.

Capuana M, Debergh P C. 1997. Improvement of the maturation and germination of horse chestnut somatic embryos[J]. Plant Cell, Tissue and Organ Culture, 48(1): 23-29.

Carimi F, De Pasquale F, Crescimanno F G. 1999. Somatic embryogenesis and plant regeneration from pistil thin cell layers of *Citrus*[J]. Plant Cell Reports, 18(11): 935-940.

Carneros E, Celestino C, Klimaszewska K, et al. 2009. Plant regeneration in Stone pine (*Pinus pinea* L.) by somatic embryogenesis[J]. Plant Cell, Tissue and Organ Culture, 98(2): 165-178.

Castillo B, Smith M A L. 1997. Direct somatic embryogenesis from *Begonia gracilis* explants[J]. Plant Cell Reports, 16(6): 385-388.

Castillo B, Smith M A L, Yadava U L. 1998. Plant regeneration from encapsulated somatic embryos of *Carica papaya* L.[J]. Plant Cell Reports, 17(3): 172-176.

Chaleff R S. 1981. Genetics of Higher Plants, Applications of Cell Culture[M]. Cambridge: Cambridge University Press: 1-105.

Chandler P M. 1994. Gene expression regulated by abscisic acid and its relation to stress tolerance[J]. Annual Review of Plant Biology, 45(1): 113-141.

Cheetham M E, Caplan A J. 1998. Structure, function and evolution of DnaJ: Conservation and adaptation of chaperone function[J]. Cell Stress and Chaperones, 3(1): 28-36.

Chen J T, Chang W C. 2001. Effects of auxins and cytokinins on direct somatic embryogenesis on leaf explants of Oncidium 'Gower Ramsey'[J]. Plant Growth Regulation, 34(2): 229-232.

Chen Y, Dribnenki P. 2002, Effect of genotype and medium composition on flax (*Linm usitatissium* L.) anther culture[J]. Plant Cell Reports, 21(3): 204-207.

Chengalrayan K, Mhaske V B, Hazra S. 1998. Genotypic control of peanut somatic embryogenesis[J]. Plant Cell Reports, 17(6): 522-525.

Coppens L, Gillis E. 1987. Isoenzyme electrofocusing as a biochemical marker system of embryogenesis and organogenesis in callus tissues of *Hordeum vulgare* L.[J]. Journal of Plant Physiology, 127(1-2): 153-158.

Curradi M, Izzo A, Badaracco G, et al. 2002. Molecular mechanisms of gene silencing mediated by DNA methylation[J]. Molecular and Cellular Biology, 22(9): 3157-3173.

Czechowski T, Stitt M, Altmann T, et al. 2005. Genome-wide identification and testing of superior reference genes for transcript normalization in *Arabidopsis*[J]. Plant Physiology, 139(1): 5-17.

Davey M W, Montagu M, Inze D, et al. 2000. Plant L-ascorbic acid: chemistry, function, metabolism, bioavailability and effects of processing[J]. Journal of the Science of Food and Agriculture, 80(7): 825-860.

Dong J Z, Dunstan D I. 1996. Expression of abundant mRNAs during somatic embryogenesis of white spruce[*Picea glauca* (Moench) Voss][J]. Planta, (3): 459-466.

Dyer W E, Henstrand J M, Handa A K, et al. 1989. Wounding induces the first enzyme of the shikimate pathway in Solanaceae[J]. Proceedings of the National Academy of Sciences, 86(19): 7370-7373.

Feher A, Pasternak T P, Dudits D. 2003. Transition of somatic plant cells to an embryogenic state[J]. Plant Cell, Tissue and Organ Culture, 74(3): 201-228.

Fernando J A, Melo M, Soares M K M, et al. 2001. Anatomy of somatic embryogenesis in *Carica papaya* L.[J]. Brazilian Archives of Biology and Technology, 44(3): 247-255.

Fernando S C, Gamage C K. 2000. Abscisic acid induced somatic embryogenesis in immature embryo explants of coconut (*Cocos nucifera* L.)[J]. Plant Science, 151(2): 193-198.

Filonova L H, Bozhkov P V, Brukhin V B, et al. 2000. Two waves of programmed cell death occur during formation and development of somatic embryos in the gymnosperm, Norway spruce[J]. Journal of Cell Science, 113(24): 4399-4411.

Find J I, Hargreaves C L, Reeves C B. 2014. Progress towards initiation of somatic embryogenesis from differentiated tissues of radiata pine (*Pinus radiata* D. Don) using cotyledonary embryos[J].

In Vitro Cellular & Developmental Biology-Plant, 50(2): 190-198.

Finnegan E J, Genger R K, Peacock W J, et al. 1998. DNA methylation in plants[J]. Annual Review Plant Biology, 49: 223-247.

Fitchet M. 1990. Inducton of embryogenic callus from flower shoot tips of dwarf Cavendish banana[J]. Acta Horticulturae, (275): 275-284.

Gallie D R. 2012. The role of L-ascorbic acid recycling in responding to environmental stress and in promoting plant growth[J]. Journal of Experimental Botany, 64(2): 433-443.

Garin E, Bernier-Cardou M, Isabel N, et al. 2000. Effect of sugars, amino acids, and culture technique on maturation of somatic embryos of *Pinus strobus* on medium with two gellan gum concentrations[J]. Plant Cell, Tissue and Organ Culture, 62(1): 27-37.

Gehring M, Bubb K L, Henikoff S. 2009. Extensive demethylation of repetitive elements during seed development underlies gene imprinting[J]. Science, 324(5933): 1447-1451.

Geneve R L, Kester S T. 1990. The initiation of somatic embryos and adventitious roots from developing zygotic embryo explants of *Cercis canadensis* L. cultured *in vitro*[J]. Plant Cell, Tissue and Organ Culture, 22(1): 71-76.

Hisaminato H, Murata M, Homma S. 2001. Relationship between the enzymatic browning and phenylalanine ammonia-lyase activity of cut lettuce, and the prevention of browning by inhibitors of polyphenol biosynthesis[J]. Bioscience, Biotechnology, and Biochemistry, 65(5): 1016-1021.

Hu C Y, Sussex I M. 1971. In *vitro* development of embryoids on cotyledons of *Ilex aquifolium*[J]. Phytomorphology, 21: 103-107.

Irshad M, Rizwan H M, Debnath B, et al. 2018. Ascorbic acid controls lethal browning and pluronic F-68 promotes high-frequency multiple shoot regeneration from cotyldonary node explant of okra (*Abelmoschus esculentus* L.)[J]. Horticulture Science, 53(2): 183-190.

Jain S M, Gupta P K, Newton R J. 1995. Somatic Embryogenesis in Woody Plants[M]. Dordrecht: Kluwer Academic Publishers: 17-143.

Kendurkar S V, Nadgauda R S, Phadke C H, et al. 1995. Somatic embryogenesis in some woody angiosperms[M] // Jain S M, Gupta P K, Newton R J. Somatic Embryogenesis in Woody Plants. Dordrecht: Kluwer Academic Publishers: 49-79.

Kerk N M, Feldman N J. 1995. A biochemical model for the initiation and maintenance of the quiescent center: implications for organization of root meristems[J]. Development, 121(9): 2825-2833.

Kitsaki C K, Zygouraki S, Ziobora M, et al. 2004. In vitro germination, protocorm formation and plantlet development of mature versus immature seeds from several *Ophrys* species (Orchidaceae)[J]. Plant Cell Reports, 23(5): 284-290.

Klimaszewska K, Bernier-Cardou M, Cyr D R, et al. 2000. Influence of gelling agents on culture medium gel strength, water availability, tissue water potential, and maturation response in embryogenic cultures of *Pinus strobus* L.[J]. In Vitro Cellular & Development Biology-Plant, 36(4): 279-286.

Klimaszewska K, Noceda C, Pelletier G, et al. 2009. Biological characterization of young and aged embryogenic cultures of *Pinus pinaster* (Ait.)[J]. In Vitro Cellular & Developmental Biology-Plant, 45(1): 20-33.

Ko S, Tan S K, Kamada H. 2006. Characterization of a dehydrin-like phosphoprotein (ECPP-44) relating to somatic embryogenesis in carrot[J]. Plant Molecular Biology Reporter, 24: 253a-253j.

Kubis S E, Castilho A M M F, Vershinin A V, et al. 2003. Retroelements, transposons and methylation status in the genome of oil palm (*Elaeis guineensis*) and the relationship to somaclonal variation[J]. Plant Molecular Biology, 52(1): 69-79.

Larkin P J, Scowcroft W R. 1981. Somaclonal variation—a novel source of variability from cell cultures for plant improvement[J]. Tag Theoretical & Applied Genetics, 60: 197-214.

Lecouteux C G, Lai F M, McKersie B D. 1993. Maturation of alfalfa (*Medicago sativa* L.) somatic embryos by abscisic acid, sucrose and chilling stress[J]. Plant Science, 94(1-2): 207-213.

Lee K S, Lee J C, Show Y. 1998. Effects of ABA on secondary embryogenesis form somatic embryos induced from inflorescence culture of *Aialia cordata*[J]. Journal of Plant Biology, 41(3): 187-192.

Lee P D, Sladek R, Greenwood C M, et al. 2002. Control genes and variability: Absence of ubiquitous reference transcripts in diverse mammalian expression studies[J]. Genome Research, 12(2): 292-297.

Lelu-Walter M A, Klimaszewska K, Charest P J. 1994. Somatic embryogenesis from immature and mature zygotic embryos and from cotyledons and needles of somatic plantlets of *Larix*[J]. Canadian Journal of Forest Research, 24(1): 100-106.

Lelu-Walter M A, Teyssier C, Guérin V, et al. 2016. Vegetative propagation of larch species: somatic embryogenesis improvement towards its integration in breeding programs[C] // Park Y S, Bonga J M, Moon H K. Vegetative Propagation of Forest Trees. Seoul National Institute of Forest Science: 551-557.

Lelu-Walter M A, Thompson D, Harvengt L, et al. 2013. Somatic embryogenesis in forestry with a focus on Europe: State-of-the-art, benefits, challenges and future direction[J]. Tree Genetics & Genomes, 9(4): 883-899.

Liao Y K, Amerson H V. 1995. Slash pine (*Pinus elliottii* Engelm.) somatic embryogenesis Ⅱ. Maturation of embryogenic cultures from immature zygotic embryos[J]. New Forests, 10(2): 165-182.

Linder P, Tanner N K, Banroques J. 2001. From RNA helicases to RNPases[J]. Trends in Biochemical Sciences, 26(6): 339-341.

Litz R E, Gray D J. 1995. Somatic embryogenesis for agricultural improvement[J]. World Journal of Microbiology & Biotechnology, 11(4): 416-425.

Loewus M W, Bedgar D L, Saito K, et al. 1990. Conversion of L-sorbosone to L-ascorbic acid by a NADP-dependent dehydrogenase in bean and spinach leaf[J]. Plant Physiology, 94(3): 1492-1495.

Loiseau J, Michaux-Ferrière N, Deunff Y L. 1998. Histology of somatic embryogenesis in pea[J]. Plant Physiology and Biochemistry, 36(9): 683-687.

Low P S, Merida J R. 1996. The oxidative burst in plant disease: Function and signal transduction[J]. Physiol Plant, 96: 533-542.

Ma G, Lü J F, Silva J A T D, et al. 2011. Shoot organogenesis and somatic embryogenesis from leaf and shoot explants of *Ochna integerrima* (Lour)[J]. Plant Cell, Tissue and Organ Culture, 104(2): 157-162.

Maheswaran G, Williams E G. 1986. Primary and secondary direct somatic embryogenesis from immature zygotic embryos of *Brassica campestris*[J]. Journal of Plant Physiology, 124(5): 455-457.

Maximova S N, Alemanno L, Young A, et al. 2002. Efficiency, genotypic variability, and cellular origin of primary and secondary somatic embryogenesis of *Theobroma cacao* L.[J]. In Vitro Cellular & Developmental Biology. Plant, 38(3): 252-259.

Merkle S A, Battle P J. 2000. Enhancement of embryogenic culture initiation from tissues of mature sweetgum trees[J]. Plant Cell Reports, 19(3): 268-273.

Merkle S A, Parrott W A, Flinn B S. 1995. Morphogenic aspects of somatic embryogenesis[M] // Thorpe T A. In vitro Embryogeneis in Plants. Dordrecht: Kluwer Academic Publishers: 155-203.

Merkle S A, Parrott W A, Williams E G. 1990. Applications of somatic embryogenesis and embryo cloning[M] // Bhojwani S S. Plant Tissue Culture Application and Limitations. Vol. 19. New York: Elsevier Science Publishing Company, Inc.: 67-101.

Messegure R, Ganal M W, Steffens J C. 1991. Characterization of the level, target sites and inheritance of cytosine methylation in tomato nuclear DNA[J]. Plant Molecular Biology, 16(5): 753-770.

Michaux-Ferriere N, Carron M P. 1989. Histology of early somatic embryogenesis in *Hevea brasiliensis*: the importance of the timing of subculturing[J]. Plant Cell, Tissue and Organ Culture, 19(3): 243-256.

Moran J F, Becana M, Iturbe-Ormaetxe, et al. 1994. Drought induces oxidative stress in pea plants[J]. Planta, 194(3): 346-352.

Morcillo F, Aberlenc-Bertossi F, Hamon S, et al. 1998. Accumulation of storage protein and 7S globulins during zygotic and somatic embryo development in *Elaeis guineensis*[J]. Plant Physiology Biochemistry, 36(7): 509-514.

Morcillo F, Aberlenc-Bertossi F, Noirot M, et al. 1999, Differential effects of glutamine and arginine on 7S globulin accumulation during the maturation of oil palm somatic embryos[J]. Plant Cell Reports, 18(10): 868-872.

Morcillo F, Bertossi-Aberlenc F, Trouslot P, et al. 1997, Characterization of 2S and 7S storage proteins in embryos of oil palm[J]. Plant Science, 122(2): 141-151.

Morcillo F, Hartmann C, Duval Y, et al. 2001, Regulation of 7S globulin gene expression in zygotic and somatic embryos of oil palm[J]. Physiologia Plantarum, 112(2): 233-243.

Muralidharan E M, Mascarenhas A F. 1987. In vitro plantlet formation by organogenesis in *E. camaldulensis* and by somatic embryogenesis in *Eucalyptus citriodora*[J]. Plant Cell Reports, 6(3): 256-259.

Nishiwaki M, Fujino K, Koda Y, et al. 2000. Somatic embryogenesis induced by the simple application of abscisic acid to carrot (*Daueus carota* L.) seedlings in culture[J]. Planta, 211(5): 756-759.

Niskanen A M, Lu J, Seitz S, et al. 2004. Effect of parent genotype on somatic embryogenesis in Scots pine (*Pinus sylvestris*)[J]. Tree Physiology, 24(11): 1259-1265.

Nørgåard J V. 1997. Somatic embryo maturation and plant regeneration in *Abies nordmanniana* L.[J]. Plant Science, 124(2): 211-221.

Nørgaard J V, Duran V, Johnsen Ø, et al. 1993. Variations in cryotolerance of embryogenic *Picea abies*, cell lines and the association to genetic, morphological, and physiological factors[J]. Canadian Journal of Forest Research, 23(12): 2560-2567.

Ogita S, Ishikawa H, Kubo T, et al. 1999. Somatic embryogenesis from immature and mature zygotic embryos of *Cryptomeria japonica* Ⅰ. Embryogenic cell induction and its morphological characteristics[J]. Journal of Wood Science, 45(2): 87-91.

Othmani A, Bayoudh C, Drira N, et al. 2009. Somatic embryogenesis and plant regeneration in date palm *Phoenix dactylifera* L. cv. Boufeggous is significantly improved by fine chopping and partial desiccation of embryogenic callus[J]. Plant Cell, Tissue and Organ Culture, 97(1): 71-79.

Pasternak T P, Prinsen E, Ayaydin F, et al. 2002. The Role of auxin, pH, and stress in the activation of embryogenic cell division in leaf protoplast-derived cells of alfalfa[J]. Plant Physiology, 129: 1807-1819.

Perez C, Ferandez B. 1983. *In vitro* plantlet regeneration though asexual embryogenesis in cotyledonary segments of *Corylus avellan*[J]. Plant Cell Rep, 2: 226-228.

Perez C, Fernandez B, Rodriguez R. 1983. *In vitro* plantlet regeneration through asexual embryogenesis in cotyledonary segments of *Corylus avellana* L.[J]. Plant Cell Reports, 2(5): 226-228.

Perez-Nunez M T, Chan J L, Saenz L, et al. 2006. Improved somatic embryogenesis from *Cocos nucifera* (L.) plumule explants[J]. In Vitro Cellular & Developmental Biology-Plant, 42(1): 37-43.

Pinto G, Silva S, Park Y S, et al. 2008. Factors influencing somatic embryogenesis induction in *Eucalyptus globulus* Labill.: basal medium and anti-browning agents[J]. Plant Cell, Tissue and Organ Culture, 95(1): 79-88.

Pinto-Sintra A L. 2007. Establishment of embryogenic cultures and plant regeneration in the Portuguese cultivar 'Touriga Nacional' of *Vitis vinifera* L.[J]. Plant Cell, Tissue and Organ Culture, 88(3): 253-265.

Prakash M G, Gurumurthi K. 2010. Effects of type of explant and age, plant growth regulators and medium strength on somatic embryogenesis and plant regeneration in *Eucalyptus* camaldulensis[J]. Plant Cell, Tissue and Organ Culture, 100(1): 13-20.

Preece J E, Bates S A, Van Sambeek J W. 1995a. Germination of cut seeds and seedling growth of ash (*Fraxinus* spp.) *in vitro*[J]. Canadian Journal of Forest Research, 25(8): 1368-1374.

Preece J E, Bates S. 1995. Somatic embryogenesis in white ash (*Fraxinus Americana* L.)[M] // Jain S M, Gupta P K, Newton R J. Somatic Embryogenesis in Woody Plants. Dordrecht: Kluwer Academic Publishers: 311-325.

Preece J E, McGranahan G H, Long L M, et al. 1995b. Somatic embryogenesis in walnut (*Juglans regia*)[M] // Jain S M, Gupta P K, Newton R J. Somatic Embryogenesis in Woody Plants. Vol. 2. Dordrecht: Kluwer Academic Publishers: 99-116.

Raemarkers C, Jacobsen E, Visser R. 1995. Secondary somatic embryogenesis and applications in plant breeding[J]. Euphytica, 81(1): 93-107.

Raghavan V. 2004. Role of 2, 4-dichlorophenoxyacetic acid (2, 4-D) in somatic embryogenesis on cultured zygotic embryos of *Arabidopsis*: cell expansion, cell cycling, and morphogenesis during continuous exposure of embryos to 2, 4-D[J]. American Journal of Botany, 91(11): 1743-1756.

Razin A. 1998. CpG methylation, chromatin structure and gene silencing-a three-way connection[J]. EMBO Journal, 17(7): 4905-4908.

Richards E J. 1997. DNA methylation and plant development[J]. Trends Genet, 13(8): 319-323.

Roberts D R. 1991. Abscisic acid and mannitol promote early development, maturation and storage protein accumulation in somatic embryos of interior spruce[J]. Physiologia Plantarum, 83: 247-254.

Rodriguez A P M, Wetzstein H Y. 1998. A morphological and histological comparison of the initiation and development of pecan (*Carya illinoinensis*) somatic embryogenesis cultures induced with naphthaleneacetic acid or 2,4-dichlorophenoxyacetic acid[J]. Protoplasma, 204(1-2): 71-83.

Salajova T, Salaj J. 1999. Initiation of embryogenic tissues and plantlet regeneration from somatic embryos of *Pinus nigra* Arn.[J]. Plant Science, 145(1): 33-40.

Sapers G M, Hicks K B, Phillips J G, et al. 1989. Control of enzymatic browning in apple with ascorbic acid derivatives, polyphenol oxidase inhibitors, and complexing agents[J]. Journal of Food Science, 54(4): 997-1002.

Senaratna T, McKersie B D, Bowley S R. 1989. Desiccation tolerance of alfalfa (*Medicago sativa* L.) somatic embryos, influence of abscisic acid, stress pretreatments and drying rates[J]. Plant Science, 65: 253-259.

Silva E N, Ribeiro R V, Ferreira-Silva S L, et al. 2010. Comparative effects of salinity and water stress on photosynthesis, water relations and growth of *Jatropha curcas* plants[J]. Journal of Arid Environments, 74(10): 1130-1137.

Singh R, Rai M K , Kumari N. 2015. Somatic embryogenesis and plant regeneration in *Sapindus mukorossi* Gaertn. from leaf-derived callus induced with 6-benzylaminopurine[J]. Applied Biochemistry and Biotechnology, 177(2): 498-510.

Slawinska J, Obendorf R L. 1991. Soybean somatic embryo maturation: composition, respiration and water relations[J]. Seed Science Research, 1(4): 251-262.

Stasolla C, Yeung E C. 2006. Endogenous ascorbic acid modulates meristem reactivation in white spruce somatic embryos and affects thymidine and uridine metabolism[J]. Tree Physiology, 26(9): 1197-1206.

Steward F C, Mapes M O, Mears K. 1958. Growth and organized development of cultured cells Ⅲ. Interpretations of the growth from free cell to carrot plant[J]. American Journal of Botany, 45(10): 709-713.

Takeda H, Kotake T, Nakagawa N, et al. 2003. Expression and function of cell wall-bound cationic peroxidase in asparagus somatic embryogenesis[J]. Plant Physiology, 131(4): 1765-1774.

Tang W, Whetten R, Sederoff R. 2001. Genotypic control of high-frequency adventitious shoot regeneration via somatic organogenesis in loblolly pine[J]. Plant Science An International Journal of Experimental Plant Biology, 161(2): 267-272.

Tapia E, Sequeida Á, Castro Á, et al. 2009. Development of grapevine somatic embryogenesis using an air-lift bioreactor as an efficient tool in the generation of transgenic plants[J]. Journal of Biotechnology, 139(1): 95-101.

Terzi R, Kalaycioglu E, Demiralay M, et al. 2015. Exogenous ascorbic acid mitigates accumulation of abscisic acid, proline and polyamine under osmotic stress in maize leaves[J]. Acta Physiologiae Plantarum, 37(3): 43.

Tonon B G, Capuana M, Rossi C. 2001a. Somatic embryogenesis and embryo encapsulation in *Fraxinus angustifolia* Vhal[J].The Journal of Horticultural Science and Biotechnology, 76(6): 753-757.

Tonon G, Kevers C, Gaspar T. 2001b. Changes in polyamines, auxins and peroxidase activity during in *vitro* rooting of *Fraxinus angustifolia* shoots: an auxin-independent rooting model[J]. Tree Physiology, 21(10): 655-663.

Vila S K, Rey H Y, Mroginski L A. 2004. Influence of genotype and explant source on indirect organogenesis by *in vitro* culture of leaves of *Melia azedarach* L.[J]. Biocell, 28(1):35-41.

Von Arnold S, Sabala I, Bozhkov P, et al. 2002. Developmental pathway of somatic embryogenesis[J]. Plant Cell, Tissue and Organ Culture, 69(3): 233-249.

Vondráková Z, Eliášová K, Fischerová L, et al. 2011. The role of auxins in somatic embryogenesis of *Abies alba*[J]. Central European Journal of Biology, 6(4): 587-596.

Wang J B, Liu B H, Xiao Q, et al. 2014. Cloning and expression analysis of litchi (*Litchi chinensis* Sonn.) polyphenol oxidase gene and relationship with postharvest pericarp browning[J]. PLoS One, 9(4): e93982.

Wang J, Yu Y, Zhang Z, et al. 2013. *Arabidopsis* CSN5B interacts with VTC1 and modulates ascorbic acid synthesis[J]. Plant Cell, 25(2): 625-636.

Williams E G, Maheshwaran G. 1986. Somatic embryogenesis: factors influencing coordinated behaviour of cells as an embryogenic group[J]. Annals of Botany, 57(4): 443-462.

Yang L, Bian L, Shen H L, et al. 2013. Somatic embryogenesis and plantlet regeneration from mature zygotic embryos of Manchurian ash (*Fraxinus mandshurica* Rupr.)[J]. Plant Cell, Tissue and Organ Culture, 115(2): 115-125.

Yang X, Zhang X. 2010. Regulation of somatic embryogenesis in higher plants[J]. Critical Reviews in Plant Sciences, 29(1): 36-57.

Yu A N, Li Y, Yang Y, et al. 2017. The browning kinetics of the non-enzymatic browning reaction in L-ascorbic acid /basic amino acid systems[J]. Ciência e Tecnologia de Alimentos, 38: 537-542.

Zee S Y, Wu S G. 1980. Somatic embryogenesis in the leaf explants of Chinese celery[J]. Australian Journal of Botany, 28(4): 429-436.

Zhang J, Kirkham M B. 1994. Drought-stress-induced changes in activities of superoxide dismutase, catalase, and peroxidase in wheat species[J]. Plant and Cell Physiology, 35(5): 785-791.

Zhang L F, Li W F, Han S Y, et al. 2013. cDNA cloning, genomic organization and expression analysis during somatic embryogenesis of the translationally controlled tumor protein (TCTP) gene from Japanese larch (*Larix leptolepis*)[J]. Gene, 529(1): 150-158.

Zhang N, Fang W, Shi Y, et al. 2010. Somatic embryogenesis and organogenesis in *Dendrocalamus hamiltonii*[J]. Plant Cell, Tissue and Organ Culture, 103: 325-332.

Zimmerman J L. 1993. Somatic embryogenesis: a model for early development in higher plants[J]. The Plant Cell Online, 5(10): 1411-1423.